国防科学技术大学本科教材出版资助基金

工科微分方程教程

（第2版）

黄建华　王　晓　刘易成　刘雄伟　编

国防科技大学出版社
·长沙·

内容简介

本书是常微分方程、差分方程与分数阶微分方程的理论、方法与数学实验相结合的一本教材。在编写过程中，遵循高等学校教学指导委员会关于常微分方程的教学基本要求，讲述常微分方程、差分方程及分数阶微分方程的基本理论和方法，力求知识体系相对完整，注重融入现代数学实验与数学建模思想，紧密结合工科专业背景，突出将严谨的数学理论和数学实验有机结合的特点，使抽象的理论易于理解和掌握。本教材的主要内容包括一阶常微分方程基本理论、线性微分方程组与高阶微分方程、微分方程定性理论与稳定性理论初步、一阶差分方程基本理论、差分方程组及其稳定性、分数阶微积分基础、分数阶微分方程初值问题、边值问题等。

本书可作为高等学校理工科专业常微分方程课程教材和理工科学生数学建模与数学实验的参考书，也可供相关教学与科研人员参考。

图书在版编目（CIP）数据

工科微分方程教程/黄建华，王晓，刘易成，刘雄伟编. —2 版. —长沙：国防科技大学出版社，2014.9

ISBN 978 - 7 - 5673 - 0305 - 8

Ⅰ. ①工…　Ⅱ. ①黄… ②王… ③刘… ④刘…　Ⅲ. ①微分方程—高等学校—教材
Ⅳ. ①O175

中国版本图书馆 CIP 数据核字（2014）第 157078 号

国防科技大学出版社出版发行
电话：（0731）84572640　邮政编码：410073
http://www.gfkdcbs.com
责任编辑：周伊冬
新华书店总店北京发行所经销
国防科技大学印刷厂印装

*

开本：787 × 1092　1/16　印张：14.75　字数：350 千
2014 年 9 月第 2 版第 1 次印刷　印数：1 - 800 册
ISBN 978 - 7 - 5673 - 0305 - 8
定价：32.00 元

第2版 前 言

本书第1版自2009年出版以来，使用该教材的学员和教师提出了很多的建议，使得我们在第2版的修订过程中做了很多改进，对书中一些例题和习题进行了更新和补充。编者注意到分数阶微积分及分数阶微分方程在信号处理、通讯等领域中的建模与分析中起着重要作用，而本科生常微分方程教科书一般不涉及分数阶微分方程的知识，为便于学生了解和掌握分数阶微积分及分数阶微分方程的基本概念与性质，我们增加了第七章“分数阶微分方程”。考虑到Mathematica软件在求解常微分方程、偏微分方程、差分方程、分数阶微分方程中的重要应用，本书的第八章增加了“用Mathematica做常微分方程”，让学生能借助数学软件对微分方程进行分析与讨论。

该书第2版由黄建华、王晓负责前六章的修订工作，第七章由刘易成撰写，第八章由刘雄伟撰写，最后由黄建华统稿。

本书的出版，得到了国防科学技术大学本科教材出版资助基金和数学一流课程体系建设经费的资助，在此深表感谢。

编 者

2014年4月

第1版　前　言

顾名思义，这是为工科学生编写的微分方程教材，为那些已具有微积分和线性代数等大学数学基础，同时在专业课程的学习中需要更多、更深入的微分方程知识的学生提供基本理论和方法，如我校指挥自动化、系统工程等专业便有这方面的强烈需求。我们知道，实际问题和数学理论并非浑然一体，只有对实际问题进行数学表示以后，才能利用各种数学方法对其进行研究，即所谓“数学建模”。它是用数学的语言和方法，通过抽象、简化建立能近似刻画并解决实际问题的一种强有力的数学工具。微分方程和差分方程便是对实际问题建立数学模型的主要数学工具之一，它们可以精确或近似描述和模拟自然界各种变化规律，广泛应用于物理、力学、工程、生物及经济等各个领域。

高等院校工科专业的常微分方程课程部分内容包含在传统的高等数学教材中，主要是用初等积分方法求解一阶线性、特殊高阶微分方程和二阶常系数线性微分方程解的结构等，对我校指挥自动化专业、系统工程专业等专业来讲，这些知识是很不够的。现行的常微分方程教材很多是适合数学和其他理科专业的，为保持其内容的完整性和严密的逻辑性，这些教材大多用两到三章内容重复讲授了传统高等数学中的微分方程内容，而且对微分方程基本理论讲述很深入，工科专业的大学生难以理解。差分方程是一种离散变化的数学模型，在某些场合，用离散变化来刻画连续变化，能使问题便于处理和研究，如我校相关专业常常接触到较多仿真模型、特拉法尔加战斗模型等都是差分方程模型，而经典的微分方程教材并不包含差分方程理论和方法，因此，编写一本适合我校情况的教材很有必要。

教材紧密结合指挥自动化和系统工程专业等专业背景和军事特色，讲述了一阶微分方程的基本理论、线性微分方程组的求解、以及定性理论和稳定性理论初步，满足了自动控制专业、指挥自动化、系统工程专业等的专业要求，增加一阶差分方程的基本理论和求解方法，二阶差分方程组的求解及其稳定性理论初步等内容，同时，紧密结合专业特色，给出了具有军事特色和仿真背景的应用案例，供学员学习和参考。在本教材的内容选取和处理中，一方面让读者了解微分方程和差分方程基本理论的概貌，同时考虑工科学生的知识背景，对许多定理舍弃严格的理论证明，而只给出其直观描述和说明，并通过具体例子重点讲述定理的应用，这样大大降低了工科学生的学习难度。随着计算机技术的发展，尤其是功能强大的数学软件的出现，使我们能够利用计算机对微分和差分方程的解进行几何表示和数值计算，因此我们在教材中融入数学实验的手段和方法，注重 Mathematica 数学软件的辅助作用，突出数学理论和图形的有机结合，使学习内容更加形象生动。

使用本教材的读者需要具有微积分和线性代数的基本知识。根据我们的教学实施经验，40 ~46 学时可以讲授本教材大部分内容. 对数学软件不熟悉或不感兴趣的读者尽可略去相关内容，这不会影响对基本理论的理解和掌握，但我们鼓励读者在不经意中掌握数学软件的基本操作，享受通过计算机探索方程解性质带来的无穷趣味。

本书的第一、二、三、四章由黄建华编写，第五、六章由王晓编写，全书由黄建华统稿。朱健民教授和李建平教授阅读了全部的书稿，提出了很多有益的建议和意见，并提供了部分数学实验，刘雄伟老师绘制了大部分插图，在此深表感谢！我们在编写过程中，参考了国内、外的部分常（差）微分方程教材和高等数学教材，列在书后作为参考文献，在此向这些参考文献的作者表示感谢。

由于作者水平的局限性，书中难免不妥之处和错误，敬请读者批评和指正。

编　者

2009 年 6 月

目 录

第一章　微分方程与差分方程模型

常微分(差分)方程是现代数学的一个重要分支,是人们解决各种实际问题的重要和有效的工具之一,它在几何、力学、物理、自动控制、电子技术、生命科学、航天、军事和经济等领域都有广泛的应用. 这一章,我们先利用微分(差分)方程建立数学模型,再给出常微分方程和常差分方程的基本概念.

§1.1　微分方程模型与基本概念

§1.1.1　微分方程模型

军备竞赛模型

20 世纪 80 年代冷战期间,世界两大阵营军备竞赛日趋激烈,导致了国家防御经费增加,对国民经济产生很大影响. 下面我们利用微分方程建立军备竞赛模型.

设 A、B 两个国家参加军备竞赛,x 表示 A 国的年防御费,y 表示 B 国的年防御费. 假设这两个国家都只准备必要的防御,A 国的防御经费支出率依赖于多个因素,不考虑与 B 国或与 A 国不和睦的国家的任何支出费用,假设其防御支出率$\frac{\mathrm{d}x}{\mathrm{d}t}$按已经支出额的比例减少,即

$$\frac{\mathrm{d}x}{\mathrm{d}t}=-ax,\quad a>0 \tag{1.1.1}$$

比例常数 a 代表了维护现有军火库所需费用,以及对防御支出在经济上的限制.

当 A 国侦察到 B 国也正在进行防御支出时,A 国为了保持自身的安全,势必会被迫增加它的防御预算,以抵消它的竞争对手不断积累起来的防御力量. 假设 A 国所增加的防御支出率和 B 国的防御支出率成比例,比例系数 b 依赖于对 B 国的武器威力的一种评估. 在 B 国对它的武器库进行更新、升级或增加现代化的武器的时候,A 国也会对自己的武器库更新、升级或增加现代化的武器装备,而增加的数量取决于对 B 国的更新或增加武器威力的评估. 因此,(1.1.1)式应修正为

$$\frac{\mathrm{d}x}{\mathrm{d}t}=-ax+by \tag{1.1.2}$$

例如,当 B 国对自己的武器库添加现代化的武器 100 件时,A 国可能会增加 40 件武

器作为回应;但当 B 国给武器库添加现代化的武器 200 件时,A 国可能会增加 75 件武器作为回应. 因此,b 应该是关于 y 的减函数,表明对竞争对手武器增加的有效性作出回应效果会有某种减弱的趋势.

最后还需考虑到 A 国对 B 国的所有潜在的不安因素的对策,即使两个国家的防御支出均为零,出于对敌方未来可能的侵略行为的担心,A 国仍然觉得有必要增加强有力的武器来对抗 B 国,用 c 表示威慑或不安因素,得到下面修正的模型

$$\frac{\mathrm{d}x}{\mathrm{d}t} = -ax + by + c$$

对 B 国可以作类似的分析,得到

$$\frac{\mathrm{d}y}{\mathrm{d}t} = mx - ny + p$$

其中 m,n,p 为非负常数,其意义分别与 b,a,c 相同. 于是我们得到下面的军费支出模型:

$$\begin{cases} \dfrac{\mathrm{d}x}{\mathrm{d}t} = -ax + by + c \\ \dfrac{\mathrm{d}y}{\mathrm{d}t} = mx - ny + p \end{cases} \tag{1.1.3}$$

利用第四章的微分方程定性理论对(1.1.3)式进行分析后可知,当 $\frac{a}{b} < \frac{m}{n}$ 时,随着时间的推移,$x(t)$ 和 $y(t)$ 无限增加,因此会出现军备经费失控;当 $\frac{a}{b} > \frac{m}{n}$ 时,两个国家的防御支出达到稳定程度,彼此不构成威胁,因此两个国家都受益. 从中可以看到,国家之间通过相互合作、相互尊重和实行裁军政策,可以降低紧张的程度和威胁感,避免出现失控的军备竞赛局面.

兰彻斯特作战模型

在第一次世界大战期间,兰彻斯特从他所建立的作战数学模型研究中,得出了所谓的"兰彻斯特平方定律",由此阐明了"军队的集中在战争中的重要性"的观点. 下面我们用微分方程建立兰彻斯特作战模型.

在甲、乙双方的一次战役中,甲乙双方在开始时投入战士数分别为 x_0 和 y_0,t 时刻甲乙双方战士数分别为 $x(t)$ 与 $y(t)$,甲乙双方战斗的有效系数(包括士气、武器装备、指挥艺术等)分别为 $b(b>0)$ 和 $a(a>0)$,即甲方(乙方)部队中平均一个士兵使乙方(甲方)士兵在单位时间内的减员数为 $b(a)$. 如果把士兵病故、逃亡等因素忽略不计,假设双方没有兵力增援,那么两正规部队作战的数学模型为

$$\begin{cases} \dfrac{\mathrm{d}x}{\mathrm{d}t} = -ay \\ \dfrac{\mathrm{d}y}{\mathrm{d}t} = -bx \end{cases} \tag{1.1.4}$$

满足初值条件

$$x(0) = x_0, \quad y(0) = y_0 \tag{1.1.5}$$

称式(1.1.4)、式(1.1.5)为兰彻斯特基本战斗模型. 由于负的战斗力量是没有意义的,

因此我们总假设 $x \geqslant 0, y \geqslant 0$.

将系统(1.1.4)的第 2 个方程关于 t 求导得到

$$\frac{d^2y}{dt^2} = -b\frac{dx}{dt}$$

再将第一个方程代入上式,得到一个二阶常系数微分方程

$$\frac{d^2y}{dt^2} - aby = 0 \tag{1.1.6}$$

如果我们设在 t 时刻甲乙双方部队士兵的增援率分别为 $f(t)$ 与 $g(t)$,则有

$$\begin{cases} \dfrac{dx}{dt} = -ay + f(t) \\ \dfrac{dy}{dt} = -bx + g(t) \\ x(0) = x_0, \quad y(0) = y_0 \end{cases} \tag{1.1.7}$$

通过著名的日军与美军硫磺岛战役来讨论非齐次模型(1.1.7). 硫磺岛位于东京南1062km. 第二次世界大战中,美日双方在此岛上进行了一个月的激烈战斗,成为第二次世界大战中最大的战役之一. 美军 1945 年 2 月 19 日开始进攻硫磺岛,28 天后宣布占领了该岛,实际到第 36 天才停止战斗. 有关资料表明,战斗开始时,岛上的日军数目为 21 500 人,以后未补充;而美军登陆士兵数目如下:第一天 54 000 人,第二天未增援,第三天增援 6000 人,第四、五天未增援,第六天增援 13 000 人,以后未再增援. 战斗结束时,美军存活人数为 52 735 人,而日军则全军覆没.

下面来建立其战斗模型. 设 t 时刻美军、日军的存活数分别为 $x(t)$ 与 $y(t)$,美日两军的战斗有效系数分别为 b 和 a,由兰彻斯特模型可知:

$$\begin{cases} \dfrac{dx}{dt} = -ay + f(t) \\ \dfrac{dy}{dt} = -bx \\ x(0) = 0, \quad y(0) = 21\,500 \end{cases} \tag{1.1.8}$$

其中美军的增援函数为

$$f(t) = \begin{cases} 54\,000, & 0 \leqslant t < 1 \\ 0, & 1 \leqslant t < 2 \\ 6000, & 2 \leqslant t < 3 \\ 0, & 3 \leqslant t < 5 \\ 13\,000, & 5 \leqslant t < 6 \\ 0, & t \geqslant 6 \end{cases}$$

方程组(1.1.8)是一阶非齐次线性微分方程组的初值问题.

通过硫磺岛战役的实际数据分析可以看出,兰彻斯特基本战斗模式比较科学和客观地反映了在战争中敌对双方的战斗力变化规律;尤其是对增援函数的描述,更加科学地反映了敌对双方战斗力的变化. 在后面的定性分析中,我们将给出著名的“兰彻斯特平方律”的数学解释.

单摆模型

将一个形状、大小都可以看成质点的小球系在不计伸长和质量的细线上，假设细线的长度为 L，单摆偏离垂直方向 θ 角后，在垂直平面上运动，如图 1.1 所示.

设小球的质量为 m，忽略空气阻力，单摆仅在重力的作用下作有限振动，由牛顿第二定律可得到单摆的运动方程

$$m\frac{d^2\theta}{dt^2}+\frac{\sin\theta}{L}mg=0$$

整理得到

$$\frac{d^2\theta}{dt^2}+\frac{g}{L}\sin\theta=0$$

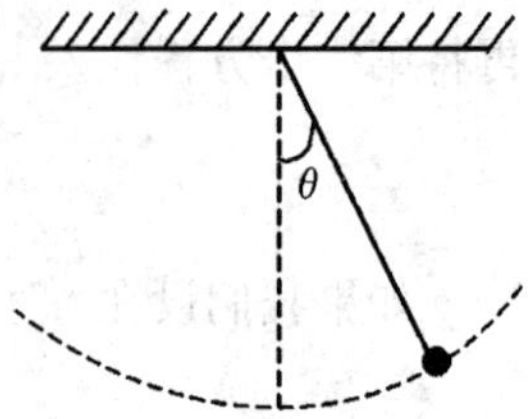

图 1.1 单摆

若记

$$\omega_0=\sqrt{\frac{g}{L}}$$

称 ω_0 为固定角频率，当 θ 较小时，则有 $\sin\theta\approx\theta$. 此时，单摆的运动方程变为

$$\frac{d^2\theta}{dt^2}+\omega_0^2\theta=0$$

§1.1.2 微分方程的概念

我们先给出微分方程及其解的一般定义，再利用几个模型来阐述微分方程的初值问题.

定义 1.1.1 含有自变量 x、未知函数 y 以及未知函数导数的等式称为常微分方程，简称微分方程. 在微分方程中，未知函数导数的最高阶数称为该微分方程的阶.

下面是一些常微分方程的例子.

$$\frac{dy}{dx}=kx \quad (k\text{ 为常数}) \tag{1.1.9}$$

$$\frac{dy}{dx}=1+y^2 \tag{1.1.10}$$

$$\frac{d^2y}{dx^2}+a^2y=0 \quad (\text{其中 } a\neq0,\text{为常数}) \tag{1.1.11}$$

其中，方程(1.1.9)和(1.1.10)是一阶微分方程，(1.1.11)是二阶微分方程.

一般的 n 阶微分方程的形式为

$$F(x,y,\frac{dy}{dx},\cdots,\frac{d^ny}{dx^n})=0 \tag{1.1.12}$$

若 F 关于未知函数 y 以及未知函数的各阶导数的全体而言为一次的，则称它是线性微分方程；否则称它为非线性微分方程. 特别地，称下面的 n 阶微分方程

$$\frac{d^ny}{dx^n}+a_1(x)\frac{d^{n-1}y}{dx^{n-1}}+\cdots+a_{n-1}(x)\frac{dy}{dx}+a_n(x)y=f(x) \tag{1.1.13}$$

为 n 阶线性微分方程. 例如，方程(1.1.9)和(1.1.11)分别为一阶和二阶线性微分方程，而方程(1.1.10)为一阶非线性微分方程.

定义 1.1.2　设函数 $y=\varphi(x)$ 在区间 I 上连续，且有直到 n 阶的导数．如果将 $y=\varphi(x)$ 及其各阶导数代入(1.1.12)式中，使之成为关于 x 在区间 I 上的恒等式

$$F(x,\varphi(x),\varphi'(x),\cdots,\varphi^{(n)}(x))\equiv 0$$

则称 $y=\varphi(x)$ 为方程(1.1.12)在 I 上的一个解.

由定义可以直接验证：$y=ce^{kx}$ 是方程(1.1.9)在区间 $(-\infty,+\infty)$ 上的解，$y=\tan x$ 是方程(1.1.10)在区间 $\left(-\frac{\pi}{2},\frac{\pi}{2}\right)$ 上的一个解，$y_1=\sin ax$ 和 $y_2=\cos ax$ 都是方程(1.1.11)在 $(-\infty,+\infty)$ 上的解．对任意常数 C_1,C_2，$y=C_1\sin ax+C_2\cos ax$ 也是方程(1.1.11)在同一区间上的解.

定义 1.1.3　n 阶微分方程(1.1.12)的包含 n 个相互独立的任意常数 $C_1,C_2,\cdots,C_n$ 的解 $y=\varphi(x,C_1,C_2,\cdots,C_n)$ 称为它的通解.

例如，$y=C_1\sin ax+C_2\cos ax$ 是方程(1.1.11)在 $(-\infty,+\infty)$ 内的通解，其中 C_1,C_2 是两个任意常数．定义 1.1.3 中 n 个常数是独立的，意指不能通过合并而减少常数的个数．例如 $y=C_1\sin ax+C_2\sin ax$ 不是方程(1.1.11)的通解，因为

$$y=C_1\sin ax+C_2\sin ax=(C_1+C_2)\sin ax$$

实际上解中只含一个任意常数 $C=C_1+C_2$．又例如，$y=(C_1+C_2^2)\sin ax$ 和 $y=C_1e^{C_2}\cos ax$ 均为方程(1.1.11)在 $(-\infty,+\infty)$ 内的解，但由于 $C_1+C_2^2$ 和 $C_1e^{C_2}$ 各表示一个常数，因此上述两解也不构成方程(1.1.11)的通解.

定义 1.1.4　方程(1.1.12)的通解中确定了任意常数的解称为一个特解.

例如 $y_1=\cos x,y_2=\sin x,y_3=\cos x+\sin x$ 都是 $y''+y=0$ 的特解．为了确定微分方程的一个特解，我们可以给出确定解的条件，称之为微分方程的定解条件，常用的定解条件是初始条件，即指定 n 阶微分方程(1.1.12)的解在某一点 $x=x_0$ 所满足的条件：

$$y(x_0)=y_0,\quad y'(x_0)=y_0^{(1)},\cdots,y^{(n-1)}(x_0)=y_0^{(n-1)}\tag{1.1.14}$$

方程(1.1.2)联合初始条件(1.1.14)统称为常微分方程的初值问题.

在常微分方程课程中，我们将用 Mathematica 软件来处理一些计算问题和定性理论分析问题，例如常微分方程的通解、特解和数值解的计算，积分曲线的绘制，平衡点附近的轨线分布、周期解等. Mathematica 软件常微分方程求解的详细操作方法可参考教材的最后一章.

例 1.1.1　利用 Mathematica 软件求微分方程 $y'=3xy$ 的通解.

解　启动 Mathematica，在笔记本空白区域新建输入单元，输入 Mathematica 表达式：

DSolve[y'[x] == 3xy[x], y[x], x]

计算得到该方程的通解为

$$\{\{y[x]\to e^{\frac{3x^2}{2}}C[1]\}\}$$

例 1.1.2　利用 Mathematica 软件求微分方程 $y'=-x(y^2+y)$，$y(2)=1$ 的特解.

解　启动 Mathematica，在笔记本空白区域新建输入单元，输入 Mathematica 表达式：

DSolve[{y'[x] == -x(y[x]^2 + y[x]), y[2] == 1}, y[x], x]

计算得到该方程的特解为

$$\left\{\left\{y[x]\to-\frac{e^2}{e^2-2e^{\frac{x^2}{2}}}\right\}\right\}$$

习题 1.1

1. 指出下列微分方程的阶,并说明它们是线性微分方程还是非线性微分方程.

(1) $xy'''+2y''+x^2y=0$;　　(2) $\frac{d\rho}{d\theta}+\rho=\sin^2\theta$;

(3) $(y')^2+2xy'-2y=0$;　　(4) $xy''-2y'+y^2=0$.

2. 验证 $y=e^{2x}$ 是微分方程 $y''-4y=0$ 的解.

3. 验证 $y=2(\sin 2x-\sin 3x)$ 是初值问题 $\begin{cases}\frac{d^2y}{dx^2}+4y=10\sin 3x\\ y|_{x=0}=0,\quad y'|_{x=0}=-2\end{cases}$ 的特解.

4. 验证函数 $y=C_1e^{2x}+C_2e^{-2x}$ 是微分方程 $y''-4y=0$ 的解,进一步验证它是通解.

5. 设一阶微分方程的通解为 $y(x)=Ce^{x^2}-\frac{1}{2}$($C$ 是任意常数),求此微分方程.

6.(湖南马王堆汉墓考古)根据原子物理学理论,放射性同位素碳-14(记作^{14}C)在 t 时刻的蜕变速度与该时刻^{14}C 的含量成正比,活着的生物通过新陈代谢不断地摄取生物体内的^{14}C,与空气中的^{14}C 百分含量相同.生物死亡之后立即停止摄取^{14}C,并且尸体中的^{14}C 开始蜕变.假定生物死亡时体内^{14}C 的含量为 x_0,我们先研究死亡生物体内^{14}C 含量随时间 t 的变化规律,并运用这一规律来推断出湖南长沙马王堆一号墓是哪个时代的墓葬.

7.(导弹跟踪飞机问题)设在初始时刻 $t=0$ 时导弹位于坐标原点$(0,0)$,飞机位于点(a,b),飞机沿着平行于 x 轴的方向以常速 v_0 飞行.导弹在时刻 t 的位置为点(x,y),且速度为常值 $v_1(v_1>v_0)$.导弹在飞行过程中,按照制导系统始终指向飞机.试建立导弹飞行的微分方程模型.

8.(食饵—捕食模型)考虑在一个生态系统中有两个种群 A,B. 对于寿命比较长、世代重叠的种群,当种群个体数量很大时,其数量变化可以近似地看成是一个连续变化过程,这种情形常常可以用微分方程来描述.20 世纪 20 年代,意大利生物学家棣安考纳曾研究过相互制约的各种鱼类总数的变化情况,特别是在第一次世界大战期间意大利各港口所获各种鱼类总量占渔获量的百分比的资料.表 1.2 为 1914 ~ 1923 年间意大利阜姆港收购的软骨掠肉鱼(如鲨等)所占比例.

表 1.2

年	1914	1915	1916	1917	1918	1919	1920	1921	1922	1923
%	11.9	21.4	22.1	21.2	36.4	27.3	16.0	15.9	14.8	10.7

从表1.2可以发现,在战争期间软骨掠肉鱼百分比急剧增加,战争期间捕鱼量大大降低了,所以软骨鱼得到更多食物,战争期间软骨鱼增加了,它们可以迅速繁殖. 但同时食用鱼也同样增加了. 试用微分方程建立数学模型.

9. 用 Mathematica 软件求微分方程$\frac{dy}{dx}=x(1-\frac{x}{10})$的通解.

10. 用 Mathematica 软件求解微分方程初值问题$\frac{dy}{dx}=-\frac{x(1+4y^2)}{1+x^4}$,$y(1)=0$的特解.

§1.2　差分方程模型与基本概念

在常微分方程中,未知函数y和自变量x均是连续变化的. 但在实际问题中,它们往往都是离散的,此时就不能用导数来刻画变化率. 因此,常用在时间区间段上的差商来近似地表示变量的变化率,与微分方程相对应的便是差分方程. 许多模型都可以用差分方程(组)来描述,对这些差分方程进行分析,可以预测这些模型的性态.

§1.2.1　离散模型

种群动力学模型

在种群生态学中,每年夏季,蚕、蝉等这类昆虫成虫产卵后全部死亡,第二年春天每个虫卵孵化成一个虫子. 假设第n年的昆虫数目为P_n,每年一个成虫平均产a个虫卵,则第$n+1$年的昆虫数为

$$P_{n+1}=aP_n \tag{1.2.1}$$

由于成虫之间为食物等竞争,以及受传染病、自然界天敌等因素影响而减少,假设减少数与现阶段的昆虫成虫数的平方成比例,比例系数为$b(0<b<1)$,则实际的昆虫数应为

$$P_{n+1}=aP_n-bP_n^2 \tag{1.2.2}$$

蛛网模型

在工业生产中,许多商品的生产和销售具有周期性,使得商品的投资、销售价格、产量和销售量在一定时期是稳定的,因而在较长一段时期内,这些数据是离散的,我们主要研究商品的销售价格和产量之间的变化规律.

把时间离散化为n段$(n=1,2,3,\cdots)$,一个时期相当于商品的一个生产周期. 设第n个阶段某商品的产量为x_n,相应的价格为y_n,利用价格和产量的关系可知:

$$y_n=f(x_n) \tag{1.2.3}$$

其中$f(\cdot)$为需求函数. 出于对自由经济的理解,商品的数量越多,其价格就越低,因此,我们可作假设如下:需求函数为一个单调下降函数. 再假设下一个阶段的产量x_{n+1}由公司高层根据这一阶段产品的价格确定,即

$$x_{n+1}=h(y_n) \tag{1.2.4}$$

其中h是单调增加的对应关系,由方程(1.2.3)和(1.2.4)可以建立差分方程

$$x_{n+1}=h[f(x_n)],\quad y_{n+1}=f[h(y_n)] \tag{1.2.5}$$

g 也是单调增加的对应关系.

为研究产量 x_n 和价格 y_n 的变化过程,将点列 $P_n(x_n,y_n)$ 和 $P_{n+1}(x_{n+1},y_{n+1})$ 用折线连接起来,从中分析迭代映射的规律,其中

$$(x_n,y_n)=(x_n,f(x_n)),\quad (x_{n+1},y_{n+1})=(h(f(x_n)),f(h(y_n)))$$

其对应的图形就像蛛网一样,因此称该模型为蛛网模型.

从图 1.2 可以看出,

$$\lim_{n\to\infty}P_n(x_n,y_n)=P_0(x_0,y_0)$$

即市场经济将趋于稳定.

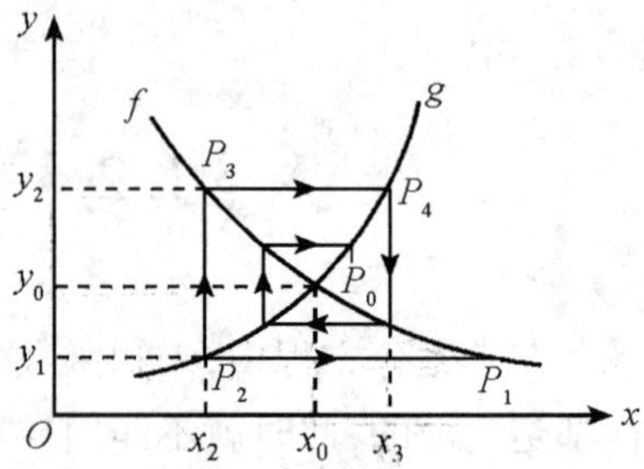

图 1.2 蛛网模型

特拉法尔加战斗模型

在 1805 年的特拉法尔加战斗中,由拿破仑指挥的法国、西班牙海军联军和由海军上将纳尔逊指挥的英国海军作战. 一开始,法西联军有 33 艘战舰,而英军有 27 艘战舰,假设在一次遭遇战中双方的战舰损失都是对方战舰的 10%,分数值表示有一艘或多艘战舰不能全力以赴地参加战斗. 令 n 表示战斗过程中遭遇战的阶段,B_n 表示第 n 阶段英军的战舰数,F_n 表示第 n 阶段法西联军的战舰数,那么在第 n 阶段的遭遇战后,双方的剩余战舰数为

$$\begin{cases}B_{n+1}=B_n-0.1F_n\\F_{n+1}=F_n-0.1B_n\end{cases} \tag{1.2.6}$$

下面对离散模型(1.2.6)进行分析. 将初始值 $B_0=27,F_0=33$ 分别代入模型(1.2.6)中,直接计算可得到

$$B_1=27-0.1\times33=23.7,\quad F_1=33-0.1\times27=30.3 \tag{1.2.7}$$

再将第一阶段的值式(1.2.7)代入离散模型(1.2.6)中可得

$$B_2=23.7-0.1\times30.3=20.67,\quad F_2=27.93$$

这样迭代下去, 得到战斗模型的数值解 $B_1,F_1,B_2,F_2,B_3,F_3,\cdots$,见表 1.3.

表 1.3 正面战斗的数值解

阶段	英军军力	法西联军军力	阶段	英军军力	法西联军军力
0	27.0000	33.0000	6	10.6285	21.2579
1	23.7000	30.3000	7	8.5028	20.1951
2	20.6700	27.9300	8	6.4832	19.3448
3	17.8770	25.8630	9	4.5488	18.6965
4	15.2907	24.0753	10	2.6791	18.2416
5	12.8832	22.5462			

从表 1.3 中可以看出,对于全部军力投入的情形,我们看到英军将全面失败,只剩下

3 艘战舰且至少 1 艘战舰遭到严重破坏．在战斗结束时，经历了 11 个阶段的战斗后，法西联军的舰队大约还有 18 艘战舰.

从上面的分析可以看出，差分方程的一组初值对应着一个战斗策略，在军事指挥上，也叫一个作战想定．研究"纳尔逊爵士分割并各个击破"的策略，实际上就是研究差分方程(1.2.6)对不同初值的敏感性.

§1.2.2　差分方程的概念

定义 1.2.1　设函数 $y=f(x)$，当自变量 x 依次取遍非负整数时，相应的函数值分别为 $y_x=f(x)$，$x=0,1,2,\cdots$．当自变量从 x 变到 $x+1$ 时，相应的函数值的改变量 $y_{x+1}-y_x$ 称为函数 $f(x)$ 在点 x 的差分，记为 Δy_x，即

$$\Delta y_x=y_{x+1}-y_x,\quad x=0,1,2,\cdots$$

定义 1.2.2　当自变量从 x 变到 $x+1$ 时，一阶差分的差分

$$\begin{aligned}\Delta(\Delta y_x)&=\Delta(y_{x+1}-y_x)=\Delta y_{x+1}-\Delta y_x\\&=(y_{x+2}-y_{x+1})-(y_{x+1}-y_x)\\&=y_{x+2}-2y_{x+1}+y_x\end{aligned}$$

称为函数 $y=f(x)$ 的二阶差分，记为 $\Delta^2 y_x$，即

$$\Delta^2 y_x=y_{x+2}-2y_{x+1}+y_x,\quad x=0,1,2,\cdots$$

类似地，二阶差分的差分称为三阶差分，记为 $\Delta^3 y_x$，即

$$\Delta^3 y_x=y_{x+3}-3y_{x+2}+3y_{x+1}-y_x,\quad x=0,1,2,\cdots$$

定义 1.2.3　含有自变量，未知函数及未知函数的差分的方程称为差分方程.

差分方程的一般形式如下

$$F(x,y_x,\Delta y_x,\Delta^2 y_x,\cdots,\Delta^n y_x)=0 \tag{1.2.8}$$

或

$$F(x,y_x,y_{x+1},y_{x+2},\cdots,y_{x+n})=0 \tag{1.2.9}$$

方程(1.2.9)中最大下标与最小下标的差称为该差分方程的阶.

例如：$y_{x+1}-y_x=2$ 是一阶差分方程，$y_{x+2}-3y_{x+1}-6y_x=0$ 是二阶差分方程，$y_{x+5}-4y_{x+3}+3y_{x+2}-2=0$ 是三阶差分方程.

定义 1.2.4　如果将函数 $y_x=\varphi(x)$ 代入差分方程，使得方程两边恒等，则称该函数是差分方程的解．如果差分方程解中含有的相互独立的任意常数的个数等于差分方程的阶数，则称之为差分方程的通解．不含任意常数的解称之为特解.

例如：$y_x=15+2x$ 是一阶差分方程 $y_{x+1}-y_x=2$ 的解，$y_x=C_1 3^x+C_2(-2)^x$ 是二阶差分方程 $y_{x+2}-3y_{x+1}-6y_x=0$ 的通解.

习题 1.2

1. 指出下列差分方程的阶：

(1) $\Delta^3 y(n)+2\Delta y(n)+y(n)=0$.

(2) $(\Delta^2 y(n))^2 + 2\Delta y(n) + y(n) = 0$.

(3) $y(n-3) - 2y(n-2) + y(n+1) = 0$.

2. 验证 $y(n) = C(1.07)^n$ 是差分方程 $y(n+1) = 1.07y(n)$ 的解.

3. 假设某人将100元存入银行,银行的年利率为4%,试分别求一年后的本利和及 n 年后的本利和.

4. 验证 $y_t = C(-1)^t + \frac{1}{3}2^t$ 是一阶差分方程 $y_{t+1} + y_t = 2^t$ 的解.

5.（斑点猫头鹰种群模型）研究在一个栖息地中斑点猫头鹰种群的总数问题. 由于影响斑点猫头鹰增长的因素很多,这里只假设无约束增长情形,只考虑出生和死亡,即在一段时间里,猫头鹰的出生数是当前种群数的 $b\%$（b 是正整数）,其死亡率也是当前种群数的 $d\%$（d 是正整数）,试用差分方程建立斑点猫头鹰的增长模型.

6.（教育储蓄模型）为给孩子准备上大学的教育基金,使得孩子18岁上大学时每月能从教育储蓄资金中支取1000元,直到10年后孩子高等教育(4年本科,3年硕士,3年博士)完成用完全部资金. 假设银行的月利率为0.5%,问18年内需要多少资金,在今后18年的每月要存入多少资金?

7. 当我们无法求得常微分方程的解析解时,可以通过求常微分方程的数值解观察其性态和变化规律. 试用 Mathematica 软件求下面初值问题的数值解:

$$\begin{cases} y'' + x^2 y' + y = \cos^2 x \\ y(0) = 1, \quad y'(0) = 0 \end{cases}$$

第二章　一阶微分方程解的基本理论

在高等数学中,我们介绍了一些求解一阶线性微分方程和特殊高阶微分方程通解的方法.求解一阶微分方程的常用方法主要有分离变量法、全微分方程、积分因子法和常数变易法等,统称为初等积分法.但是,对于一般形式的一阶常微分方程,并不能够用初等积分法求解出来的,例如黎卡提方程 $y'=x^2+y^2$,它是形式上最简单的非线性方程,1841 年刘维尔证明其不能用初等积分法求解.于是,人们开始研究那些不能够用初等积分法求解的方程是否有解存在.在这一章,我们首先系统地复习初等积分法,然后从 $y'=f(x,y)$ 右端的函数性质出发,讨论不直接求解来判断一阶微分方程解的存在性问题.

§2.1　初等积分法

在这一节,我们先回顾在高等数学中的初等积分法.所谓初等积分法,就是通过初等函数及其有限次积分的表达式来求常微分方程解的方法.

§2.1.1　可分离变量的微分方程

称形如

$$\frac{dy}{dx}=f(x)g(y) \tag{2.1.1}$$

的微分方程为可分离变量的方程,其中函数 $f(x)$ 和 $g(y)$ 分别为 x、y 的连续函数.

(1)当 $g(y)\neq 0$ 时,将方程(2.1.1)的两边同除以 $g(y)$ 后可得到

$$\frac{dy}{g(y)}=f(x)dx$$

对上述方程两边积分得到

$$\int\frac{1}{g(y)}dy=\int f(x)dx+C$$

(2)当 $g(y_0)=0$ 时,容易验证 $y=y_0$ 是方程(2.1.1)的一个常数解.

例 2.1.1　求 $x^2ydx=(1-y^2+x^2-x^2y^2)dy$ 的通解.

解　分离变量后得

$$\frac{x^2}{1+x^2}dx=\frac{1-y^2}{y}dy\quad(y\neq 0)$$

两端积分

$$\int \frac{x^2 dx}{1+x^2} = \int \frac{1-y^2}{y} dy$$

得

$$x - \arctan x = \ln y - \frac{1}{2}y^2 + C$$

故其通解为: $$F(x,y) = x - \arctan x - \ln y + \frac{1}{2}y^2 + c$$

§2.1.2 齐次方程

称形如

$$\frac{dy}{dx} = f\left(\frac{y}{x}\right) \tag{2.1.2}$$

的微分方程为齐次方程. 它可以通过变换 $u=\frac{y}{x}$ 化成可分离变量的微分方程. 事实上,令 $u=\frac{y}{x}$,则 $y=xu,\frac{dy}{dx}=u+x\frac{du}{dx}$,代入到方程(2.1.2)中可得到

$$x\frac{du}{dx} + u = f(u)$$

整理后得到关于 u 的可分离变量方程

$$\frac{du}{f(u)-u} = \frac{1}{x}dx$$

例 2.1.2 求方程 $y^2 + x^2\frac{dy}{dx} = xy\frac{dy}{dx}$ 的通解.

解 令

$$u = \frac{y}{x}, \quad \frac{dy}{dx} = u + x\frac{du}{dx}$$

方程可化为

$$u^2 + u + x\frac{du}{dx} = u\left(u + x\frac{du}{dx}\right)$$

整理后得

$$\frac{u-1}{u}du = \frac{dx}{x} \quad (u \neq 0)$$

最后求得原方程的通解为 $y = x\ln|Cy|$.

§2.1.3 一阶线性微分方程

称形如

$$y' + P(x)y = Q(x) \tag{2.1.3}$$

的微分方程为一阶线性方程,其中 $P(x)$ 和 $Q(x)$ 为连续函数. 当 $Q(x) \equiv 0$ 时,称为线性齐次方程;否则称为一阶非齐次线性方程. 对于一阶齐次线性方程

$$y' + P(x)y = 0$$

可用分离变量法求得其通解为

$$y = C\mathrm{e}^{-\int P(x)\mathrm{d}x}$$

为求方程(2.1.3)的通解,先求其非齐次方程的一个特解．我们利用常数变易法,即假设其有形如 $y^* = C(x)\mathrm{e}^{-\int P(x)\mathrm{d}x}$ 的特解,将 y^* 代入到方程(2.1.3)中可得其中一个特解为

$$y = \mathrm{e}^{-\int P(x)\mathrm{d}x} \int Q(x)\mathrm{e}^{\int P(x)\mathrm{d}x}\mathrm{d}x$$

因此,方程(2.1.3)的通解为

$$y = \mathrm{e}^{-\int P(x)\mathrm{d}x}\left[\int Q(x)\mathrm{e}^{\int P(x)\mathrm{d}x}\mathrm{d}x + C\right] \tag{2.1.4}$$

称式(2.1.4)为一阶线性微分方程的通解公式,也称为常数变易公式.

例 2.1.3　求 $x^2\mathrm{d}y + (2xy - x + 1)\mathrm{d}x = 0$ 满足 $y(1) = 0$ 的特解.

解　将原方程化成一阶线性微分方程标准形式

$$\frac{\mathrm{d}y}{\mathrm{d}x} + \frac{2}{x}y = \frac{x-1}{x^2} \quad (x \neq 0)$$

利用常数变易公式(2.1.4)得到通解为

$$y = \mathrm{e}^{-\int \frac{2}{x}\mathrm{d}x}\left(\int \frac{x-1}{x^2}\mathrm{e}^{\int \frac{2}{x}\mathrm{d}x}\mathrm{d}x + C\right) = \frac{1}{2} - \frac{1}{x} + \frac{C}{x^2}$$

再将初值条件 $y(1) = 0$ 代入通解后得到特解为

$$y = \frac{1}{2} - \frac{1}{x} + \frac{1}{2x^2}$$

例 2.1.4　在研究某种传染病在一孤立环境条件下传播时,把人群分成未感染者(健康人)和已感染者(病人)两类．当健康人与病人有效接触后受感染变成病人;病人治愈成为健康人后,健康人可再次被感染．设该环境下人群总人数为常数 N. 假定:(Ⅰ)在 t 时刻健康人和病人数占总人数的比例分别为 $S(t)$ 和 $I(t)$;(Ⅱ)在单位时间内,健康人受感染成为病人的人数为 $\lambda NS(t)I(t)$;(Ⅲ)在单位时间内,被治愈的病人数占病人总数的比例为常数 μ. 称 λ 为接触率,μ 为治愈率,$\lambda > 0, \mu > 0$. 已知 $I(0) = I_0$.

(1)试建立函数 $I(t)$ 的微分方程(将 $I(t)$ 视为 t 的连续可微函数);

(2)当 $\mu = 2\lambda$ 时,求解该方程,计算 $\lim\limits_{t \to +\infty} I(t)$,说明此极限结果的实际意义.

解　(1)由题意,在 t 时刻,已感染的病人数为 $NI(t)$,未感染者(健康人)人数为 $NS(t)$,则有 $NI(t) + NS(t) = N$,即

$$I(t) + S(t) = 1$$

依题意,在 Δt 时间内,有

$$N[I(t+\Delta t) - I(t)] = [\lambda NS(t)]I(t)\Delta t - \mu NI(t)\Delta t$$

因此

$$\frac{\mathrm{d}I(t)}{\mathrm{d}t} = \lambda S(t)I(t) - \mu I(t)$$

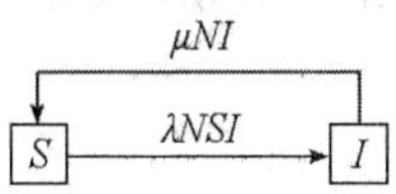

所求模型为下面的微分方程的初值问题

$$\begin{cases}\dfrac{\mathrm{d}I(t)}{\mathrm{d}t}=\lambda I(t)[1-I(t)]-\mu I(t)\\I(0)=I_0\end{cases}$$

(2)当 $\mu=2\lambda$ 时,方程为

$$\frac{\mathrm{d}I}{\mathrm{d}t}=-\lambda I(1+I)$$

分离变量可得

$$\left(\frac{1}{I}-\frac{1}{I+1}\right)\mathrm{d}I=-\lambda\mathrm{d}t$$

解得

$$I(t)=\frac{I_0}{(I_0+1)\mathrm{e}^{\lambda t}-I_0}$$

并且

$$\lim_{t\to+\infty}I(t)=0$$

实际意义:病人数所占的比例 $I(t)$ 越来越小,最终趋于0,即表明病人最终都会被治愈,传染病将最终被彻底根治.

§2.1.4 伯努利方程

称形如

$$\frac{\mathrm{d}y}{\mathrm{d}x}+p(x)y=q(x)y^n,\quad n\neq0,1 \tag{2.1.5}$$

的微分方程为伯努利方程. 这是一个非线性微分方程,但可以通过变量代换化成一阶线性微分方程. 事实上,将方程(2.1.5)两边同乘以 $(1-n)y^{-n}$ 后得到

$$(1-n)y^{-n}\frac{\mathrm{d}y}{\mathrm{d}x}+(1-n)y^{1-n}p(x)=(1-n)q(x)$$

令 $z=y^{1-n}(y\neq0)$,则有

$$\frac{\mathrm{d}z}{\mathrm{d}x}+(1-n)p(x)z=(1-n)q(x)$$

这是一个关于 z 的一阶线性微分方程.

例 2.1.5 求方程 $y'-2xy=2x^3y^2$ 的通解.

解 这是一个伯努利方程,令 $z=y^{-1}(y\neq0)$,原方程可化为

$$\frac{\mathrm{d}z}{\mathrm{d}x}+2xz=-2x^3$$

由一阶线性微分方程的常数变量公式可得

$$z=\mathrm{e}^{\int2x\mathrm{d}x}\left[\int(-2x^3)\mathrm{e}^{\int-2x\mathrm{d}x}\mathrm{d}x+C\right]$$

因此,原方程通解为

$$y=\frac{1}{C\mathrm{e}^{x^2}-x^2+1}$$

检验可知,$y=0$ 也是原方程的一个解.

§2.1.5　全微分方程

形如

$$P(x,y)\mathrm{d}x+Q(x,y)\mathrm{d}y=0 \tag{2.1.6}$$

的方程,若存在 $u(x,y)$ 使得

$$\mathrm{d}u(x,y)=P(x,y)\mathrm{d}x+Q(x,y)\mathrm{d}y$$

则称式(2.1.6)为全微分方程. 因此,全微分方程(2.1.6)的通解为

$$u(x,y)=C$$

对于一个给定的一阶微分方程,如何判定它是否是一个全微分方程? 如果是,又如何求出函数 $u(x,y)$?

定理 2.1.1　设函数 $P(x,y)$ 和 $Q(x,y)$ 在单连通区域 D 上连续,且具有一阶连续的偏导数$\frac{\partial Q}{\partial x}$和$\frac{\partial P}{\partial y}$,则微分方程(2.1.6)是全微分方程的充分必要条件是

$$\frac{\partial}{\partial x}Q(x,y)\equiv\frac{\partial}{\partial y}P(x,y) \tag{2.1.7}$$

在区域 D 内成立. 并且当式(2.1.7)成立时,方程(2.1.6) 的通解为

$$\int_{x_0}^{x}P(x,y)\mathrm{d}x+\int_{y_0}^{y}Q(x_0,y)\mathrm{d}y=C \tag{2.1.8}$$

或者

$$\int_{x_0}^{x}P(x,y_0)\mathrm{d}x+\int_{y_0}^{y}Q(x,y)\mathrm{d}y=C \tag{2.1.9}$$

其中,(x_0,y_0)是区域 D 中的任意一点.

证明　先证必要性. 若微分方程(2.1.6)为全微分方程,则存在区域 D 内的可微函数 $u(x,y)$使得

$$\mathrm{d}u(x,y)=P(x,y)\mathrm{d}x+Q(x,y)\mathrm{d}y$$

由全微分计算公式

$$\mathrm{d}u(x,y)=\frac{\partial u}{\partial x}\mathrm{d}x+\frac{\partial u}{\partial y}\mathrm{d}y$$

于是,

$$P(x,y)=\frac{\partial u}{\partial x},\quad Q(x,y)=\frac{\partial u}{\partial y}$$

再由假设可知,$\frac{\partial Q}{\partial x}$和$\frac{\partial P}{\partial y}$在区域 D 内连续,因此,

$$\frac{\partial P}{\partial y}=\frac{\partial^2 u}{\partial x\partial y},\quad \frac{\partial Q}{\partial x}=\frac{\partial^2 u}{\partial y\partial x}$$

由此可知,$u(x,y)$在 D 内的二阶混合偏导数连续,因此$\frac{\partial^2 u}{\partial x\partial y}=\frac{\partial^2 u}{\partial y\partial x}$,即式(2.1.7)成立.

下面证明充分性. 假设 $P(x,y)$ 和 $Q(x,y)$ 满足条件(2.1.7)式. 我们需要构造函数 $u(x,y)$,使得式(2.1.8)、式(2.1.9)成立. 为了使$\frac{\partial u}{\partial x}=P(x,y)$成立,取函数

$$u(x,y) = \int_{x_0}^{x} P(x,y)\,\mathrm{d}x + v(y)$$

下面确定函数 $v(y)$，使得$\frac{\partial u}{\partial y}=Q(x,y)$成立．利用式(2.1.7)，直接计算可得

$$\begin{aligned}\frac{\partial u}{\partial y} &= \frac{\partial}{\partial y}\left[\int_{x_0}^{x} P(x,y)\,\mathrm{d}x\right] + v'(y)\\ &= \int_{x_0}^{x} \frac{\partial}{\partial y}P(x,y)\,\mathrm{d}x + v'(y)\\ &= \int_{x_0}^{x} \frac{\partial}{\partial x}Q(x,y)\,\mathrm{d}x + v'(y)\\ &= Q(x,y) - Q(x_0,y) + v'(y)\end{aligned}$$

为使$\frac{\partial u}{\partial y}=Q(x,y)$成立，只需选取 $v'(y)=Q(x_0,y)$即可，即 $v(y) = \int_{y_0}^{y} Q(x_0,y)\,\mathrm{d}y$. 因此

$$u(x,y) = \int_{x_0}^{x} P(x,y)\,\mathrm{d}x + \int_{y_0}^{y} Q(x_0,y)\,\mathrm{d}y$$

类似可证式(2.1.9)成立.

例 2.1.6 求$(x^2-y)\mathrm{d}x-(x-y)\mathrm{d}y=0$ 的通解.

解 由题意可知

$$P(x,y)=x^2-y,\quad Q(x,y) = -(x-y)$$

计算可得

$$\frac{\partial}{\partial y}P(x,y)=\frac{\partial}{\partial x}Q(x,y)$$

由定理 2.1.1 可知，该方程是全微分方程，并且存在函数 $u(x,y)$，使得

$$u(x,y) = \int_0^x x^2\mathrm{d}x - \int_0^y (x-y)\,\mathrm{d}y = \frac{1}{3}x^3 - xy + \frac{1}{2}y^2$$

因此，原方程的通解为

$$\frac{1}{3}x^3 - xy + \frac{1}{2}y^2 = C$$

§2.1.6 特殊可降阶的微分方程

1. 形如 $y^{(n)}=f(x)$ 型微分方程

例 2.1.7 求微分方程 $y'''=x+\sin x$ 的通解.

解 对所给方程连续三次积分，得到

$$y'' = \int (x+\sin x)\,\mathrm{d}x = \frac{1}{2}x^2 - \cos x + C_1$$

$$y' = \int \left(\frac{1}{2}x^2 - \cos x + C_1\right)\mathrm{d}x = \frac{1}{6}x^3 - \sin x + C_1x + C_2$$

因此，所求微分方程的通解为

$$y = \int \left(\frac{1}{6}x^3 - \sin x + C_1x + C_2\right)\mathrm{d}x = \frac{1}{18}x^4 + \cos x + \frac{C_1}{2}x^2 + C_2x + C_3$$

2. **形如 $y''=f(x,y')$ 型微分方程**

例 2.1.8　求解微分方程 $\frac{d^2y}{dx^2}-\frac{1}{x}\frac{dy}{dx}=0$.

解　令$\frac{dy}{dx}=p$,则有$\frac{dp}{dx}=\frac{p}{x}$,分离变量并积分得 $p=Cx$,即

$$\frac{dy}{dx}=Cx$$

将方程两边关于 x 积分一次,可得到原方程的通解为

$$y=\frac{1}{2}Cx^2+C_1$$

例 2.1.9　求解微分方程$(1+x^2)y''=2xy',y|_{x=0}=1,y'|_{x=0}=3$.

解　设 $y'=p$,代入方程并分离变量后得$\frac{dp}{p}=\frac{2x}{1+x^2}dx$,积分得

$$\ln|p|=\ln(1+x^2)+C$$

代入初值条件$y'|_{x=0}=3$ 得 $C=3$. 所以 $y'=3(1+x^2)$.

因此 $y=x^3+3x+C_2$. 由条件$y|_{x=0}=1$ 求得 $C_2=1$,因此所求特解为 $y=x^3+3x+1$.

例 2.1.10　设$f(x)$具有二阶连续导数,且满足

$$\oint_c\left[\frac{\ln x}{x}-\frac{1}{x}f'(x)\right]y\,dx+f'(x)\,dy=0$$

其中 c 为 xOy 平面第一象限内任一闭曲线,已知$f(1)=f'(1)=0$,求$f(x)$.

解　曲线积分与路径无关,所以$\frac{\partial P}{\partial y}=\frac{\partial Q}{\partial x}$,即有

$$f''(x)+\frac{1}{x}f'(x)-\frac{\ln x}{x}=0$$

令

$$f'(x)=p,\quad f''(x)=\frac{dp}{dx}=p'$$

故有 $p'+\frac{1}{x}p-\frac{\ln x}{x}=0$,利用一阶线性微分方程求解公式得

$$p=e^{-\int\frac{1}{x}dx}\left(\int\frac{\ln x}{x}e^{\int\frac{1}{x}dx}dx+C\right)=\ln x-1+\frac{C_1}{x}$$

由初值条件$f'(1)=0$ 可得 $C_1=1$. 两边积分得

$$f(x)=(x+1)\ln x-2x+C_2$$

代入初值条件可得 $C_2=2$. 所以

$$f(x)=(x+1)\ln x-2x+2$$

3. **形如 $y''=f(y,y')$ 型微分方程**

例 2.1.11　求解微分方程

$$y\frac{d^2y}{dx^2}+\left(\frac{dy}{dx}\right)^2=0$$

解 令$\frac{\mathrm{d}y}{\mathrm{d}x}=p(y)$,则$\frac{\mathrm{d}^2y}{\mathrm{d}x^2}=p\frac{\mathrm{d}p}{\mathrm{d}y}$,原方程化为

$$yp\frac{\mathrm{d}p}{\mathrm{d}y}+p^2=0$$

当$p=0$时,即$\frac{\mathrm{d}y}{\mathrm{d}x}=0$,求得$y=C$.

当$p\neq0$时,分离变量得$\frac{\mathrm{d}p}{p}=-\frac{\mathrm{d}y}{y}$,积分得$yp=C$.

再由$\frac{\mathrm{d}y}{\mathrm{d}x}=p(y)$得

$$\frac{\mathrm{d}y}{\mathrm{d}x}=\frac{C}{y}$$

于是原方程的通解为

$$y^2=C_1x+C_2$$

其中C_1,C_2为任意常数.

习题 2.1

1. 求解下列微分方程:

(1) $\frac{\mathrm{d}y}{\mathrm{d}x}=\frac{2y-x+5}{2x-y-4}$; (2) $(3x+\frac{6}{y})\mathrm{d}x+(\frac{x^2}{y}+\frac{3y}{x})\mathrm{d}y=0$;

(3) $\frac{\mathrm{d}y}{\mathrm{d}x}=x^3y^3-xy$; (4) $x^2\frac{\mathrm{d}y}{\mathrm{d}x}=y^2-xy$.

2. 求初值问题$\begin{cases}\frac{\mathrm{d}y}{\mathrm{d}x}-\frac{y}{2x}=\frac{x^2}{2y}\\ y(1)=1\end{cases}$的特解.

3. 求解全微分方程$(2x\sin y+3x^2y)\mathrm{d}x+(x^3+x^2\cos y+y^2)\mathrm{d}y=0$.

4. 已知$f(0)=\frac{1}{2}$,试确定函数$f(x)$,使得

$$[\mathrm{e}^x+f(x)]y\mathrm{d}x+f(x)\mathrm{d}y=0$$

为全微分方程,并求其通解.

5. 已知黎卡提方程$\frac{\mathrm{d}y}{\mathrm{d}x}=y^2-\frac{2}{x^2}$的一个解为$y_1(x)=\frac{1}{x}$,利用常数变易法求方程的通解.

6. 求解微分方程$\frac{\mathrm{d}y}{\mathrm{d}x}=y\cot x+2x\sin x$.

7. 求解下面可降阶的微分方程

(1) $y''+\frac{2}{1-y}(y')^2=0$; (2) $yy''-y'^2=0$.

8. 一船从河边点O处出发驶向对岸(设两岸为平行直线),设船速为a. 航行方向始

终与河岸垂直,又设河宽为 h,河中任一点处的水流速度与该点到两岸的距离的乘积成正比(比例系数为 k),求小船的航行路线.

9. 位于坐标原点的我舰向位于 Ox 轴上且距我舰 1 单位距离的敌舰发射制导鱼雷,使鱼雷永远对准敌舰. 设敌舰以最大速度 v 沿平行于 Oy 轴的直线行驶,又设鱼雷的速度大小为 $5v$,求鱼雷的运动轨迹方程,以及敌舰行驶多远时,才能被鱼雷击中?

10. 求出例 2.1.4 中当 $\mu>\lambda$ 时方程解的表达式,计算 $\lim\limits_{t\to+\infty} I(t)$,说明此极限结果的实际意义.

§2.2　积分曲线及其近似几何表示

§2.2.1　积分曲线

对于一阶微分方程

$$\frac{\mathrm{d}y}{\mathrm{d}x}=f(x,y) \tag{2.2.1}$$

假设函数 $f(x,y)$ 及其关于变量 y 的偏导数 $f_y'(x,y)$ 在平面区域 D 内连续,我们把方程(2.2.1)的解 $y=y(x)$ 在平面区域 D 内所确定的曲线称为该方程的积分曲线.

例 2.2.1　求出微分方程 $y'-xy=x$ 的通解,并画出积分曲线.

解　由于该方程为一阶线性微分方程,利用常数变易法求得其通解为

$$y(x) = -1+C\mathrm{e}^{\frac{x^2}{2}}$$

下面借助 Mathematica 软件,绘制任意常数 C 分别取 −3, −2, −1,0,1,2,3 时对应的积分曲线. 启动 Mathematica,在笔记本空白区域新建输入单元,输入 Mathematica 表达式:

$$\text{Plot}[\text{Table}[-1+CE^{\frac{x^2}{2}},\ \{C,\ -6,\ 6\}],\ \{x,\ -3,\ 3\}]$$

计算得到积分曲线如图 2.1 所示.

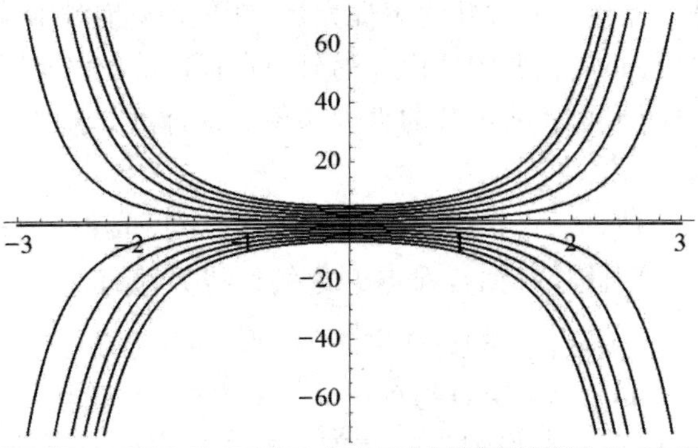

图 2.1　例 2.2.1 中方程的积分曲线

例 2.2.2 通过求黎卡提方程 $y' = x^2 + y^2$ 的数值解绘制其积分曲线.

解 由于黎卡提方程 $y' = x^2 + y^2$ 不能够利用初等积分法求出其解析表达式,下面借助 Mathematica 求出其满足 $y(0) = 0$ 的数值解,并绘制相应的近似积分曲线.

启动 Mathematica,在笔记本空白区域新建输入单元,输入 Mathematica 表达式:

```
NDSolve[{y'[x] == x^2 + y[x]^2, y[0] == 0}, y, {x, -2,2}]
Plot[y[x]/. %, {x, -2,2}]
```

计算得到方程的数值解描述形式为

```
{{y→InterpolationgFunction[{{-2.,2.}}, < >]}}
```

得到的积分曲线如图 2.2 所示.

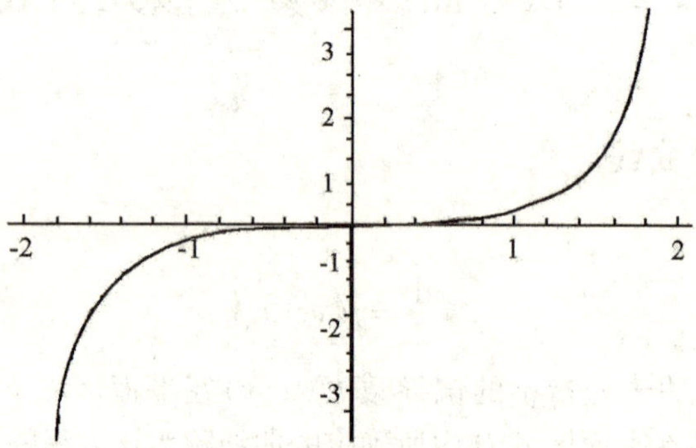

图 2.2 黎卡提方程的近似积分曲线

§2.2.2 线素场

对于一阶线性微分方程,可以通过初等积分法把通解求出来. 对于较一般的一阶微分方程,哪怕是最简单的非线性微分方程,如黎卡提方程 $y' = x^2 + y^2$,也不能够利用初等积分法把精确解(解析解)求出来,即不能利用现有的初等函数表示方程的解. 此时,我们可以从微分方程本身出发,利用几何特征,近似地作出该方程的积分曲线,并由此推断解的某些属性. 这是一种微分方程几何定性方法,能使所讨论的问题在一定程度上获得解决,因而这种方法具有非常重要的应用. 另外,即使微分方程能够求解,也可以利用这种几何解释,从微分方程本身去获得解的直观印象. 这种近似描述方程解的几何对象,就是下面介绍的线素场.

在曲线上任取一点 $P_0(x_0, y_0)$,由导数的几何意义可知,积分曲线在点 P_0 处的切线斜率为$y'|_{P_0} = f(x_0, y_0)$,因此积分曲线在点 P 处的切线方程为

$$y = y_0 + f(x_0, y_0)(x - x_0) \tag{2.2.2}$$

在平面区域 D 内任取一点 $P(x, y)$,都可以作以 $f(x, y)$ 为斜率的短直线段,它代表该积分曲线在 P 点的切线方向,称该短直线段为方程在该点的线素. 平面区域 D 上的线素的集合称为方程(2.2.1)的线素场,也称为方向场. 由于每一线段均与方程的解曲线相切,因此当线段长度很短时,它们是解曲线的局部近似,所以线素场可以反映解的变化趋势. 当所选取的点越密,这种变化趋势反映得越明显.

定理 2.2.1　曲线 C 为方程(2.2.1)的积分曲线的充要条件是:在曲线 C 上任意一点 P 处的切线与方程(2.2.1)所确定的线素场在该点的线素相重合,曲线 C 在每点均与线素场的线素相切.

证明　直接引用文献[3]中第 24 页定理 1.3 的证明.

先证必要性. 设曲线 C 是方程(2.2.1)的积分曲线,其方程为 $y=\varphi(x)$. 则函数 $y=\varphi(x)$是方程(2.2.1)的一个解. 于是,在定义区间上有 $\varphi'(x)\equiv f(\varphi(x))$. 曲线 C 在该点的切线的斜率为 $\varphi'(x)$,而方程在点$(x,\varphi(x))$的积分曲线的切线的斜率为$f(\varphi(x))$. 因此,曲线 C 在点$(x,\varphi(x))$处的切线与向量场在该点的方向重合,又因为上式为恒等式,则整个曲线 C 上的每一点都有切线与向量场在该点的方向重合.

再证充分性. 由于曲线 C 上任意一点处的切线方向与方程(2.2.1)的线素场的方向重合,那么切线与线素场的向量的斜率相等,因此,在 $y=\varphi(x)$有意义的区间内,恒有等式 $\varphi'(x)\equiv f(\varphi(x))$. 即 $y=\varphi(x)$是方程(2.2.1)的解,从而 C 是积分曲线.

由定理 2.2.1 可知,当我们不能用初等积分法求出方程(2.2.1)的精确解时,可以利用线素场的走向来求近似的积分曲线,得到关于方程(2.2.1)解的部分信息. 我们可以把方程(2.2.1)满足初值条件 $y(x_0)=y_0$ 的问题求解归结为寻求这样的曲线:它在每一点的切线与方程(2.2.1)所确定的线素场在该点的线素吻合. 实际上我们只能近似作有限条线素,尽管根据线素场很难精确地描绘积分曲线,但只要这些小线素取得足够细密,就可以得到积分曲线的轮廓.

由于用手工方法做出线素场比较困难,下面我们借助于 Mathematica 来绘制方程(2.2.1)的线素场.

例 2.2.3　利用 Mathematica 做黎卡提方程$'=x^2+y^2$ 的线素场和积分曲线.

解　启动 Mathematica,在笔记本空白区域新建输入单元,输入 Mathematica 表达式:

```
VectorPlot[{1,x^2+y^2},{x,-2,2},{y,-2,2},
VectorScale→{0.03,0.01,None},VectorPoints→20]
```

计算得到线素场如图 2.3 所示.

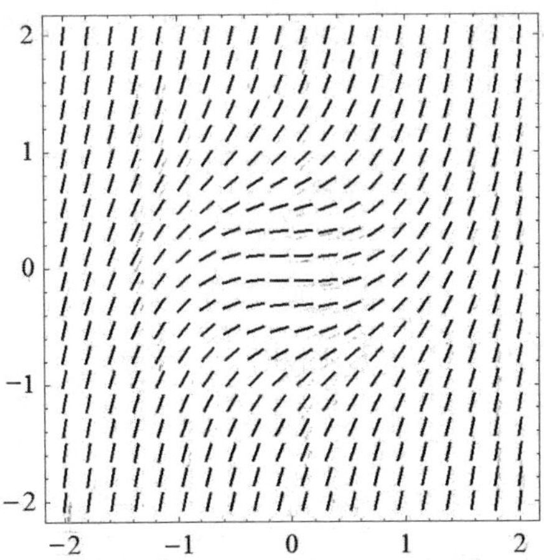

图 2.3　黎卡堤方程的线素场

在 Mathematica 中新建输入单元,输入 Mathematica 表达式:

```
VectorPlot[{1,x^2 + y^2}, {x, -2,2},{y, -2,2},
VectorPoints→20,StreamPoints→{{0,0},{1,0},
{-1,0},{1.5,0}},Frame→False,Axes→True]
```

计算后得到如图 2.4 所示的向量场中显示有积分曲线的图形效果.

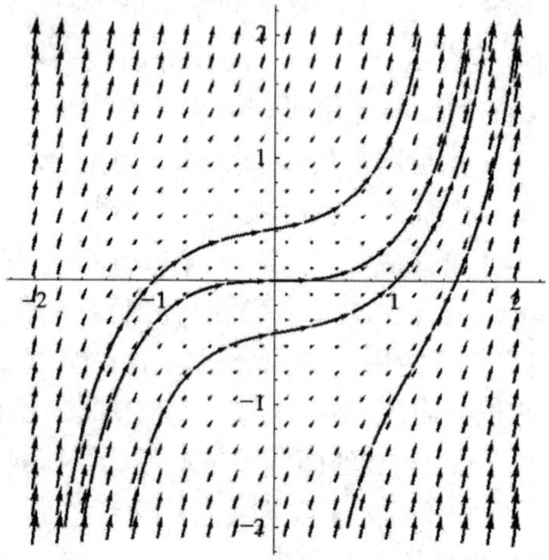

图 2.4 黎卡堤方程的积分曲线

从图 2.4 中可以看出积分曲线和线素是吻合方程的线素场的.

§2.2.3 欧拉折线

已经知道很多情况下我们不能求出微分方程的解析解,但可以用线素场的方法画出微分方程(2.2.1)近似的积分曲线,并且能大概了解解曲线的走势,但是线素场并不能较准确地反映每一条解曲线的几何形状,如何在不能求出方程的解析解的情况下,将解曲线比较精确地描绘出来?欧拉为我们提供了一个方法,其原理是先通过差分将一阶常微分方程化为差分方程(即代数方程),然后考虑代数方程的解(点列),将这些点顺次连接起来,便得到了解曲线的近似图形.

考虑初值问题

$$\begin{cases}\dfrac{\mathrm{d}y}{\mathrm{d}x}=f(x,y)\\ y(x_0)=y_0\end{cases}\tag{2.2.3}$$

先把微分项 $\dfrac{\mathrm{d}y}{\mathrm{d}x}$ 差分化,即当 $0<|h|\ll 1$ 时,用 $\dfrac{y(x+h)-y(x)}{h}$ 来近似代替 $\dfrac{\mathrm{d}y}{\mathrm{d}x}$,因此上述方程可改写成

$$\frac{y(x+h)-y(x)}{h}=f(x,y)\text{或 }y(x+h)=hf(x,y)+y(x)$$

取一列点 $x_n=x_0+nh(n=0,1,2,\cdots)$,记 $y_n=y(x_0+nh)$,则有

$$y_{n+1}=y_n+f(x_n,y_n),\quad h(n=0,1,2,\cdots)$$

一般来说，$|h|$越小，所求得的点列越能反映微分方程解的实际情况，这种处理微分方程的方法称为欧拉(Euler)方法.

例如，取$f(x,y)=\frac{3}{2}|y|^{1/3}$，$y(0)=\frac{1}{2}$和$h=0.1$，$n=10$，利用欧拉法产生的点列如图2.5所示. 结合线素场，可以看到欧拉方法所得解与线素场的一致性.

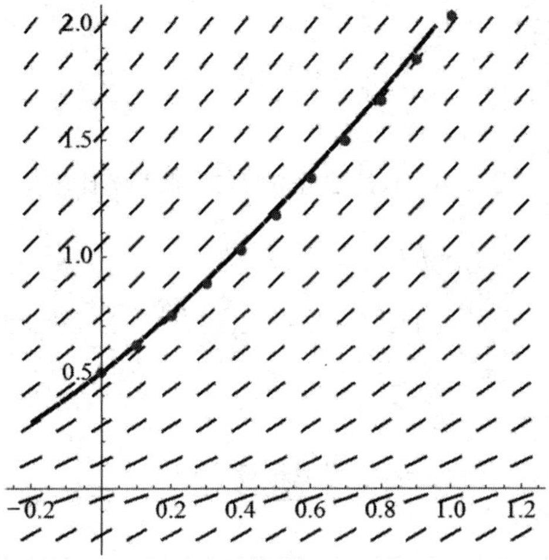

图2.5　欧拉法近似解图示

例2.2.4　考虑初值问题

$$\begin{cases}\dfrac{dy}{dx}=\sin x+y\\ y(0)=1\end{cases}$$

借助Mathematica求该初值问题的解析解，并与使用欧拉法求得的近似解作比较.

解　启动Mathematica，在笔记本空白区域新建输入单元，输入Mathematica表达式：

```
DSolve[{y'[x] == sin[x] + y[x], y[0] == 1}, y[x], x]
```

计算得到初值问题的解析解为：

$$\{\{y[x]\to\frac{1}{2}(3e^x-\cos[x]-\sin[x])\}\}$$

在Mathematica中新建输入单元，输入Mathematica表达式：

```
points = {{0,1}}; h = 0.2; f[x_,y_]: = sin[x] + y;
For[i = 1, i≤10, i + +, points = Append[points,
        {ih, points[[i,2]] + hf[(i - 1)h, points[[i,2]]]}]]
Show[ListPlot[points, plotstyle→Large],
plot[1/2(3e^x - cos[x] - sin[x]), {x,0,2}]]
```

计算后得到的结果如图2.6所示.

从图2.6可以看到，欧拉法计算微分方程初值问题的近似解相对来说误差比较大. 对该方法经过适当的改进，可以使得到的结果更精确，基本想法是取两个斜率的平均值，即

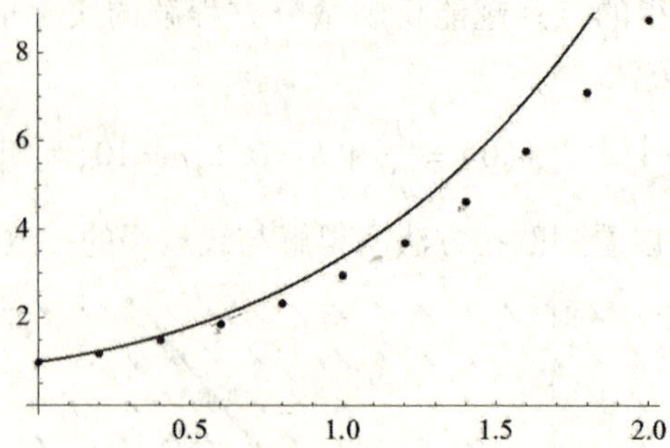

图 2.6　欧拉法近似解与精确解的比较

$$\begin{cases} z_n = y_{n-1} + f(x_{n-1}, y_{n-1})h, \\ y_n = y_{n-1} + \left[\dfrac{f(x_{n-1}, y_{n-1}) + f(x_{n-1}, z_{n-1})}{2}\right]h \end{cases}$$

习题 2.2

1. 绘制下列微分方程的线素场和积分曲线

(1) $\dfrac{dy}{dx} = y - x$;　　(2) $\dfrac{dy}{dx} = -\dfrac{x}{y}$;　　(3) $\dfrac{dy}{dx} = x^2 - y$.

2. 求下列经过特定点的积分曲线

(1) $\dfrac{dy}{dx} = y$,过点(0,0);

(2) $\dfrac{dy}{dx} + y = y^2(\cos x - \sin x)$,过(1,0)点.

3. 讨论方程$\dfrac{dy}{dx} = -xy$的向量场与积分曲线.

4. 讨论方程$\dfrac{dy}{dx} = \sqrt{1-y^2}$的积分曲线的分布情况.

5.(炮弹飞行的轨迹——欧拉方法)在炮弹发射时,我们如何知道炮弹在空中飞行中的轨迹?如果用高速照相机把炮弹飞行的过程记录下来,则其照片是炮弹在不同位置的离散图像,而不是连续的曲线.如何求出炮弹的飞行轨迹呢?欧拉给出了一个方法:先通过差分将一阶常微分方程化为差分方程(即代数方程),然后考虑代数方程的解(点列),将这些点顺次连接起来,便得到解曲线的近似图形.用欧拉方法求出$\dfrac{dy}{dx} = \sin x + y$过(0,1)点的近似解,比较该近似解与用线素场方法得到的解曲线.

6. 在平面$(a,0)$和$(-a,0)$处分别放置两个正、负单位电荷,则它们在平面上产生一磁场.如果描述磁场强度的微分方程为$\dfrac{dy}{dx} = \dfrac{P(x,y)}{Q(x,y)}$,其中

$$P(x,y)=\frac{x+a}{[(x+a)^2+y^2]^{3/2}}-\frac{x-a}{[(x-a)^2+y^2]^{3/2}}$$

$$Q(x,y)=\frac{y}{[(x+a)^2+y^2]^{3/2}}-\frac{y}{[(x-a)^2+y^2]^{3/2}}$$

用 Mathematica 绘制该磁场的线素场. 找一个条形磁铁和少许铁质粉末,可以通过实验了解在磁铁周围的平面内的磁场分布情况,并与线素场作比较.

7. 考虑初值问题

$$\begin{cases}\dfrac{dy}{dx}=1+y\\ y(0)=1\end{cases}$$

比较欧拉方法改进后的计算结果和精确解的结果.

§2.3　一阶微分方程解的存在唯一性

这一节讨论一阶微分方程初值问题

$$\begin{cases}\dfrac{dy}{dx}=f(x,y)\\ y(x_0)=y_0\end{cases}\tag{2.3.1}$$

解的存在唯一性问题.

定理 2.3.1　(柯西存在唯一性定理) 如果函数 $f(x,y)$ 及 $f_y'(x,y)$ 在平面区域 D 内连续,则初值问题(2.3.1)在包含 x_0 的邻域内存在唯一满足初值条件的解.

例 2.3.1　讨论初值问题

$$\begin{cases}\dfrac{dy}{dx}=ay(a<0)\\ y(x_0)=y_0\end{cases}$$

是否存在唯一解.

解　由于 $f(x,y)=ay, f_y'(x,y)=a$ 在 xOy 平面上连续,因此,由柯西存在唯一性定理可知,对于平面上的任意一点 (x_0,y_0),该初值问题都有唯一解.

例 2.3.2　确定初值问题

$$\begin{cases}\dfrac{dy}{dx}=y|y|\\ y(x_0)=y_0\end{cases}$$

存在唯一解的初值点 (x_0,y_0) 的范围.

解　由于 $f(x,y)=y|y|$ 在全平面上连续,且有

$$f(x,y)=y|y|=\begin{cases}y^2, & y>0\\ -y^2, & y<0\end{cases}$$

直接计算可得

$$f_y(x,y)=\begin{cases}2y, & y>0\\ -2y, & y<0\end{cases}$$

由定义可知，

$$f_y{}'(x,0)=\lim_{\Delta y\to 0}\frac{f(x,\Delta y)-f(x,0)}{\Delta y}=\lim_{\Delta y\to 0}\frac{\Delta y\,|\Delta y|-0}{\Delta y}=0$$

即$f_y{}'(x,y)$在全平面上连续．由柯西存在唯一性定理可知，对于平面上任意一点(x_0,y_0)，该初值问题都有唯一解.

由于柯西存在唯一性定理中对函数$f(x,y)$关于变量y的偏导数$f_y{}'(x,y)$连续的要求很高，很多函数并不满足这一条件，1876 年李普希兹减弱了柯西定理的条件．1893 年毕卡用逐步迭代法在李普希兹条件下给出了存在唯一性定理更弱的证明．下面先介绍李普希兹条件.

定义 2.3.1 设函数$f(x,y)$在矩形域

$$G=\{(x,y):|x-x_0|\leqslant a,\ |y-y_0|\leqslant b\}$$

上连续，如果存在常数$L>0$，使得对G内任意两点(x,y_1)，(x,y_2)，都有

$$|f(x,y_1)-f(x,y_2)|\leqslant L|y_1-y_2|$$

则称$f(x,y)$在矩形区域G上关于y满足李普希兹条件，L称为李普希兹常数.

下面的定理回答了一阶微分方程的初值问题局部解的存在唯一性.

定理 2.3.2 （毕卡存在唯一性定理）如果函数$f(x,y)$在矩形域G上连续，且关于变量y满足李普希兹条件，则初值问题(2.3.1)在区间$I=[x_0-h,x_0+h]$上存在唯一解，其中

$$h=\min\left(a,\frac{b}{M}\right),\quad M=\max_{(x,y)\in G}|f(x,y)|$$

由于毕卡存在唯一性定理证明依赖于函数序列的一致收敛性，其过程比较复杂，这里仅给出定理 2.3.2 证明的主要思路，详细证明参阅文献[1]第 64～69 页.

定理 2.3.2 的证明思路：

第一步：初值问题(2.3.1)等价于下面的积分方程：

$$y(x)=y_0+\int_{x_0}^{x}f(s,y(s))\,\mathrm{d}s \tag{2.3.2}$$

事实上，如果$y=y(x)$是初值问题(2.3.1)的解，即

$$\frac{\mathrm{d}y(x)}{\mathrm{d}x}=f(x,y(x))$$

则对上式两边关于x积分可得

$$y(x)=y_0+\int_{x_0}^{x}f(s,y(s))\,\mathrm{d}s$$

反之，如果$y=y(x)$是积分方程(2.3.2)的连续解，由于$f(x,y)$连续，因此变上限函数$\int_{x_0}^{x}f(s,y(s))\,\mathrm{d}s$关于$x$可微，于是$y(x)$也可微．因此，对式(2.3.2)两边关于$x$求导即可得到微分方程(2.3.1)，并且满足初值条件.

第二步：用逐步迭代法构造积分方程(2.3.2)的毕卡迭代序列：

$$y_{n+1}(x) = y_0 + \int_{x_0}^{x} f(s, y_n(s))\,ds, \quad n = 0,1,2,\cdots; y_0(x) = y_0 \tag{2.3.3}$$

首先,取 $y_0(x) = y_0$,代入到积分方程后得到

$$y_1(x) = y_0 + \int_{x_0}^{x} f(s, y_0(s))\,ds$$

由于 $f(x, y_0(x))$ 是区间 I 上的连续函数,因此 $y_1(x)$ 是可微函数,并且满足

$$|y_1(x) - y_0| = \left|\int_{x_0}^{x} f(s, y_0(s))\,ds\right| \leqslant \int_{x_0}^{x} |f(s, y_0(s)|\,ds \leqslant M|x - x_0|$$

因此,在区间 I 上有

$$|y_1(x) - y_0| \leqslant M|x - x_0| \leqslant Mh \leqslant b$$

所以,$f(x, y_1(x))$ 也是区间 I 上的连续函数,并且

$$y_2(x) = y_0 + \int_{x_0}^{x} f(s, y_1(s))\,ds$$

该函数在区间 I 上连续可微,满足不等式

$$|y_2(x) - y_0| = \left|\int_{x_0}^{x} f(s, y_1(s))\,ds\right| \leqslant M|x - x_0| \leqslant Mh \leqslant b$$

类似地,可用数学归纳法得到

$$y_n(x) = y_0 + \int_{x_0}^{x} f(s, y_{n-1}(s))\,ds$$

是连续函数,并且满足

$$|y_n(x) - y_0| \leqslant M(x - x_0)$$

第三步:证明迭代序列 $\{y_n(x)\}_{n=1}^{+\infty}$ 在区间 $I = [x_0 - h, x_0 + h]$ 上的一致收敛性.

先证明不等式

$$|y_{n+1}(x) - y_n(x)| \leqslant \frac{M}{L}\frac{(L|x - x_0|)^{n+1}}{(n+1)!}, \quad x \in I; n = 0,1,2,\cdots \tag{2.3.4}$$

事实上,当 $n = 0$ 时,

$$|y_1(x) - y_0(x)| \leqslant \left|\int_{x_0}^{x} f(s, y_0(s))\,ds\right| \leqslant M|x - x_0|$$

由此有

$$\begin{aligned}|y_2(x) - y_1(x)| &\leqslant \int_{x_0}^{x} |f(s, y_1(s)) - f(s, y_0(s))|\,ds \\ &\leqslant L\int_{x_0}^{x} |y_1(s) - y_0(s)|\,ds \leqslant ML\int_{x_0}^{x} |x - x_0|\,ds \leqslant \frac{ML}{2!}(x - x_0)^2\end{aligned}$$

假设 $n = k$ 时,下列不等式成立

$$|y_{k+1}(x) - y_k(x)| \leqslant \frac{M}{L}\frac{(L|x - x_0|)^{k+1}}{(k+1)!}, \quad x \in I$$

则当 $n = k + 1$ 时,

$$\begin{aligned}|y_{k+2}(x) - y_{k+1}(x)| &= \left|\int_{x_0}^{x} [f(s, y_{k+1}(s)) - f(s, y_k(s))]\,ds\right| \\ &\leqslant \int_{x_0}^{x} |f(s, y_{k+1}(s)) - f(s, y_k(s))|\,ds\end{aligned}$$

$$\leqslant L\int_{x_0}^{x}|y_{k+1}(s)-y_k(s)|\mathrm{d}s$$

$$\leqslant L\int_{x_0}^{x}\left|\frac{M}{L}\frac{(L|x-x_0|)^{k+1}}{(k+1)!}\right|\mathrm{d}s$$

$$=\frac{M}{L}\frac{(L|x-x_0|)^{k+2}}{(k+2)!}$$

因此,由数学归纳法可知,不等式(2.3.4)成立.

接下来,考虑函数项级数

$$y_0(x)+\sum_{k=1}^{\infty}[y_{k+1}(x)-y_k(x)] \tag{2.3.5}$$

由不等式(2.3.4)可知,当 $x\in I$ 时,

$$|y_{k+1}(x)-y_k(x)|\leqslant\frac{M}{L}\frac{(L|x-x_0|)^{k+1}}{(k+1)!}\leqslant\frac{M}{L}\frac{(Lh)^{k+1}}{(k+1)!}$$

由于正项级数 $\sum_{k=0}^{\infty}\frac{M}{L}\frac{(Lh)^{k+1}}{(k+1)!}$ 收敛,根据 M – 判别法可知,函数项级数(2.3.5)在区间 I 上是一致收敛的.

第四步:证明毕卡迭代序列 $\{y_n(x)\}_{n=1}^{+\infty}$ 的极限函数就是积分方程(2.3.2)的连续解.

由第三步证明可知, $y_0(x)+\sum_{k=1}^{\infty}[y_{k+1}(x)-y_k(x)]$ 在区间 I 上是一致收敛的,令

$$y_n(x)=y_0(x)+\sum_{k=1}^{n-1}[y_{k+1}(x)-y_k(x)]$$

$$\lim_{n\to\infty}y_n(x)=y(x)$$

对等式(2.3.3)两边关于 n 取极限,

$$\begin{aligned}y(x)&=\lim_{n\to\infty}y_{n+1}(x)\\&=y_0+\lim_{n\to\infty}\int_{x_0}^{x}f(s,y_n(s))\mathrm{d}s\\&=y_0(x)+\int_{x_0}^{x}f(s,\lim_{n\to\infty}y_n(s))\mathrm{d}s\\&=y_0(x)+\int_{x_0}^{x}f(s,y(s))\mathrm{d}s\end{aligned}$$

即 $y=y(x)$ 是方程(2.3.2)的连续解.

第五步:用反证法证明解的唯一性.

关于毕卡存在唯一性定理的几点注记:

(1)从定理2.3.2的证明过程中可以看出, $f(x,y)$ 在矩形区域上的连续性保证了初值问题解的存在性,而李普希兹条件保证了解的唯一性.

(2)定理2.3.2中的李普希兹条件的验证比较困难,在实际应用中通常会用 $f(x,y)$ 在矩形区域 R 上有连续的偏导数这一较容易验证的更强的条件来取代. 事实上,如果函数 $f(x,y)$ 及其偏导数 $f_y'(x,y)$ 在矩形区域 R 上连续,则 $f_y'(x,y)$ 在 R 上有界,即存在正数 L 使得在矩形域 R 上有 $|f_y'(x,y)|\leqslant L$ 成立,由拉格朗日微分中值定理可得

$$|f(x,y_1)-f(x,y_2)|=|f_y{}'(x,y_2+\theta(y_2-y_1))||y_1-y_2|\leqslant L|y_1-y_2|$$

(3)定理 2.3.2 只是在初始点的局部范围内给出了初值问题(2.3.1)解的存在唯一性,我们称该解为局部解．但实际上,在一定的条件下,可以反复使用该定理,把解的存在区间延拓到更大的区间上,甚至是$(-\infty,+\infty)$,此时,我们称解是整体存在的,或称该解为整体解,具体内容见 2.4 节.

(4)毕卡存在唯一性定理中的 n 次近似解 $\varphi_n(x)$ 与精确解 $\varphi(x)$ 之间有如下的误差估计:

$$|\varphi_n(x)-\varphi(x)|\leqslant\frac{ML^n}{(n+1)!}|x-x_0|^{n+1}$$

因此,在近似计算中,可以根据误差的范围和要求,选择适当的毕卡迭代函数 $\varphi_n(x)$.

例 2.3.3　证明黎卡提方程

$$\frac{\mathrm{d}y}{\mathrm{d}x}=x^2+y^2$$

满足初值条件 $y(x_0)=y_0$ 的解存在且唯一.

证明　对于一般形式的黎卡提方程,是不能够用初等积分方法求出其解的,由于 $f(x,y)=x^2+y^2$ 及其偏导数 $f_y{}'(x,y)=2y$ 连续,从而对变量 y 满足李普希兹条件．由毕卡存在唯一性定理可知,黎卡提方程满足初值条件 $y(x_0)=y_0$ 的解存在且唯一,即经过平面上的点(x_0,y_0)都存在一条积分曲线.

例 2.3.4　讨论初值问题$\begin{cases}\dfrac{\mathrm{d}y}{\mathrm{d}x}=1+y^3\\ y(1)=1\end{cases}$在矩形区域 $R=\{(x,y):|x-1|\leqslant2,|y-1|\leqslant2\}$上解的存在唯一区间.

解　由于$f(x,y)=1+y^3$ 在全平面连续,且满足李普希兹条件,

$$M=\max_{(x,y)\in R}|f(x,y)|=28,\quad a=2,\quad b=2,\quad h=\min\left(a,\frac{b}{M}\right)=\frac{1}{14}$$

由毕卡存在唯一性定理可知,初值问题在$|x-1|\leqslant\dfrac{1}{14}$上的解存在且唯一.

例 2.3.5　计算初值问题$\begin{cases}\dfrac{\mathrm{d}y}{\mathrm{d}x}=x^2+y^2\\ y(0)=0\end{cases}$在矩形区域 $R=\{(x,y):|x|\leqslant1,|y|\leqslant1\}$上毕卡迭代序列中的前 3 项.

解　初值问题等价的积分方程为

$$y(x)=y_0+\int_0^x[x^2+y^2(x)]\mathrm{d}x$$

根据毕卡逐步迭代序列的构造方法,零次近似为 $y(0)=0$,则有

$$y_0(x)=0$$

$$y_1(x)=0+\int_0^x[x^2+0^2]\mathrm{d}x=\frac{x^3}{3}$$

$$y_2(x)=0+\int_0^x\left[x^2+\left(\frac{x^3}{3}\right)^2\right]\mathrm{d}x=\frac{x^3}{3}+\frac{x^7}{63}$$

例 2.3.6 利用逐步迭代法求出初值问题$\begin{cases}\frac{dy}{dx}=2x+2xy\\ y(0)=0\end{cases}$的逼近函数序列，归纳出一般项，并通过极限过程求出初值问题的解.

解 根据毕卡逐步迭代序列的构造方法

$$y_{n+1}(x) = y_0 + \int_0^x [2x + 2xy_n(x)]\mathrm{d}x, \quad n = 0,1,\cdots$$

零次近似为 $y(0)=0$，则有

$$y_0(x)=0$$

$$y_1(x) = 0 + \int_0^x [2x + 2x\cdot 0]\mathrm{d}x = x^2$$

$$y_2(x) = 0 + \int_0^x [2x + 2x\cdot x^2]\mathrm{d}x = x^2 + \frac{1}{2}x^4$$

$$y_3(x) = 0 + \int_0^x [2x + 2x\cdot (x^2 + \frac{1}{2}x^4)]\mathrm{d}x = x^2 + \frac{1}{2!}x^4 + \frac{1}{3!}x^6$$

$$y_4(x) = 0 + \int_0^x [2x + 2x\cdot (x^2 + \frac{1}{2!}x^4 + \frac{1}{3!}x^6)]\mathrm{d}x = x^2 + \frac{1}{2!}x^4 + \frac{1}{3!}x^6 + \frac{1}{4!}x^8$$

……

由数学归纳法可知，

$$y_n(x) = \int_0^x [2x + 2x\cdot y_{n-1}(x)]\mathrm{d}x = x^2 + \frac{1}{2!}x^4 + \frac{1}{3!}x^6 + \frac{1}{4!}x^{2n} + \cdots + \frac{1}{n!}x^{2n}$$

取极限得到

$$y(x) = \lim_{n\to\infty} y_n(x) = x^2 + \frac{1}{2!}x^4 + \frac{1}{3!}x^6 + \frac{1}{4!}x^{2n} + \cdots + \frac{1}{n!}x^{2n} + \cdots = \mathrm{e}^{x^2} - 1$$

由毕卡逐步迭代法可知，$y(x)=\mathrm{e}^{x^2}-1$ 是初值问题的解.

下面的定理给出了初值问题整体解的存在性的一个充分条件，其证明过程参阅文献[6].

定理 2.3.3 设函数 $f(x,y)$ 在平面 xOy 上连续，对 y 满足局部李普希兹条件，且存在正常数 N，使得 $|f(x,y)|\leqslant N|y|$，则初值问题(2.3.1)在 $(-\infty,+\infty)$ 存在解.

在实际应用中，如果我们只关心初值问题 (2.3.1)解的存在性，就可以放宽对方程右端项 $f(x,y)$ 的条件要求 . 下面介绍佩亚诺存在性定理.

定理 2.3.4 （佩亚诺存在性定理）如果函数 $f(x,y)$ 及 $f_y'(x,y)$ 在矩形域

$$G=\{(x,y):|x-x_0|\leqslant a,\ |y-y_0|\leqslant b\}$$

内连续，则初值问题(2.3.1)在区间 $I=[x_0-h,x_0+h]$ 上存在一个解，其中 h 和 M 同定理 2.3.3.

证明 参阅文献[1]中第 75 ~ 79 页的证明.

关于微分方程解的存在性证明，经历了较长的发展过程，柯西在 19 世纪 20 年代第一个成功地建立了微分方程初值问题(2.3.1)解的存在唯一性定理；1876 年李普希兹减弱了柯西定理的条件；1893 年毕卡用 Picard 逐步迭代法在李普希兹条件下给出了存在唯一

性定理更弱的证明;后来皮亚诺在连续性假设下给出了存在性定理.

习题 2.3

1. 设函数 $f(x,y)=xy^2$,讨论 $f(x,y)$ 在下面区域上关于 y 是否满足局部李普希兹条件

(1)矩形区域 $D_1=[a,b]\times[c,d]$;

(2) 条形区域 $D_1=[a,b]\times(-\infty,+\infty)$.

2. 用毕卡逐次迭代法求微分方程 $\dfrac{dy}{dx}=x-y^2$ 满足初条件 $y(0)=0$ 的近似解 $y_0(x)$, $y_1(x),y_2(x),y_3(x)$.

3. 利用毕卡逐步迭代法求初值问题 $\begin{cases}\dfrac{dy}{dx}=1+y^3\\ y(1)=1\end{cases}$ 的迭代序列的前 3 项.

4. 确定方程 $\dfrac{dy}{dx}=\sqrt{1-y^2}$ 满足 $y(x_0)=y_0$ 的初值问题存在唯一解的点 (x_0,y_0) 的范围.

5. 利用毕卡存在唯一性定理讨论在矩形区域 $R=[-1,1]\times[-1,1]$ 上的初值问题 $\dfrac{dy}{dx}=y^2+1,y(0)=0$ 局部解存在唯一的区间.

6. 证明:在定理 2.3.2 中的 n 次近似解 $\varphi_n(x)$ 与精确解 $\varphi(x)$ 有如下的误差估计式:

$$|\varphi_n(x)-\varphi(x)|\leqslant\frac{MN^n}{(n+1)!}|x-x_0|^{n+1}$$

7. 利用 Mathematica 软件和 Euler 折线法以及改进的 Euler 折线法分别计算初值问题

$$\frac{dy}{dx}=1+(y-x)^2,\quad y(0)=0.5$$

在 $x=0.1,0.2,0.3,\cdots,1$ 点的近似值.

§2.4　解的延拓与连续依赖性

由 2.3 节可知,在一定条件下,一阶微分方程初值问题

$$\begin{cases}\dfrac{dy}{dx}=f(x,y),\quad a\leqslant x-x_0\leqslant b;c\leqslant y-y_0\leqslant d\\ y(x_0)=y_0\end{cases}\tag{2.4.1}$$

在区间 (x_0-h,x_0+h) 上存在唯一的解 $y=y(x)$,其中 $h=\min\{a,\dfrac{b}{M}\}$,这个解是在 x_0 的很小的邻域内存在,实际上是一个局部解. 我们看一个例子:

$$\begin{cases}\dfrac{dx}{dt}=1+x^2, & -\dfrac{\pi}{2}\leqslant t\leqslant\dfrac{\pi}{2};\ -c\leqslant x\leqslant c\\ y(0)=0\end{cases}$$

容易计算出 $M=\max\{1+x^2\}=1+c^2, a=\dfrac{\pi}{2}, b=c$，则

$$h=\min\{a,\frac{b}{M}\}=\frac{c}{1+c^2}<1$$

由毕卡存在唯一性定理可知，局部解的存在区间为$(-\dfrac{c}{1+c^2},\dfrac{c}{1+c^2})$.

我们可以直接利用初等积分法得到方程$\dfrac{dx}{dt}=1+x^2$ 的解为 $x(t)=\tan t$，且该解的存在区间为$(-\dfrac{\pi}{2},\dfrac{\pi}{2})$. 这个例子表明，毕卡存在唯一性定理确定解的存在区间是可能延拓到更大的区间上. 在这一节，首先研究如何将这个局部解延拓到更大区间上，甚至是在整个定义域上，再研究解关于初值和右端函数的连续依赖性，即在有限区间上的稳定性.

§2.4.1 解的延拓定理

定理 2.4.1 （解的延拓定理）设点 P_0 为区域 $G\subset R^2$ 内任一点，Γ 为方程

$$\frac{dx}{dt}=f(x,y),\quad (x,y)\in G$$

经过点 P_0 的任一条积分曲线，则积分曲线 Γ 将在区域 G 内延拓到边界.

证明 详细的证明过程可参阅文献[1]中第 82～84 页的证明.

从解的延拓定理可知，解的存在唯一性定理给出了初值问题(2.4.1)在 $|x-x_0|\leqslant h$ 上局部解的存在唯一性. 我们希望解的存在区间更大一些，延拓定理给出了一个较好的回答. 在一定条件下，局部解 $y=\varphi(x)$ 可以向左、向右延拓，直到$(x,\varphi(x))$任意接近区域 D 的边界，即对于区域 G 内任意有界闭区域 $P_0\in G_1\subset G$，积分曲线 Γ 可以延拓到 G_1 之外，如图 2.7 所示.

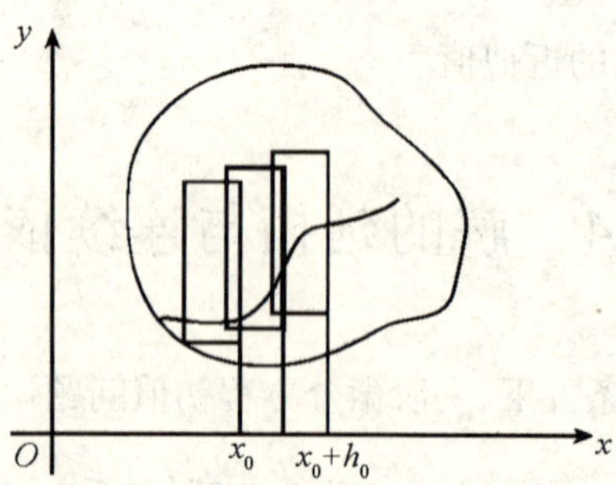

图 2.7 解的延拓定理示意图

在理解$(x,\varphi(x))$任意接近区域 D 的边界时，要特别注意到我们所考虑的区域 D 是有界区域，解的积分曲线可以任意接近 D. 当 D 是无界区域时，初值问题(2.4.1)的解可以向点 x_0 的两边延伸. 以向右方延拓为例，如果解 $y=\varphi(x)$ 的存在区间为$[x_0,+\infty)$，则

此时区域 D 是向右无界的;如果解 $y=\varphi(x)$ 的存在区间为有限区间 $[x_0,x_1]$,则当 $x\to x_1$ 时,有两种可能:(1) $\lim\limits_{x\to x_1}\varphi(x)=\infty$,此时积分曲线以 $x=x_1$ 为竖直渐近线,我们称这种现象为爆破现象(Blow-up),x_1 为爆破时刻;(2)点 $(x,\varphi(x))$ 任意接近区域 D 的有限边界.并不是所有的方程的解都可以无限延拓.

例 2.4.1　讨论初值问题

$$\begin{cases}\dfrac{dy}{dx}=y^2\\ y(1)=1\end{cases}\tag{2.4.2}$$

解的存在区间.

解　直接求解方程(2.4.2)得到

$$y(x)=\frac{1}{2-x}$$

它可以向左边无限延拓,积分曲线如图 2.8 所示,且 $\lim\limits_{x\to2^-}\left(\dfrac{1}{2-x}\right)=\infty$. 因此,过初值点(1, 1)的左行解的存在区间为 $(-\infty,2)$.

从图 2.8 中可知,方程(2.4.2)解的爆破时刻为 $x=2$,解的存在区间为 $(-\infty,2)$.

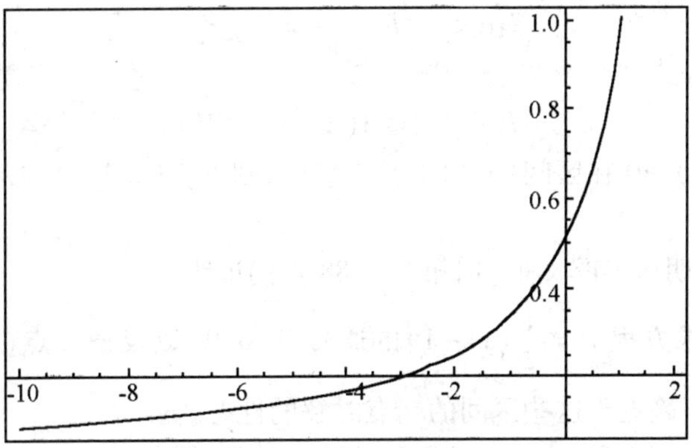

图 2.8　解的爆破示意图

例 2.4.2　讨论下面初值问题解的存在区间

$$\begin{cases}\dfrac{dy}{dx}=y^2\\ y(3)=-1\end{cases}\tag{2.4.3}$$

解　该初值问题的积分曲线如图 2.9 所示. 由图 2.9 可以看出,过初始点(3, -1)的积分曲线不能向左边延拓,只能向右边延拓,其存在区间为 $(2,+\infty)$. 但是 $\dfrac{dy}{dx}=y^2$ 的零解却可以向左边、右边两个方向无限延拓.

从上面几个例子可以看出,微分方程的解的最大存在区间依赖于方程和初始条件,既使是同一个方程,对应于不同的初值条件,解的存在区间也不同. 当我们并不知道解的最大存在区间时,在一定条件下,可作先验估计,得到解的最大存在区间.

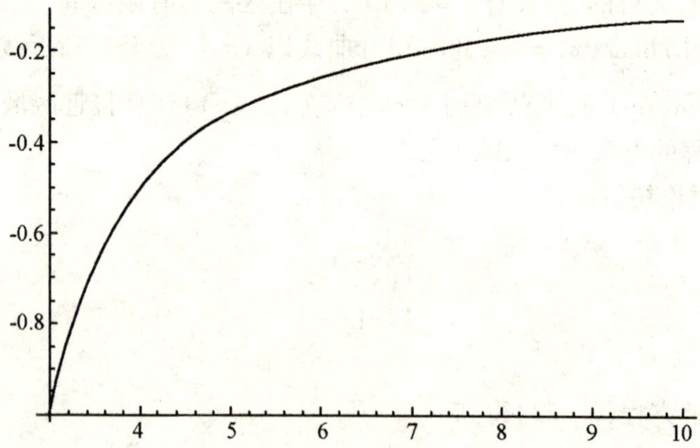

图 2.9

定理 2.4.2 设微分方程

$$\frac{dy}{dx}=f(x,y) \tag{2.4.4}$$

其中 $f(x,y)$ 在条形区域

$$S: a<x<b, \quad -\infty<y<\infty$$

内连续,且满足不等式

$$|f(x,y)| \leqslant A(x)|y|+B(x) \tag{2.4.5}$$

其中 $A(x)\geqslant 0, B(x)\geqslant 0$ 在区间 (a,b) 上是连续的,则方程(2.4.4)的每一个解都以 (a,b) 为最大存在区间.

证明 详细证明可参阅文献[1]第 87 ~ 88 页的证明.

例 2.4.3 试求方程 $y'=\frac{1}{2}(y^2-1)$ 的通过点 $(0,0)$ 以及通过点 $(\ln 2,-3)$ 的解的存在区间,并讨论当 x 趋近于这些区间的端点时解的性态.

解 容易验证 $y=1$ 和 $y=-1$ 是方程的两个特解,而当 $y\neq \pm 1$ 时,利用分离变量后可得

$$y=\frac{1+Ce^x}{1-Ce^x}$$

再将初值条件 $y(0)=0$ 代入到该函数中,可得 $C=-1$. 因此,通过 $(0,0)$ 的解为

$$y=\frac{1-e^x}{1+e^x}$$

其最大存在区间是 $(-\infty,+\infty)$.

再将初值 $y(\ln 2)=-3$ 代入该函数后可得 $C=1$,因此,通过 $(\ln 2,-3)$ 的解为

$$y=\frac{1+e^x}{1-e^x}$$

其存在区间为 $(-\infty,0)$ 和 $(0,+\infty)$,并且

$$\lim_{x\to 0}y(x)=-\infty, \quad \lim_{x\to+\infty}y(x)=-1$$

下面的定理给出了初值问题整体解的存在性的一个充分条件,其证明参阅文献[6].

定理 2.4.3　设函数 $f(x,y)$ 在 xOy 平面上连续,对 y 满足局部李普希兹条件,且存在正常数 N,使得 $|f(x,y)|\leqslant N|y|$,则初值问题(2.3.1)的解在区间 $(-\infty,+\infty)$ 上存在.

例 2.4.4　考虑微分方程

$$\frac{dy}{dx}=y\sin(xy)$$

讨论该方程解的最大存在区间.

解　函数 $f(x,y)=y\sin(xy)$ 在整个 xOy 平面上有定义且连续,不等式 $|f(x,y)|\leqslant|y|$. 由定理 2.4.3 可知,它的任意解的最大存在区间为 $(-\infty,+\infty)$.

§2.4.2　解对初值和右端函数的连续依赖性

我们在 1.1 节建立了线性单摆运动方程,下面从单摆的运动情况来说明研究解对初值及其右端函数的连续依赖性的重要性和必要性. 线性单摆的运动方程为

$$\frac{d^2x}{dt^2}+\frac{g}{l}x=0$$

满足初始条件

$$x(t_0)=x_0,\quad x'(t_0)=v_0$$

的解为

$$x(t,t_0,x_0,v_0,g,l)=x_0\cos\sqrt{\frac{g}{l}}(t-t_0)+\frac{v_0}{a}\sin\sqrt{\frac{g}{l}}(t-t_0)$$

容易看出,解对于初值 t_0,x_0,v_0 和参数 $\sqrt{\frac{g}{l}}$ 是连续的. 注意到重力加速度 g 和单摆线长度 l 都是固定的,而初值 x_0,v_0 是通过测量得到的,因而会存在误差,因此解 $x(t,t_0,x_0,v_0,g,l)$ 对初值的连续性具有明显的物理意义.

下面讨论含有参数的微分方程的初值问题

$$\begin{cases}\dfrac{dy}{dx}=f(x,y,\lambda)\\ y(x_0)=y_0\end{cases}\tag{2.4.6}$$

的解 $y(x,x_0,y_0,\lambda)$ 关于初值 x_0,y_0 和参数 λ 的连续依赖性. 我们只需要研究解关于参数的连续依赖性. 事实上,令

$$u=y-y_0,\quad t=x-x_0$$

则方程(2.4.6)可化成初值问题

$$\begin{cases}\dfrac{du}{dt}=f(t+x_0,u+y_0,\lambda)\\ u(0)=0\end{cases}\tag{2.4.7}$$

这样,我们将方程(2.4.6)中的初值条件转化到式(2.4.7)的第一个方程中,此时,初值为0,方程中的参数的个数由 1 个增加到 3 个. 不失一般性,我们只研究下面带参数的初值问题

$$\begin{cases}\dfrac{dy}{dx}=f(x,y,\lambda)\\ y(0)=0\end{cases} \tag{2.4.8}$$

定理 2.4.4 设函数$f(x,y,\lambda)$在区域

$$G=\{(x,y,\lambda)\,|x|\leqslant a,|y|\leqslant b,|\lambda-\lambda_0|\leqslant c\}$$

上连续，且对变量y满足李普希兹条件

$$|f(x,y_1,\lambda)-f(x,y_2,\lambda)|\leqslant L|y_1-y_2|$$

其中$L\geqslant 0$为常数，$M=\lim\limits_{G}\{|f(x,y,\lambda)|\}$，$h=\min\{a,\dfrac{b}{M}\}$. 则初值问题(2.4.8)的解$y=\varphi(x,\lambda)$在区域$D=\{(x,\lambda):|x|\leqslant h,|\lambda-\lambda_0|\leqslant c\}$上连续.

证明 为了便于读者能更清楚地理解参数的连续依赖性，这里给出证明的主要步骤.

第一步：初值问题(2.4.6)等价于积分方程

$$y(x,\lambda)=\int_0^x f(x,y(x,\lambda),\lambda)\,dx \tag{2.4.9}$$

第二步：构造毕卡迭代序列：

$$y_{n+1}(x,\lambda)=\int_0^x f(x,y_n(x,\lambda),\lambda)\,dx,\quad n=0,1,2,\cdots;y_0(x,\lambda)=0 \tag{2.4.10}$$

第三步：用数学归纳法证明毕卡迭代序列$y_n(x,\lambda)$在区域D上关于(x,λ)是连续的.

第四步：用数学归纳法证明$|y_{k+1}(x,\lambda)-y_k(x,\lambda)|\leqslant\dfrac{M}{L}\dfrac{(L|x|^{k+1})}{(k+1)!}$成立，从而得到毕卡迭代序列$\{y_n(x)\}_{n=1}^{+\infty}$是一致收敛的.

第五步：毕卡迭代序列$\{y_n(x)\}_{n=1}^{+\infty}$一致收敛的极限函数就是积分方程(2.4.9)的连续解.

例 2.4.5 设$\varphi(x,x_0,y_0)$是微分方程$xy'-x\sin\dfrac{y}{x}-y=0$的满足初始条件$y_0=\varphi(x_0,x_0,y_0)$的解，讨论解对初值的连续性.

解 先将微分方程化成标准形式

$$\frac{dy}{dx}=\sin\frac{y}{x}+\frac{y}{x} \tag{2.4.11}$$

令$f(x,y)=\sin\dfrac{y}{x}+\dfrac{y}{x}$. 容易验证$f(x,y)$在整个$xOy$平面上除了原点外都连续，并且关于$y$满足李普希兹条件，由定理2.4.4可知，方程(2.4.11)的解$\varphi(x,x_0,y_0)$关于初值x_0,y_0是连续的.

习题 2.4

1. 讨论方程

$$\frac{dy}{dx}=(1-y^2)e^{xy^2}$$

解的存在区间，以及当 x 趋近这个区间右端点时解的性态.

2. 讨论微分方程$\frac{dy}{dx}=-\frac{1}{x^2}\cos\frac{1}{x}$解的存在区间.

3. 设线性方程

$$\frac{dy}{dx}+p(x)y=q(x)$$

其中 $p(x)$，$q(x)$ 在区间$[a,b]$上连续．证明：线性方程的任一解均在$[a,b]$上有定义.

4. 证明：微分方程$\frac{dy}{dx}=\frac{\sin y}{x^2+y^2+1}$的任一解的存在区间为$(-\infty,\infty)$.

5. (Gronwall 不等式)设 $\varphi(t)$ 和 $f(t)$ 是区间$[t_0, t_1]$上的非负连续函数，且满足

$$\varphi(t)\leqslant M+K\int_{t_0}^{t}\varphi(s)f(s)\,ds$$

其中 M 和 K 为正常数．证明：在区间$[t_0,t_1]$上，不等式

$$\varphi(t)\leqslant Me^{K\int_{t_0}^{t}f(s)\,ds}$$

成立.

6. 设 $x=\varphi(t,x_0,y_0)$，$y=\psi(t,x_0,y_0)$ 是方程组

$$\begin{cases}\dfrac{dx}{dt}=xy+t^2\\[2mm]\dfrac{dy}{dt}=-y^2\end{cases}$$

的解，且满足条件 $\varphi(1,x_0,y_0)=x_0$，$\psi(1,x_0,y_0)=y_0$. 试从解的表达式来讨论解对初值 x_0，y_0 的连续依赖性.

§2.5　奇　解

在这一节，先从一个具体例子出发，讨论在一阶微分方程解的唯一性不成立时，其通解和特解之间的关系；再研究克莱络方程解的性质；最后给出奇解的定义和判定方法.

定义 2.5.1　称 $F(x,y,y')=0$ 为 y'的隐式微分方程.

对于隐式微分方程 $F(x,y,y')=0$，如果能够解出 $y=f(x,y')$，则可以引入变量 $p=y'$，代入到显式方程后得到：

$$y=f(x,p),\quad y'=p$$

对 $y=f(x,p)$ 两边关于 x 求导后得到

$$p=f_x(x,p)+f_p(x,p)\frac{dp}{dx}$$

如求得通解 $p=p(x,C)$，则原来方程的通解为

$$y=f(x,p(x,C))$$

其中 C 为一个任意常数. 如果求得该方程的通解为 $x=u(P,C)$，则可由方程组

$\begin{cases} x=u(P,C) \\ y=f(x,p) \end{cases}$ 消去 p 后得到原方程的通解.

例 2.5.1 求解微分方程

$$x(y')^2-2yy'+9x=0$$

并讨论其特解和通解之间的关系.

解 这是一个一阶隐式微分方程,令 $p=y'$,则有

$$y=\frac{9x}{2p}+\frac{xp}{2} \tag{2.5.1}$$

对等式(2.5.1)两边关于 x 求导后得到

$$\left(\frac{1}{2}-\frac{9}{2p^2}\right)\left(p-x\frac{\mathrm{d}p}{\mathrm{d}x}\right)=0 \tag{2.5.2}$$

由式(2.5.2)解得 $\frac{\mathrm{d}p}{\mathrm{d}x}=\frac{p}{x}$ 和 $p=\pm 3$. 于是,方程(2.5.2)的通解为 $p=Cx$. 另外,该方程还有两个特解 $p=3$ 和 $p=-3$. 因此,原方程的通解为

$$y=\frac{9}{2C}+\frac{C}{2}x^2$$

两个特解分别为

$$y=3x,\quad y=-3x$$

利用 Mathematica 软件可以画出该方程的积分曲线,如图 2.10 所示.

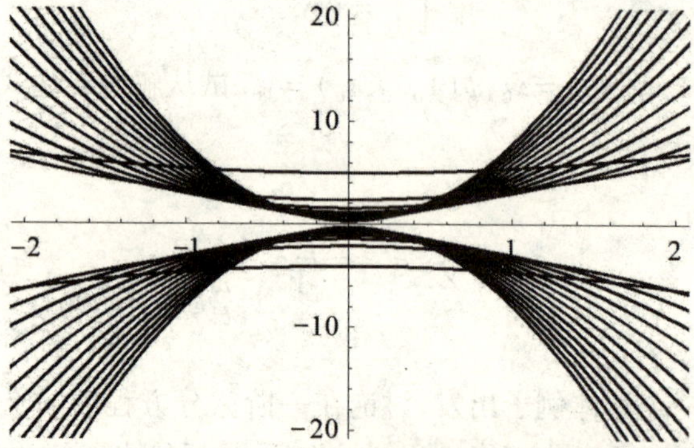

图 2.10 例 2.5.1 的积分曲线

通过对图 2.10 的观察发现,特解 $y=3x$ 和 $y=-3x$ 上除去原点外的每一点处都有通解中的某一个解在该点处与特解相切.

例 2.5.2 讨论微分方程 $y^2+y'^2=1$ 的解,并画出其积分曲线.

解 由于所给的微分方程的每一项均是有界的,不妨令

$$y=\cos t,\quad y'=\sin t,\quad -\infty<t<+\infty$$

由 $y'=\sin t$ 可得到

$$\mathrm{d}x=\frac{1}{\sin t}\mathrm{d}y=\frac{1}{\sin t}\mathrm{d}\cos t=-\mathrm{d}t,\quad \sin t\neq 0$$

因此,原方程的通解为

$$x = -t + C, \quad y = \cos t$$

消去参数 t 后可得原方程的通解为

$$y = \cos(C - x)$$

同时，原方程还有两个特解，即当 $y' = \sin t = 0$ 时，有 $y = \cos t = \pm 1$. 因此，原方程的两个特解分别为 $y = 1$ 和 $y = -1$.

利用 Mathematica 软件画出该方程的积分曲线，如图 2.11 所示.

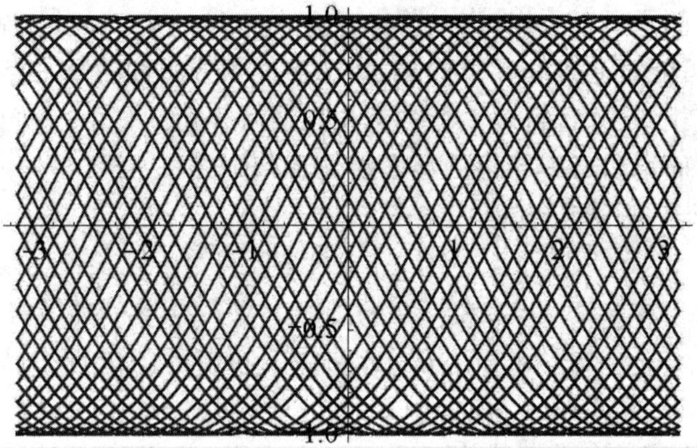

图 2.11　例 2.5.2 的积分曲线

通过对图 2.11 的观察发现，特解 $y = 1$ 和 $y = -1$ 上除去原点外的每一点处都有通解中的某一个解在该点处与特解相切.

例 2.5.3　求解克莱络方程

$$y = xp + f(p), \quad p = y' \tag{2.5.3}$$

其中 $f''(p) \neq 0$.

解　由于 $p = y'$，对方程(2.5.3)两边关于 x 求导可得

$$p = p + x\frac{\mathrm{d}p}{\mathrm{d}x} + f'(p)\frac{\mathrm{d}p}{\mathrm{d}x}$$

整理得

$$[x + f'(p)]\frac{\mathrm{d}p}{\mathrm{d}x} = 0$$

(1) 当 $\frac{\mathrm{d}p}{\mathrm{d}x} = 0$ 时，有 $p = C$，即 $\frac{\mathrm{d}y}{\mathrm{d}x} = C$. 因此克莱络方程(2.5.3)的通解为 $y = Cx + f(C)$，其中 C 为任意常数；

(2) 当 $x + f'(p) = 0$ 时，由克莱络方程(2.5.3)可得

$$y = xp + f(p) = -pf'(p) + f(p)$$

因此，得到克莱络方程的一个特解

$$x = -f'(p), \quad y = -pf'(p) + f(p) \tag{2.5.4}$$

其中 p 为参数.

由于 $f''(p) \neq 0$，可从 $x = -f'(p)$ 解得反函数 $p = u(x)$，再代回到特解(2.5.4)中得到特解的形式为 $y = xu(x) + f(u(x))$.

下面讨论克莱络方程的通解与特解之间的关系．任取 $x=x_0$，特解在 x_0 处导数为 $y'|_{x=x_0}=p|_{x=x_0}=u(x_0)$，因此特解在 x_0 处的切线方程为

$$y=xu(x_0)+f(u(x_0))$$

这表明特解(2.5.4)在其积分曲线的每一点处都有通解中的某一个解在该点与其相切，但特解 $y=xu(x)+f(u(x))$不能由通解给出，这是由于 $u''(x)=-1/f''(u(x))\neq 0$，因此 $u(x)$不是一个常数，从而，$y=xu(x)+f(u(x))$不能由通解给出.

从上面的三个例子可以看出，当一阶微分方程的解的唯一性受到破坏后，在解不唯一的地方，微分方程可能有通解和多个特解，特解在其积分曲线的每一点处都有通解中的某一个解在该点与其相切，并且特解不能被包含在通解表达式之中，我们把这一特征提炼出来，称之为奇解. 下面给出奇解严格的数学定义和判定方法.

定义 2.5.2　设一阶微分方程

$$f(x,y,y')=0 \tag{2.5.5}$$

有一个特解 $y=u(x)(x\in J)$. 如果在特解的图形上每一点 Q 的邻域内，方程(2.5.5)有一个不同于特解 $y=u(x)(x\in J)$的解，其积分曲线与特解的图形在 Q 点处相切，则称该特解为方程(2.5.5)的一个奇解.

定义 2.5.3　设定单参数曲线族：(C)：$\Phi(x,y,C)=0$，其中 C 为参数，Φ 对所有变量都是连续可微的．如果存在连续可微的曲线 L，在其上任一点均有(C)中某一曲线与之相切，且在 L 上不同的点，L 与(C)中不同的曲线相切，那么称曲线 L 为曲线族(C)的包络，见图 2.12.

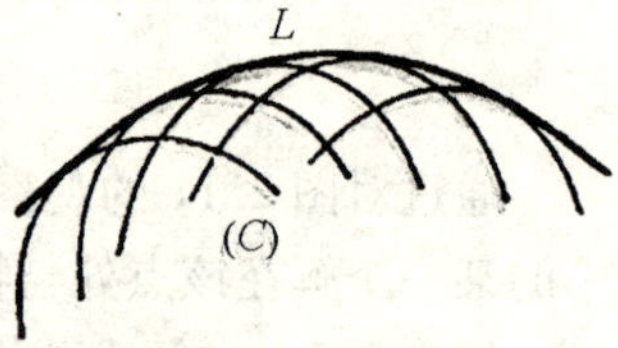

图 2.12　包络

下面给出奇解存在的一个必要条件.

定理 2.5.1　设函数 $f(x,y,y')$在区域 G 上关于(x,y,p)连续，且对变量 y 和 p 有连续的偏导数 f_y'和 f_p'. 如果函数 $y=u(x)$是方程(2.5.5)的一个奇解，并且$(x,u(x),u'(x))\in G$，则$(x,u(x),u'(x))$满足

$$f(x,u,u')=0,\quad f_p'(x,u,u')=0 \tag{2.5.6}$$

证明　参阅文献[1]第 107～108 页的证明.

称条件(2.5.6)为 p－判别式，定理 2.5.4 是奇解存在的一个必要条件，因此由 p－判别式确定的函数 $y=w(x)$不一定是微分方程(2.5.5)的解；即使是方程(2.5.5)的解，也不一定是方程(2.5.5)的奇解，还需要根据奇解的定义经过检验才能确认它是否为奇解.

例 2.5.4　用 p－判别式求微分方程 $y=2x\frac{\mathrm{d}y}{\mathrm{d}x}+\left(\frac{\mathrm{d}y}{\mathrm{d}x}\right)^2$ 的奇解.

解　由 p－判别式可得

$$f(x,y,p)=2xp+p^2-y=0,\quad f_p'(x,y,p)=2x+2p=0$$

解得 $p=-x$，消去 p 后得到 $y=-x^2$.

将 $y=-x^2$ 代入原方程后可知它不是原方程的解，因此原方程不存在奇解.

定理 2.5.2　若 L 是曲线族 C 的包络线，则它满足如下的 p－判别式

$$\begin{cases}\Phi(x,y,p)=0\\ \Phi p'(x,y,p)=0\end{cases} \tag{2.5.7}$$

反之,若从式(2.5.7)解得连续可微曲线 $\Gamma: x=\varphi(p), y=\psi(p)$,且满足非蜕化条件:

$$\varphi'^2(p)+\psi'^2(p)\neq 0$$

和

$$\Phi_x'^2(\varphi(p),\psi(p),p)+\Phi_y'^2(\varphi(p),\psi(p),p)\neq 0$$

则 Γ 是曲线族的包络线.

证明　参阅文献[11]第104页定理2.7的证明.

习题 2.5

1. 利用 p-判别法求下列微分方程的奇解

(1) $y=x\dfrac{dy}{dx}+\sqrt{1+\left(\dfrac{dy}{dx}\right)^2}$;　　(2) $(y-1)^2\left(\dfrac{dy}{dx}\right)^2=\dfrac{4}{9}y$.

2. 求下列曲线族的包络:

(1) $(x-c)^2+y^2=4c$;　　(2) $c^2y+cx^2=1$.

3. 讨论方程 $x-y=\dfrac{4}{9}\left(\dfrac{dy}{dx}\right)^2-\dfrac{8}{27}\left(\dfrac{dy}{dx}\right)^3$ 的奇解.

4. 判定方程 $y'=x^{\frac{1}{3}}+1$ 是否存在奇解. 若有,请求出来;若没有,试说明理由.

5. 已知一条曲线上任意一点的切线在第一象限与 x 轴和 y 轴正半轴所围成的直角三角形的面积恒为常数 $a(a>0)$,求该曲线的方程.

第三章　高阶线性微分方程与线性微分方程组

在这一章,我们将研究线性微分方程组解的结构,重点讨论三维线性系统解的结构,对于更一般的 n 维线性系统解的结构,可以利用线性代数的知识将三维情形的结构推广到 n 维情形. 注意到高阶线性微分方程可以通过变量代换,转化成线性微分方程组,因此,我们先介绍高阶线性微分方程解的结构,再介绍三维常系数线性微分方程组的特征根解法和矩阵指数函数解法,最后研究一般的线性微分方程解的结构.

§3.1　高阶线性微分方程

在这一节,我们从二阶常系数线性微分方程解的结构出发,介绍高阶线性微分方程解的结构.

在高等数学中,我们讨论了二阶常系数线性微分方程

$$y'' + py' + qy = f(x) \tag{3.1.1}$$

在非齐次项 $f(x)$ 为多项式情形、多项式与指数函数乘积形式、多项式与指数函数、正余弦函数乘积情形时,方程(3.1.1)通解的结构. 下面我们将二阶线性微分方程(3.1.1)解的结构推广到一般的 n 阶情形.

对于常系数高阶线性微分方程

$$\frac{\mathrm{d}^n y}{\mathrm{d}x^n} + a_1\frac{\mathrm{d}^{n-1} y}{\mathrm{d}x^{n-1}} + \cdots + a_{n-2}\frac{\mathrm{d}^2 y}{\mathrm{d}x^2} + a_{n-1}\frac{\mathrm{d}y}{\mathrm{d}x} + a_n y = 0 \tag{3.1.2}$$

其中 $a_1, a_2, \cdots, a_n$ 是实常数. 可以用类似于二阶常系数线性微分方程的求解方法求出常系数高阶齐次线性方程的通解.

令

$$y_1 = y,\quad y_2 = y', \cdots, y_n = y^{(n-1)}$$

则常系数高阶线性齐次方程可转化为下面的常系数齐次线性微分方程组

$$
\begin{cases}
\dfrac{dy_1}{dx}=y_2\\
\dfrac{dy_2}{dx}=y_3\\
\vdots\\
\dfrac{dy_{n-1}}{dx}=y_n\\
\dfrac{dy_n}{dx}=-a_ny_1-a_{n-1}y_2-\cdots-a_1y_n
\end{cases}
\tag{3.1.3}
$$

如果记 $\boldsymbol{Y}=(y_1,y_2,\cdots,y_n)^{\mathrm{T}}$，$n\times n$ 阶矩阵 $\boldsymbol{A}$ 为

$$
\boldsymbol{A}=\begin{pmatrix}
0 & 1 & 0 & \cdots & 0 & 0\\
0 & 0 & 1 & \cdots & 0 & 0\\
\vdots & \vdots & \vdots & & \vdots & \vdots\\
0 & 0 & 0 & \cdots & 0 & 1\\
-a_n & -a_{n-1} & -a_{n-2} & \cdots & -a_2 & -a_1
\end{pmatrix}
$$

则方程(3.1.3)可简记为

$$\frac{d\boldsymbol{Y}}{dx}=\boldsymbol{AY} \tag{3.1.4}$$

矩阵 $\boldsymbol{A}$ 的特征方程为

$$\det(\lambda\boldsymbol{E}-\boldsymbol{A})=\lambda^n+a_1\lambda^{n-1}+\cdots+a_{n-1}\lambda+a_n=0 \tag{3.1.5}$$

定义 3.1.1　称齐次线性微分方程组(3.1.4)的 n 个线性无关的解为一个基本解组.

定理 3.1.1　设常系数齐次微分方程(3.1.2)的特征方程(3.1.5)在复数域中共有 s 个互不相同的根 $\lambda_1,\lambda_2,\cdots,\lambda_s$，而且相应的重数分别为 $n_1,n_2,\cdots,n_s(n_1+n_2+\cdots+n_s=n)$. 则函数组

$$e^{\lambda_1x},xe^{\lambda_1x},\cdots,x^{n_1-1}e^{\lambda_1x},\cdots,e^{\lambda_sx},xe^{\lambda_sx},\cdots,x^{n_s-1}e^{\lambda_sx}$$

是高阶常系数线性齐次微分方程(3.1.2)的一个基本解组.

证明　参阅文献[1]中第 198 页定理 6.6* 的证明.

例 3.1.1　求解高阶微分方程

$$\frac{d^5y}{dx^5}+4\frac{d^4y}{dx^4}-8\frac{d^3y}{dx^3}-10\frac{d^2y}{dx^2}+23\frac{dy}{dx}-10y=0$$

解　该方程是常系数五阶线性微分方程，其特征方程为

$$\lambda^5+4\lambda^4-8\lambda^3-10\lambda^2+23\lambda-10=(\lambda-1)^3(\lambda+2)(\lambda+5)=0$$

因此，该方程的根为

$$\lambda_1=\lambda_2=\lambda_3=1,\quad \lambda_4=-2,\quad \lambda_5=-5$$

于是，原方程组的一个基本解组为

$$e^x,xe^x,x^2e^x,e^{-2x},e^{-5x}$$

定义 3.1.2　把未知函数 $y(x)$ 及其各阶导数 $\frac{dy}{dx},\frac{d^2y}{dx^2},\cdots,\frac{d^ny}{dx^n}$ 均为一次的 n 阶微分方程称为 n 阶线性微分方程.

n 阶线性微分方程的一般形式如下：

$$\frac{d^n y}{dx^n}+a_1(x)\frac{d^{n-1}y}{dx^{n-1}}+\cdots+a_{n-1}(x)\frac{dy}{dx}+a_n(x)y=f(x) \tag{3.1.6}$$

其中系数函数 $a_1(x),a_2(x),\cdots,a_n(x)$ 和 $f(x)$ 都是区间 $a<x<b$ 上的连续函数．当 $f(x)$ 不恒为零时，称方程(3.1.6)为非齐次 n 阶线性微分方程；当 $f(x)\equiv 0$ 时，

$$\frac{d^n y}{dx^n}+a_1(x)\frac{d^{n-1}y}{dx^{n-1}}+\cdots+a_{n-2}(x)\frac{d^2 y}{dx^2}+a_{n-1}(x)\frac{dy}{dx}+a_n(x)y=0 \tag{3.1.7}$$

称式(3.1.7)为对应于非齐次线性方程(3.1.6)的齐次线性微分方程.

下面讨论齐次线性微分方程(3.1.7)解的性质和代数结构.

引理 3.1.1　如果 $y_1(x),y_2(x),\cdots,y_m(x)$ 都是方程(3.1.7)的解，则它们的线性组合 $c_1y_1(x)+c_2y_2(x)+\cdots+c_my_m(x)$ 也是方程(3.1.7)的解，其中 $c_1,c_2,\cdots,c_m$ 为任意常数.

证明　由于 $y_1(x),y_2(x),\cdots,y_m(x)$ 都是方程(3.1.7)的解，则有

$$\frac{d^n y_i}{dx^n}+a_1(x)\frac{d^{n-1}y_i}{dx^{n-1}}+\cdots+a_{n-2}(x)\frac{d^2 y_i}{dx^2}+a_{n-1}(x)\frac{dy_i}{dx}+a_n(x)y_i=0,\quad i=1,2,\cdots,m$$

又因为式(3.1.7)是线性微分方程，因此，

$$\begin{aligned}&\frac{d^n[c_1y_1(x)+c_2y_2(x)+\cdots+c_my_m(x)]}{dx^n}+\cdots+a_{n-1}(x)\frac{d[c_1y_1(x)+c_2y_2(x)+\cdots+c_my_m(x)]}{dx}\\&\quad+a_n(x)[c_1y_1(x)+c_2y_2(x)+\cdots+c_my_m(x)]\\&=\sum_{i=1}^{m}c_i\left[\frac{d^n y_i}{dx^n}+a_1(x)\frac{d^{n-1}y_i}{dx^{n-1}}+\cdots+a_{n-2}(x)\frac{d^2 y_i}{dx^2}+a_{n-1}(x)\frac{dy_i}{dx}+a_n(x)y_i\right]\\&=0\end{aligned}$$

即 $c_1y_1(x)+c_2y_2(x)+\cdots+c_my_m(x)$ 也是方程(3.1.7)的解.

由引理 3.1.1 可知，只要知道线性微分方程(3.1.7)的多个解，那么它们的线性组合也是其解. 为了求出方程(3.1.7)的通解，我们需要知道表示出通解的其他解是不是足够多，这些解是不是线性无关．由线性微分方程组初值问题解的存在唯一性可知，当这些解是线性无关时，该方程的任意解可由这些线性无关的解的线性组合来表示.

定义 3.1.3　对于定义在区间 (a,b) 上的函数 $y_1(x),y_2(x),\cdots,y_m(x)$，如果存在不全为零的常数 $c_1,c_2,\cdots,c_m$，使得 $c_1y_1(x)+c_2y_2(x)+\cdots+c_my_m(x)=0$ 在区间 (a,b) 上恒成立，则称函数 $y_1(x),y_2(x),\cdots,y_m(x)$ 在区间 (a,b) 上是线性相关的；否则称为线性无关的.

例 3.1.2　判定下面两组函数是否在 $(-\infty,+\infty)$ 上线性无关.

(1) $1,\cos^2x,\sin^2x$;　　　　(2) $1,x,x^2,\cdots,x^n$.

解　(1) 由于 $1-\cos^2x-\sin^2x=0$，因此，$1,\cos^2x,\sin^2x$ 是线性相关的；

(2) 由于等式 $c_0+c_1x+c_2x^2+\cdots+c_nx^n=0$ 在 $(-\infty,+\infty)$ 上恒成立的充要条件是 $c_1=\cdots=c_n=0$，因此，函数组 $1,x,x^2,\cdots,x^n$ 是线性无关的.

对于一般形式的函数组，我们有如下的判定线性相关或线性无关的方法.

定义 3.1.4　设定义在区间 (a,b) 上的函数组 $y_1(x),y_2(x),\cdots,y_m(x)$ 都有直到

$m-1$ 阶的导函数,则称下面的 $m\times m$ 阶行列式

$$W(y_1(x),y_2(x),\cdots,y_m(x))=\begin{vmatrix} y_1(x) & y_2(x) & \cdots & y_m(x) \\ y_1'(x) & y_2'(x) & \cdots & y_m'(x) \\ \cdots & \cdots & \ddots & \cdots \\ y_1^{(m-1)}(x) & y_2^{(m-1)}(x) & \cdots & y_m^{(m-1)}(x) \end{vmatrix}$$

为函数组 $y_1(x),y_2(x),\cdots,y_m(x)$ 的朗斯基行列式.

定理 3.1.2　设定义在区间 (a,b) 上的函数组 $y_1(x),y_2(x),\cdots,y_m(x)$ 都有直到 $m-1$ 阶的导函数,如果函数组 $y_1(x),y_2(x),\cdots,y_m(x)$ 在区间 (a,b) 上线性相关,则其朗斯基行列式恒为零.

证明　因为函数组 $y_1(x),y_2(x),\cdots,y_m(x)$ 在区间 (a,b) 上线性相关,则存在不全为零的常数 $c_1,c_2,\cdots,c_m$,使得下面等式恒成立:

$$c_1y_1(x)+c_2y_2(x)+\cdots+c_my_m(x)\equiv 0,\quad x\in(a,b) \tag{3.1.8}$$

分别对方程(3.1.8)两边关于 x 求导数,得到

$$\begin{gathered} c_1y_1(x)+c_2y_2(x)+\cdots+c_my_m(x)\equiv 0 \\ c_1y_1'(x)+c_2y_2'(x)+\cdots+c_my_m'(x)\equiv 0 \\ c_1y_1''(x)+c_2y_2''(x)+\cdots+c_my_m''(x)\equiv 0 \\ \cdots\qquad\cdots\qquad\cdots \\ c_1y_1^{(m-1)}(x)+c_2y_2^{(m-1)}(x)+\cdots+c_my_m^{(m-1)}(x)\equiv 0 \end{gathered}$$

这是关于常数 $c_1,c_2,\cdots,c_m$ 的齐次方程组,由于它们不全为零,所以该方程组的系数行列式为零,该系数行列式即为朗斯基行列式,因此 $W(x)=0$.

由定理 3.1.2 可知,如果函数组 $y_1(x),y_2(x),\cdots,y_m(x)$ 是线性相关的,则其朗斯基行列式恒为零. 定理 3.1.2 的逆否命题是:如果函数组 $y_1(x),y_2(x),\cdots,y_m(x)$ 的朗斯基行列式在区间 (a,b) 上的某一点不为零,则该函数组 $y_1(x),y_2(x),\cdots,y_m(x)$ 在区间 (a,b) 上线性无关. 因此有下面的定理:

定理 3.1.3　线性微分方程(3.1.7)的解组在区间 (a,b) 上线性无关的充要条件为朗斯基行列式 $W(x)\neq 0,x\in(a,b)$.

定理 3.1.4(刘维尔公式)　设 $y_1(x),y_2(x),\cdots,y_n(x)$ 是微分方程(3.1.7)的任意 n 个解,$W(x)$ 是它们的朗斯基行列式,则对于区间 (a,b) 上的任意点 x_0,有刘维尔公式成立:

$$W(x)=W(x_0)\mathrm{e}^{-\int_{x_0}^{x}a_1(s)\mathrm{d}s}$$

证明　先把高阶微分方程(3.1.7)写成微分方程组的形式

$$\frac{\mathrm{d}y}{\mathrm{d}x}=\boldsymbol{A}(x)y$$

其中,

$$
\boldsymbol{A}(x)=\begin{pmatrix} 0 & 1 & 0 & \cdots & 0 & 0 \\ 0 & 0 & 1 & \cdots & 0 & 0 \\ \vdots & \vdots & \vdots & \vdots & \vdots & \vdots \\ 0 & 0 & 0 & \cdots & 0 & 1 \\ -a_n(x) & -a_{n-1}(x) & -a_{n-2}(x) & \cdots & -a_2(x) & -a_1(x) \end{pmatrix}
$$

由行列式的性质可知

$$
\begin{aligned}
\frac{\mathrm{d}W(x)}{\mathrm{d}x} &= \sum_{i=1}^{n}\begin{vmatrix} y_{11} & y_{12} & \cdots & y_{1n} \\ \vdots & \vdots & & \vdots \\ \frac{\mathrm{d}y_{i1}}{\mathrm{d}x} & \frac{\mathrm{d}y_{i2}}{\mathrm{d}x} & \cdots & \frac{\mathrm{d}y_{in}}{\mathrm{d}x} \\ \vdots & \vdots & & \vdots \\ y_{n1} & y_{n2} & \cdots & y_{nn} \end{vmatrix} \\
&= \sum_{i=1}^{n}\begin{vmatrix} y_{11} & y_{12} & \cdots & y_{1n} \\ \vdots & \vdots & & \vdots \\ \sum_{j=1}^{n} a_{ij}(x)y_{j1} & \sum_{j=1}^{n} a_{ij}(x)y_{j2} & \cdots & \sum_{j=1}^{n} a_{ij}(x)y_{jn} \\ \vdots & \vdots & & \vdots \\ y_{n1} & y_{n2} & \cdots & y_{nn} \end{vmatrix} \\
&= \sum_{i=1}^{n} a_{ii}(x)\cdot W(x) \\
&= -a_1(x)\cdot W(x)
\end{aligned}
$$

即

$$
\frac{\mathrm{d}W(x)}{\mathrm{d}x}=-a_1(x)\cdot W(x)
$$

其初值问题的解为 $W(x)=W(x_0)\mathrm{e}^{-\int_{x_0}^{x}a_1(s)\mathrm{d}s}$,因此,定理3.1.4成立.

下面的定理刻画了线性微分方程的基本解组和线性无关的函数组之间的关系.

定理3.1.5(齐次线性方程的通解结构) 如果函数组 $y_1(x),y_2(x),\cdots,y_n(x)$ 是方程(3.1.7)的 n 个线性无关的解,则方程(3.1.7)的通解可表示为 $y(x)=c_1y_1(x)+\cdots+c_ny_n(x)$,其中 $c_1,c_2,\cdots,c_n$ 为任意常数.

证明 设 $y(x)$ 为方程(3.1.7)的任意非零解,并且满足初值条件

$$
y(x_0)=y_0,\quad y'(x_0)=y'_0,\cdots,y^{(n-1)}(x_0)=y_0^{(n-1)}
$$

$y_1(x),y_2(x),\cdots,y_n(x)$ 是方程(3.1.7)在区间 (a,b) 上 n 个线性无关的解,则下面方程组

$$\begin{cases} c_1y_1(x_0)+c_2y_2(x_0)+\cdots+c_ny_n(x_0)=y_0 \\ c_1y_1'(x_0)+c_2y_2'(x_0)+\cdots+c_ny_n'(x_0)=y_0' \\ c_1y_1''(x_0)+c_2y_2''(x_0)+\cdots+c_ny_n''(x_0)=y_0'' \\ \vdots \\ c_1y_1^{(n-1)}(x_0)+c_2y_2^{(n-1)}(x_0)+\cdots+c_ny_n^{(n-1)}(x_0)=y_0^{(n-1)} \end{cases} \tag{3.1.9}$$

存在唯一的非零解 $c_1,c_2,\cdots,c_n$. 事实上，由于 $y_1(x),y_2(x),\cdots,y_n(x)$ 是方程(3.1.7)在区间 (a,b) 上 n 个线性无关的解，则其相应的朗斯基行列式在 x_0 处不为零，也即方程组(3.1.9)的系数行列式在 x_0 处不为零，因此，方程组(3.1.4) 存在唯一的非零解 $c_1,c_2,\cdots,c_n$. 由引理 3.1.1 可知，其线性组合 $\varphi(x)=c_1y_1(x)+\cdots+c_ny_n(x)$ 也是方程(3.1.7)的解，满足 $\varphi(x_0)=y_0,\varphi'(x_0)=y_0',\cdots,\varphi^{(n-1)}(x_0)=y_0^{(n-1)}$. 由解的存在唯一性定理可知，$\varphi(x)=y(x)$，即方程(3.1.3)的任意解均可以由这些基本解组线性表示.

下面研究非齐次线性微分方程

$$\frac{d^ny}{dx^n}+a_1(x)\frac{d^{n-1}y}{dx^{n-1}}+\cdots+a_{n-2}(x)\frac{d^2y}{dx^2}+a_{n-1}(x)\frac{dy}{dx}+a_n(x)y=f(x)$$

通解的结构.

一阶非齐次线性微分方程的通解等于它相应的齐次线性方程的通解加上非齐次方程的一个特解，对于 n 阶非齐次线性微分方程的通解，也有类似的结构.

定理 3.1.6（非齐次线性方程的通解结构） n 阶非齐次线性微分方程的通解等于它相应的齐次线性微分方程的通解与非齐次线性微分方程的一个特解之和.

证明 设 y^* 是非齐次线性方程(3.1.6)的特解，$\tilde{y}(x)$ 为相应的齐次线性微分方程(3.1.7)的通解，将 $y^*+\tilde{y}(x)$ 代入(3.1.6)左边，有

$$\begin{aligned} &\frac{d^n[\tilde{y}+y^*]}{dx^n}+a_1(x)\frac{d^{n-1}[\tilde{y}+y^*]}{dx^{n-1}}+\cdots+a_{n-1}(x)\frac{d[\tilde{y}+y^*]}{dx}+a_n(x)[\tilde{y}+y^*] \\ &=\frac{d^n\tilde{y}}{dx^n}+a_1(x)\frac{d^{n-1}\tilde{y}}{dx^{n-1}}+\cdots+a_{n-2}(x)\frac{d^2\tilde{y}}{dx^2}+a_{n-1}(x)\frac{d\tilde{y}}{dx}+a_n(x)\tilde{y} \\ &\quad+\frac{d^ny^*}{dx^n}+a_1(x)\frac{d^{n-1}y^*}{dx^{n-1}}+\cdots+a_{n-2}(x)\frac{d^2y^*}{dx^2}+a_{n-1}(x)\frac{dy^*}{dx}+a_n(x)y^* \\ &=f(x)+0=f(x) \end{aligned}$$

因此，$\tilde{y}+y^*$ 是非齐次线性微分方程的一个解.

下面证明 $\tilde{y}+y^*$ 是方程(3.1.6)的通解，设 $\bar{y}$ 为非齐次线性微分方程的任意解，则 $\bar{y}-y^*$ 是相应的齐次线性微分方程的解，事实上，

$$\begin{aligned} &\frac{d^n[\bar{y}-y^*]}{dx^n}+a_1(x)\frac{d^{n-1}[\bar{y}-y^*]}{dx^{n-1}}+\cdots+a_{n-1}(x)\frac{d[\bar{y}-y^*]}{dx}+a_n(x)[\bar{y}-y^*] \\ &=\frac{d^n\bar{y}}{dx^n}+a_1(x)\frac{d^{n-1}\bar{y}}{dx^{n-1}}+\cdots+a_{n-1}(x)\frac{d\bar{y}}{dx}+a_n(x)\bar{y} \\ &\quad-\left[\frac{d^ny^*}{dx^n}+a_1(x)\frac{d^{n-1}y^*}{dx^{n-1}}+\cdots+a_{n-1}(x)\frac{dy^*}{dx}+a_n(x)y^*\right] \\ &=f(x)-f(x)=0 \end{aligned}$$

因此,$\bar{y}-y^*$是齐次线性微分方程的解,它可由齐次方程的基本解组唯一表示,而$\tilde{y}(x)$为相应的齐次线性微分方程的基本解组,因此$\bar{y}-y^*$可由$\tilde{y}(x)$唯一线性表示.

例 3.1.3 求解三阶线性微分方程

$$y'''+3y''+3y'+y=e^{-x}(x-5)$$

解 原方程相应的齐次方程的特征方程为

$$\lambda^3+3\lambda^2+3\lambda+1=(\lambda+1)^3=0$$

它有三重特征根$\lambda=-1$. 因此,齐次线性方程的通解为

$$y(x)=(C_1+C_2x+C_3x^2)e^{-x}$$

由于$\lambda=-1$是齐次方程的特征方程的根,因此,原方程有形如下面的特解

$$y^*=x^3(a+bx)e^{-x}$$

其中a,b为待定常数. 将特解代入到原方程可得

$$a=-\frac{5}{6},\quad b=\frac{1}{24}$$

因此,原方程的通解为

$$y(x)=(C_1+C_2x+C_3x^2)e^{-x}+x^3\left(-\frac{5}{6}+\frac{1}{24}x\right)e^{-x}$$

习题 3.1

1. 已知$y_1(x)=x$是微分方程

$$(x-1)y''-xy'+y=0$$

的一个特解,试利用刘维尔公式求出其通解.

2. 已知微分方程

$$(1-\ln x)y''+\frac{1}{x}y'-\frac{1}{x^2}y=0$$

的一个解是$y_1(x)=x$,求其通解.

3. 已知$y_1(x)=x,y_2(x)=x^2$是微分方程

$$x^3y'''-3x^2y''+6xy'-6y=0$$

的两个特解,求其通解.

4. 试用常数变易法求解下面的微分方程

(1)$y''+y=\dfrac{1}{\cos x}$; (2)$y''-y=\dfrac{2e^x}{e^x-1}$

5. 求解二阶齐次线性微分方程的通解

(1)$y''+y'-6y=0$; (2)$3y''+y'-y=0$;

(3)$4y''+12y'+9y=0$; (4)$y''-6y'+13y=0$.

6.(人造地球卫星的运行轨道方程)人造地球卫星发射升空,在最后一段运载火箭熄灭后进入其运行轨道. 轨道的形状因发射角度和发射速度不同,而分别为椭圆、抛物线或

双曲线．由于卫星的体积和质量相对于地球而言，相差很多，为研究卫星运行的轨道，假设地球不动，视卫星为一质点，并忽略空气阻力等．现从地球表面上一点处，以倾角 α、初速度 v_0 发射出一质量为 m 的人造卫星，求卫星的运行轨道方程.

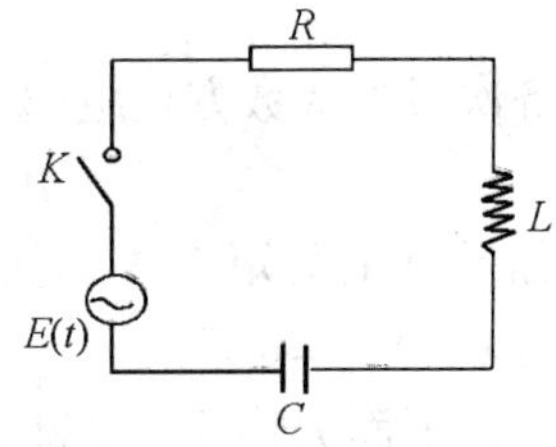

图 3.1

7. 在由一个电阻 R，电感 L，电容 C 和电源 E 组成的闭合回路中（图 3.1），电源的电势能 $E=100\sin 60t$ V，电阻 $R=2\ \Omega$. 电感 $L=0.1$ H，电容 $C=\frac{1}{260}$ F. 如果开始时，电路中的电流为零，电容器上的电荷量为零，求该电路接通后电容器上的电荷量随时间变化的关系.

§3.2　常系数齐次线性微分方程组的特征根解法

对于一阶常系数线性微分方程组

$$\begin{cases}\dfrac{\mathrm{d}y_1}{\mathrm{d}x}=a_{11}y_1+a_{12}y_2+a_{13}y_3+f_1(x)\\[2mm]\dfrac{\mathrm{d}y_2}{\mathrm{d}x}=a_{21}y_1+a_{22}y_2+a_{23}y_3+f_2(x)\\[2mm]\dfrac{\mathrm{d}y_3}{\mathrm{d}x}=a_{31}y_1+a_{32}y_2+a_{33}y_3+f_3(x)\end{cases}\tag{3.2.1}$$

令

$$\boldsymbol{A}=\begin{pmatrix}a_{11}&a_{12}&a_{13}\\a_{21}&a_{22}&a_{23}\\a_{31}&a_{32}&a_{33}\end{pmatrix},\quad \boldsymbol{y}=\begin{pmatrix}y_1\\y_2\\y_3\end{pmatrix},\quad \boldsymbol{f}(x)=\begin{pmatrix}f_1(x)\\f_2(x)\\f_3(x)\end{pmatrix}$$

则方程组(3.2.1)可写成向量的形式

$$\frac{\mathrm{d}\boldsymbol{y}}{\mathrm{d}x}=\boldsymbol{A}\boldsymbol{y}+\boldsymbol{f}(x)\tag{3.2.2}$$

如果 $\boldsymbol{f}(x)\equiv\boldsymbol{0}$，则称式(3.2.2)为齐次线性微分方程组；否则称为非齐次线性微分方程组.

先讨论齐次线性微分方程组

$$\frac{\mathrm{d}\boldsymbol{y}}{\mathrm{d}x}=\boldsymbol{A}\boldsymbol{y}\tag{3.2.3}$$

解的代数结构.

由于一阶齐次线性微分方程

$$\frac{\mathrm{d}y}{\mathrm{d}x}=ay$$

的通解为 $y=C\mathrm{e}^{at}$. 我们也试图去寻求式(3.2.3)的形如 $y(x)=\gamma\mathrm{e}^{\lambda x}$ 的解，其中 λ 为待定常数，$\boldsymbol{\gamma}=(\gamma_1,\gamma_2,\gamma_3)^{\mathrm{T}}$ 为待定的常值向量.

将 $y(x)=\gamma\mathrm{e}^{\lambda x}$ 代入到方程组(3.2.3)后得到

$$(\boldsymbol{A}-\lambda\boldsymbol{E})\boldsymbol{\gamma}=0 \tag{3.2.4}$$

齐次线性代数方程组(3.2.4)有非零解的充要条件是它的系数行列式

$$\det(\boldsymbol{A}-\lambda\boldsymbol{E})=0 \tag{3.2.5}$$

如果记λ_k为矩阵$\boldsymbol{A}$的任一特征根,$\boldsymbol{\gamma}_k=(\gamma_1^k,\gamma_2^k,\gamma_3^k)^{\mathrm{T}}$是特征根$\lambda_k$对应的特征向量,即$(\boldsymbol{A}-\lambda_k\boldsymbol{E})\boldsymbol{\gamma}_k=0$,则$y=\mathrm{e}^{\lambda_k x}\boldsymbol{\gamma}_k$是方程组(3.2.3)的一个解.

下面分特征根全部为单重实根、多重实根和复特征根三种情形讨论.

情形一:特征根全部为单重实根

设矩阵$\boldsymbol{A}$有3个互不相同的的特征根$\lambda_1,\lambda_2,\lambda_3$,$\boldsymbol{\gamma}_k$为特征根$\lambda_k$对应的特征向量,则方程组(3.2.5)有3个不同的解:$\boldsymbol{\gamma}_1\mathrm{e}^{\lambda_1 x},\boldsymbol{\gamma}_2\mathrm{e}^{\lambda_2 x},\boldsymbol{\gamma}_3\mathrm{e}^{\lambda_3 x}$. 容易验证$\boldsymbol{\gamma}_1\mathrm{e}^{\lambda_1 x},\boldsymbol{\gamma}_2\mathrm{e}^{\lambda_2 x},\boldsymbol{\gamma}_3\mathrm{e}^{\lambda_3 x}$在区间$(-\infty,+\infty)$内线性无关,因此,方程组(3.2.3)的通解可表示为

$$y(x)=c_1\boldsymbol{\gamma}_1\mathrm{e}^{\lambda_1 x}+c_2\boldsymbol{\gamma}_2\mathrm{e}^{\lambda_2 x}+c_3\boldsymbol{\gamma}_3\mathrm{e}^{\lambda_3 x}$$

其中$c_k(k=1,2,3)$为任一常数.

例 3.2.1 求常系数齐次线性微分方程组的通解

$$\frac{\mathrm{d}}{\mathrm{d}x}\begin{pmatrix}y_1\\y_2\\y_3\end{pmatrix}=\begin{pmatrix}3&-1&1\\-1&5&-1\\1&-1&3\end{pmatrix}\begin{pmatrix}y_1\\y_2\\y_3\end{pmatrix}$$

解 常系数矩阵$\boldsymbol{A}$的特征多项式为

$$\det(\boldsymbol{A}-\lambda\boldsymbol{E})=\begin{vmatrix}3-\lambda&-1&1\\-1&5-\lambda&-1\\1&-1&3-\lambda\end{vmatrix}=-(\lambda-2)(\lambda-3)(\lambda-6)=0$$

易知,矩阵A的特征根为$\lambda_1=2,\lambda_2=3$和$\lambda_3=6$. 下面计算相应的特征向量.

先求特征值$\lambda_1=2$所对应的特征向量$r_1=(a_1,a_2,a_3)^{\mathrm{T}}$,由特征值和特征函数的定义可得:

$$(A-\lambda_1 E)\begin{pmatrix}a_1\\a_2\\a_3\end{pmatrix}=\begin{pmatrix}1&-1&1\\-1&3&-1\\1&-1&1\end{pmatrix}\begin{pmatrix}a_1\\a_2\\a_3\end{pmatrix}=0,$$

即

$$\begin{cases}a_1-a_2+a_3=0\\-a_1+3a_2-a_3=0\\a_1-a_2+a_3=0\end{cases}$$

解得$a_1=-a_3,a_2=0$. 任取一组解$a_1=1,a_2=0,a_3=-1$,则$\lambda_2=2$所对应的特征向量为$\boldsymbol{r}_1=(1,0,-1)^{\mathrm{T}}$.

类似地,可求得$\lambda_2=3$所对应的特征向量为$\boldsymbol{r}_2=\begin{pmatrix}1\\1\\1\end{pmatrix}$;$\lambda_3=6$所对应的特征向量为$\boldsymbol{r}_3=\begin{pmatrix}1\\-2\\1\end{pmatrix}$. 因此,所求方程的通解为

$$\begin{pmatrix} y_1(x) \\ y_2(x) \\ y_3(x) \end{pmatrix} = C_1 e^{2x} \begin{pmatrix} 1 \\ 0 \\ -1 \end{pmatrix} + C_2 e^{3x} \begin{pmatrix} 1 \\ 1 \\ 1 \end{pmatrix} + C_3 e^{6x} \begin{pmatrix} 1 \\ -2 \\ 1 \end{pmatrix}$$

情形二:特征根有复数根

矩阵 $\boldsymbol{A}$ 的特征根可能会有复根,但实矩阵 $\boldsymbol{A}$ 的复特征根一定成对出现,即若 $\lambda_1 = a + ib$ 是其特征根,则其共轭复根 $\lambda_2 = a - ib$ 也是 $\boldsymbol{A}$ 的特征根. 首先,我们研究方程复数形式的解与实数形式解的关系.

定理 3.2.1　假设实系数线性齐次方程组(3.2.3)的复数解为 $u(x) + iv(x)$,则其实部 $u(x)$ 和虚部 $v(x)$ 也都是方程组(3.2.3)的解.

证明　由于 $u(x) + \mathrm{i}v(x)$ 是方程组(3.2.3)的解,则

$$\frac{\mathrm{d}}{\mathrm{d}x}[u(x) + \mathrm{i}v(x)] = \frac{\mathrm{d}u(x)}{\mathrm{d}x} + \mathrm{i}\frac{\mathrm{d}v(x)}{\mathrm{d}x} = \boldsymbol{A}u(x) + \mathrm{i}\boldsymbol{A}v(x)$$

因此,

$$\frac{\mathrm{d}}{\mathrm{d}x}u(x) = \boldsymbol{A}u(x),\quad \frac{\mathrm{d}v(x)}{\mathrm{d}x} = \boldsymbol{A}v(x)$$

即复数解的实部 $u(x)$ 和虚部 $v(x)$ 也为方程组(3.2.3)的解.

类似于情形一的讨论,记 $\lambda_1 = a + \mathrm{i}b$ 所对应的复特征向量 $\boldsymbol{r}_1 = \begin{pmatrix} r_{11} + ir_{12} \\ r_{21} + ir_{22} \\ r_{31} + ir_{32} \end{pmatrix}$,因此,$\lambda_1 = a + \mathrm{i}b$ 所对应的解为

$$\begin{aligned} e^{(a+\mathrm{i}b)x} \begin{pmatrix} r_{11} + \mathrm{i}r_{12} \\ r_{21} + \mathrm{i}r_{22} \\ r_{31} + \mathrm{i}r_{32} \end{pmatrix} &= e^{ax}(\cos bx + \mathrm{i}\sin bx) \begin{pmatrix} r_{11} + \mathrm{i}r_{12} \\ r_{21} + \mathrm{i}r_{22} \\ r_{31} + \mathrm{i}r_{32} \end{pmatrix} \\ &= e^{ax} \begin{pmatrix} r_{11}\cos bx - r_{12}\sin bx \\ r_{21}\cos bx - r_{22}\sin bx \\ r_{31}\cos bx - r_{32}\sin bx \end{pmatrix} + \mathrm{i}e^{ax} \begin{pmatrix} r_{12}\cos bx + r_{11}\sin bx \\ r_{22}\cos bx + r_{21}\sin bx \\ r_{32}\cos bx + r_{31}\sin bx \end{pmatrix} \end{aligned}$$

注意到矩阵 $\boldsymbol{A}$ 是实的,因此,$\lambda_1 = a + \mathrm{i}b$ 所对应解的共轭向量

$$e^{ax} \begin{pmatrix} r_{11}\cos bx - r_{12}\sin bx \\ r_{21}\cos bx - r_{22}\sin bx \\ r_{31}\cos bx - r_{32}\sin bx \end{pmatrix} - \mathrm{i}e^{ax} \begin{pmatrix} r_{12}\cos bx + r_{11}\sin bx \\ r_{22}\cos bx + r_{21}\sin bx \\ r_{32}\cos bx + r_{31}\sin bx \end{pmatrix}$$

是 $\lambda_1 = a - \mathrm{i}b$ 所对应的解.

由定理 3.2.1 可知,矩阵 $\boldsymbol{A}$ 的一对共轭复根 $\lambda_1 = a + \mathrm{i}b$ 和 $\lambda_2 = a - \mathrm{i}b$ 所对应解可以用其实部

$$e^{ax} \begin{pmatrix} r_{11}\cos bx - r_{12}\sin bx \\ r_{21}\cos bx - r_{22}\sin bx \\ r_{31}\cos bx - r_{32}\sin bx \end{pmatrix}$$

和虚部

$$e^{ax}\begin{pmatrix} r_{12}\cos bx + r_{11}\sin bx \\ r_{22}\cos bx + r_{21}\sin bx \\ r_{32}\cos bx + r_{31}\sin bx \end{pmatrix}$$

来作为方程组(3.2.3)的解.

例 3.2.2 求常系数齐次线性微分方程组的通解

$$\frac{d}{dx}\begin{pmatrix} y_1 \\ y_2 \\ y_3 \end{pmatrix} = \begin{pmatrix} -5 & -10 & -20 \\ 5 & 5 & 10 \\ 2 & 4 & 9 \end{pmatrix}\begin{pmatrix} y_1 \\ y_2 \\ y_3 \end{pmatrix}$$

解 矩阵 $\boldsymbol{A}$ 的特征多项式方程为

$$\det(\boldsymbol{A}-\lambda\boldsymbol{E}) = \begin{vmatrix} -5-\lambda & -10 & -20 \\ 5 & 5-\lambda & 10 \\ 2 & 4 & 9-\lambda \end{vmatrix} = -(\lambda-5)(\lambda^2-4\lambda+5)=0$$

则矩阵 $\boldsymbol{A}$ 的特征根为

$$\lambda_1=5,\quad \lambda_2=2+i,\quad \lambda_3=2-i$$

先求特征值 $\lambda_1=5$ 所对应的特征向量 $\boldsymbol{r}_1=(a_1,a_2,a_3)^T$,由特征值和特征向量的定义可得:

$$(\boldsymbol{A}-5\boldsymbol{E})\begin{pmatrix} a_1 \\ a_2 \\ a_3 \end{pmatrix} = \begin{pmatrix} -10 & -10 & -20 \\ 5 & 0 & 10 \\ 2 & 4 & 4 \end{pmatrix}\begin{pmatrix} a_1 \\ a_2 \\ a_3 \end{pmatrix}=0$$

容易解得 $\lambda_1=5$ 所对应的特征向量为 $\boldsymbol{r}_1=\begin{pmatrix} -2 \\ 0 \\ 1 \end{pmatrix}$.

接下来,我们求复特征值 $\lambda_2=2+i$ 所对应的特征向量 $\boldsymbol{r}_2=\begin{pmatrix} a_{11}+b_{12}i \\ a_{21}+b_{22}i \\ a_{31}+b_{32}i \end{pmatrix}$. 由特征值和特征向量的定义可得

$$(\boldsymbol{A}-\lambda_2\boldsymbol{E})\begin{pmatrix} a_{11}+b_{12}i \\ a_{21}+b_{22}i \\ a_{31}+b_{32}i \end{pmatrix} = \begin{pmatrix} -7-i & -10 & -20 \\ 5 & 3-i & 10 \\ 2 & 4 & 7-i \end{pmatrix}\begin{pmatrix} a_{11}+b_{12}i \\ a_{21}+b_{22}i \\ a_{31}+b_{32}i \end{pmatrix}=0$$

解得 $a_{11}=3, a_{12}=1, a_{21}=2, a_{22}=-1, a_{31}=-2, a_{32}=0$. 因此,对应 $\lambda_2=2+i$ 的解为

$$\begin{pmatrix} y_1(x) \\ y_2(x) \\ y_3(x) \end{pmatrix} = e^{2x}\begin{pmatrix} 3\cos x-\sin x \\ 2\cos x+\sin x \\ -2\cos x \end{pmatrix} + ie^{2x}\begin{pmatrix} \cos x+3\sin x \\ -\cos x+2\sin x \\ -2\sin x \end{pmatrix}$$

由定理 3.2.1 可知,$e^{2x}\begin{pmatrix} 3\cos x-\sin x \\ 2\cos x+\sin x \\ -2\cos x \end{pmatrix}$和 $e^{2x}\begin{pmatrix} \cos x+3\sin x \\ -\cos x+2\sin x \\ -2\sin x \end{pmatrix}$均为原方程的解,因此,所求的通解为

$$\begin{pmatrix} y_1(x) \\ y_2(x) \\ y_3(x) \end{pmatrix} = C_1 e^{5x} \begin{pmatrix} -2 \\ 0 \\ 1 \end{pmatrix} + C_2 e^{2x} \begin{pmatrix} 3\cos x - \sin x \\ 2\cos x + \sin x \\ -2\cos x \end{pmatrix} + C_3 e^{2x} \begin{pmatrix} \cos x + 3\sin x \\ -\cos x + 2\sin x \\ -2\sin x \end{pmatrix}$$

情形三：特征根为多重实根

当矩阵 $\boldsymbol{A}$ 的三个特征根 $\lambda_1,\lambda_2,\lambda_3$ 出现重根时，有下面两种可能：

(1) λ_1 是单根，$\lambda_2=\lambda_3$ 是二重根；

(2) $\lambda_1=\lambda_2=\lambda_3$ 是三重根.

此时，我们不能类似于情形一，直接求出不同的特征根所对应的特征向量．类似于定理 3.1.1，我们可以利用待定系数法，分别求出(3.2.3)的基本解组.

(一)矩阵 $\boldsymbol{A}$ 的特征根 λ_1 是单重实根，$\lambda_2=\lambda_3$ 是二重实根

先求出单根 λ_1 所对应的特征向量 $\boldsymbol{v}_1$，即求出微分方程组(3.2.3)的形如 $\boldsymbol{y}=e^{\lambda_1 x}\boldsymbol{v}_1$ 的解．事实上，只需将 $\boldsymbol{y}=e^{\lambda_1 x}\boldsymbol{v}_1$ 代入方程组(3.2.3)后得到

$$(\boldsymbol{A}-\lambda_1\boldsymbol{E})\boldsymbol{v}_1=0 \tag{3.2.6}$$

由此求出式(3.2.6)的解向量 v_1，从而得到一个线性无关的解 $\boldsymbol{y}=e^{\lambda_1 x}\boldsymbol{v}_1$.

对于二重特征根 $\lambda_2=\lambda_3$，我们不能像求解方程组(3.2.6)那样求出形如 $\boldsymbol{y}=e^{\lambda_2 x}\boldsymbol{v}_2$ 的两个线性无关的解，类似于定理 3.1.1，我们求解出形如

$$\boldsymbol{y}=e^{\lambda_2 x}(\boldsymbol{v}_3+x\boldsymbol{v}_2) \tag{3.2.7}$$

的线性无关的解 $e^{\lambda_2 x}\boldsymbol{v}_2$ 和 $xe^{\lambda_2 x}\boldsymbol{v}_3$，其中 $\boldsymbol{v}_2$ 和 $\boldsymbol{v}_3$ 线性无关．事实上，将解(3.2.7)代入到方程组(3.2.3)后得到

$$\begin{cases} (\boldsymbol{A}-\lambda_2\boldsymbol{E})\boldsymbol{v}_2=0 \\ (\boldsymbol{A}-\lambda_2\boldsymbol{E})\boldsymbol{v}_3=\boldsymbol{v}_2 \end{cases} \tag{3.2.8}$$

例 3.2.3　求解微分方程组

$$\frac{dy}{dx}=\begin{pmatrix} -1 & 1 & 0 \\ -4 & 3 & 0 \\ 1 & 0 & 2 \end{pmatrix} y$$

解　由于

$$\boldsymbol{A}=\begin{pmatrix} -1 & 1 & 0 \\ -4 & 3 & 0 \\ 1 & 0 & 2 \end{pmatrix}$$

它的特征方程为

$$\det(\boldsymbol{A}-\lambda\boldsymbol{E})=\begin{vmatrix} -1-\lambda & 1 & 0 \\ -4 & 3-\lambda & 0 \\ 1 & 0 & 2-\lambda \end{vmatrix}=-(\lambda-2)(\lambda-1)^2=0$$

$\boldsymbol{A}$ 的特征根分别为 $\lambda_1=2,\lambda_2=\lambda_3=1$.

当 $\lambda_1=2$ 时，求解下面的微分方程组

$$(\boldsymbol{A}-\lambda_1\boldsymbol{E})\boldsymbol{v}_1=\begin{pmatrix} -3 & 1 & 0 \\ -4 & 1 & 0 \\ 1 & 0 & 0 \end{pmatrix}\begin{pmatrix} v_{11} \\ v_{12} \\ v_{13} \end{pmatrix}=0$$

解得

$$\begin{pmatrix} v_{11} \\ v_{12} \\ v_{13} \end{pmatrix} = \begin{pmatrix} 0 \\ 0 \\ 1 \end{pmatrix}$$

因此，对应于 $\lambda_1 = 2$ 时方程组的线性无关的解为

$$\boldsymbol{y}_1(x) = \begin{pmatrix} 0 \\ 0 \\ 1 \end{pmatrix} \mathrm{e}^{2x}$$

当 $\lambda_2 = \lambda_3 = 1$ 时，我们求解下面的微分方程组

$$(\boldsymbol{A} - \lambda_2 \boldsymbol{E}) \boldsymbol{v}_2 = \begin{pmatrix} -2 & 1 & 0 \\ -4 & 2 & 0 \\ 1 & 0 & 1 \end{pmatrix} \begin{pmatrix} v_{21} \\ v_{22} \\ v_{23} \end{pmatrix} = 0 \tag{3.2.9}$$

$$(\boldsymbol{A} - \lambda_2 \boldsymbol{E}) \boldsymbol{v}_3 = \begin{pmatrix} -2 & 1 & 0 \\ -4 & 2 & 0 \\ 1 & 0 & 1 \end{pmatrix} \begin{pmatrix} v_{31} \\ v_{32} \\ v_{33} \end{pmatrix} = \begin{pmatrix} v_{21} \\ v_{22} \\ v_{23} \end{pmatrix} \tag{3.2.10}$$

先解式(3.2.9)可得

$$\begin{pmatrix} v_{21} \\ v_{22} \\ v_{23} \end{pmatrix} = \begin{pmatrix} 1 \\ 2 \\ -1 \end{pmatrix}$$

再将上式代入到式(3.2.10)后可得

$$\begin{pmatrix} v_{31} \\ v_{32} \\ v_{33} \end{pmatrix} = \begin{pmatrix} 1 \\ 1 \\ 0 \end{pmatrix}$$

因此，所求的通解为

$$y(x) = C_1 \begin{pmatrix} 0 \\ 0 \\ 1 \end{pmatrix} \mathrm{e}^{2x} + C_2 \begin{pmatrix} 1 \\ 2 \\ -1 \end{pmatrix} \mathrm{e}^{x} + C_3 \left(\begin{pmatrix} 1 \\ 1 \\ 0 \end{pmatrix} + x \begin{pmatrix} 1 \\ 2 \\ -1 \end{pmatrix} \right) \mathrm{e}^{x}$$

(二)矩阵 A 的特征根是三重根 $\lambda_1 = \lambda_2 = \lambda_3$

类似于第一种情况，由定理 3.1.1 可知只需计算方程组

$$\begin{cases} (\boldsymbol{A} - \lambda_1 \boldsymbol{E}) \boldsymbol{v}_1 = 0 \\ (\boldsymbol{A} - \lambda_1 \boldsymbol{E}) \boldsymbol{v}_2 = \boldsymbol{v}_1 \\ (\boldsymbol{A} - \lambda_1 \boldsymbol{E}) \boldsymbol{v}_3 = \boldsymbol{v}_2 \end{cases}$$

求出线性无关的三个向量 $\boldsymbol{v}_1, \boldsymbol{v}_2, \boldsymbol{v}_3$.

例 3.2.4 求解微分方程组

$$\frac{\mathrm{d}y}{\mathrm{d}x} = \begin{pmatrix} 4 & -1 & 0 \\ 3 & 1 & -1 \\ 1 & 0 & 1 \end{pmatrix} y$$

解　由于

$$A=\begin{pmatrix}4&-1&0\\3&1&-1\\1&0&1\end{pmatrix}$$

它的特征方程为

$$\det(A-\lambda E)=\begin{vmatrix}4-\lambda&-1&0\\3&1-\lambda&-1\\1&0&1-\lambda\end{vmatrix}=-(\lambda-2)^2=0$$

A 的特征根分别为 $\lambda_1=\lambda_2=\lambda_3=2$.

先求解特征方程

$$(A-\lambda_1E)v_1=\begin{pmatrix}2&-1&0\\3&-1&-1\\1&0&-1\end{pmatrix}\begin{pmatrix}v_{11}\\v_{12}\\v_{13}\end{pmatrix}=0$$

得到

$$v_1=\begin{pmatrix}v_{11}\\v_{12}\\v_{13}\end{pmatrix}=\begin{pmatrix}1\\2\\1\end{pmatrix}$$

即

$$y_1(x)=\begin{pmatrix}1\\2\\1\end{pmatrix}e^{2x}$$

再求与 v_1 线性无关的特征向量 v_2，为此，我们求解下面的方程组

$$(A-\lambda_1E)v_2=\begin{pmatrix}2&-1&0\\3&-1&-1\\1&0&-1\end{pmatrix}\begin{pmatrix}v_{21}\\v_{22}\\v_{23}\end{pmatrix}=\begin{pmatrix}v_{11}\\v_{12}\\v_{13}\end{pmatrix}$$

解得

$$v_2=\begin{pmatrix}v_{21}\\v_{22}\\v_{23}\end{pmatrix}=\begin{pmatrix}1\\1\\0\end{pmatrix}$$

即

$$y_2(x)=(v_2+v_1x)e^{2x}=\left[\begin{pmatrix}1\\1\\0\end{pmatrix}+\begin{pmatrix}1\\2\\1\end{pmatrix}x\right]e^{2x}$$

最后，求解与 v_1、v_2 都线性无关的特征向量 v_3，为此，我们求解方程组

$$(A-\lambda_1E)v_3=\begin{pmatrix}2&-1&0\\3&-1&-1\\1&0&-1\end{pmatrix}\begin{pmatrix}v_{31}\\v_{32}\\v_{33}\end{pmatrix}=\begin{pmatrix}v_{21}\\v_{22}\\v_{23}\end{pmatrix}$$

解得

$$\boldsymbol{v}_3=\begin{pmatrix}v_{31}\\v_{32}\\v_{33}\end{pmatrix}=\begin{pmatrix}0\\0\\1\end{pmatrix}$$

即

$$\boldsymbol{y}_3(x)=(\boldsymbol{v}_3+\boldsymbol{v}_2x+\frac{1}{2}\boldsymbol{v}_1x^2)\mathrm{e}^{2x}=\left[\begin{pmatrix}0\\0\\1\end{pmatrix}+\begin{pmatrix}1\\1\\0\end{pmatrix}x+\begin{pmatrix}\frac{1}{2}\\1\\\frac{1}{2}\end{pmatrix}x^2\right]\mathrm{e}^{2x}$$

因此,所求的通解为

$$\begin{aligned}y(x)&=[C_1y_1(x)+C_2y_2(x)+C_3y_3(x)]\mathrm{e}^{2x}\\&=\mathrm{e}^{2x}\left\{C_1\begin{pmatrix}1\\2\\1\end{pmatrix}+C_2\left[\begin{pmatrix}1\\1\\0\end{pmatrix}+\begin{pmatrix}1\\2\\1\end{pmatrix}x\right]+C_3\left[\begin{pmatrix}0\\0\\1\end{pmatrix}+\begin{pmatrix}1\\1\\0\end{pmatrix}x+\begin{pmatrix}\frac{1}{2}\\1\\\frac{1}{2}\end{pmatrix}x^2\right]\right\}\end{aligned}$$

习题 3.2

1. 求解微分方程组

(1) $\dfrac{\mathrm{d}y}{\mathrm{d}x}=\begin{pmatrix}1&-1&4\\3&2&-1\\2&1&-1\end{pmatrix}y$;　　(2) $\dfrac{\mathrm{d}y}{\mathrm{d}x}=\begin{pmatrix}5&-5&-5\\-1&4&2\\3&-5&-3\end{pmatrix}y$.

2. 求解微分方程组

(1) $\dfrac{\mathrm{d}y}{\mathrm{d}x}=\begin{pmatrix}0&1&0\\0&0&1\\-2&-5&-4\end{pmatrix}y$;　　(2) $\dfrac{\mathrm{d}y}{\mathrm{d}x}=\begin{pmatrix}0&1&1\\1&0&1\\1&1&0\end{pmatrix}y$.

3. 求解微分方程组的初值问题

$$\frac{\mathrm{d}y}{\mathrm{d}x}=\begin{pmatrix}3&1&-1\\-1&2&1\\1&1&1\end{pmatrix}y,\quad y(0)=\begin{pmatrix}1\\1\\1\end{pmatrix}$$

4. 有两种群为了生存而争夺相同的食物. 设在 t 时刻,两种群的数量分别为 $x(t)$, $y(t)$,并且满足微分方程组

$$\begin{cases}\dfrac{\mathrm{d}x(t)}{\mathrm{d}t}=3x(t)-2y(t)\\[2mm]\dfrac{\mathrm{d}y(t)}{\mathrm{d}t}=-2x(t)+3y(t)\end{cases}$$

如果当 $t=0$ 时,$x=2000$,$y=1600$,试求两种群在 t 时刻的数量.

§3.3　常系数齐次线性微分方程组的矩阵指数解法

这一节讨论常系数齐次线性微分方程组

$$\frac{\mathrm{d}y}{\mathrm{d}x}=\boldsymbol{A}y \tag{3.3.1}$$

的基解矩阵的一种常用的求法. 注意到一阶纯量微分方程$\frac{\mathrm{d}y}{\mathrm{d}x}=ay$ 的通解为 $y=C\mathrm{e}^{ax}$,那么,方程(3.3.1)是否也有形如下面形式

$$y(x)=\mathrm{e}^{\boldsymbol{A}x}$$

的解呢? 我们先定义矩阵指数函数,然后再回答这个问题.

对于 $n\times n$ 矩阵 $\boldsymbol{A}=(a_{ij})_{n\times n}$,定义

$$\|\boldsymbol{A}\|=\sum_{i,j=1}^{n}|a_{ij}|$$

容易验证,运算$\|\cdot\|$满足的下面三条性质:

(1) $\|\boldsymbol{A}\|\geqslant 0$, $\|\boldsymbol{A}\|=0$ 当且仅当 $A=O$;

(2) 对于任意常数 α,都有$\|\alpha\boldsymbol{A}\|=|\alpha|\cdot\|\boldsymbol{A}\|$;

(3) $\|\boldsymbol{A}+\boldsymbol{B}\|\leqslant\|\boldsymbol{A}\|+\|\boldsymbol{B}\|$;

即运算$\|\cdot\|$满足范数的定义,我们称$\|\cdot\|$为矩阵范数. 由性质(3)可以得到

(4) $\|\boldsymbol{AB}\|\leqslant\|\boldsymbol{A}\|\cdot\|\boldsymbol{B}\|$, $\|\boldsymbol{A}^k\|\leqslant\|\boldsymbol{A}\|^k$.

下面利用矩阵范数讨论矩阵级数及其收敛性.

定义 3.3.1　对于矩阵级数

$$\boldsymbol{A}_1+\boldsymbol{A}_2+\cdots+\boldsymbol{A}_m+\cdots$$

记前 m 项和为 $\boldsymbol{S}_m=\boldsymbol{A}_1+\boldsymbol{A}_2+\cdots+\boldsymbol{A}_m$,如果$\lim\limits_{m\to\infty}\boldsymbol{S}_m$ 存在极限 $\boldsymbol{S}$,则称矩阵级数收敛,且和为 $\boldsymbol{S}$,即 $\boldsymbol{S}=\boldsymbol{A}_1+\boldsymbol{A}_2+\cdots+\boldsymbol{A}_m+\cdots$.

由性质 4 可知,

$$\begin{aligned}
&\left\|\boldsymbol{E}+\boldsymbol{A}+\frac{1}{2!}\boldsymbol{A}^2+\cdots+\frac{1}{k!}\boldsymbol{A}^k+\cdots\right\|\\
\leqslant&\|\boldsymbol{E}\|+\|\boldsymbol{A}\|+\frac{1}{2!}\|\boldsymbol{A}\|^2+\cdots+\frac{1}{k!}\|\boldsymbol{A}\|^k+\cdots\\
=&n+\|\boldsymbol{A}\|+\frac{1}{2!}\|\boldsymbol{A}\|^2+\cdots+\frac{1}{k!}\|\boldsymbol{A}\|^k+\cdots\\
=&\mathrm{e}^{\|\boldsymbol{A}\|}+n-1
\end{aligned}$$

注意到矩阵级数 $\boldsymbol{A}_1+\boldsymbol{A}_2+\cdots+\boldsymbol{A}_m+\cdots$收敛到矩阵 $\boldsymbol{S}$,等价于相应的 $n\times n$ 矩阵元素收敛到 $\boldsymbol{S}$ 中的相应元素 s_{ij}. 由矩阵范数的定义,$|a_{ij}|\leqslant\|\boldsymbol{A}\|$$(i,j=1,2,\cdots,n)$,根据

$$1+\|\boldsymbol{A}\|+\frac{1}{2!}\|\boldsymbol{A}\|^2+\cdots+\frac{1}{k!}\|\boldsymbol{A}\|^k+\cdots=\mathrm{e}^{\|\boldsymbol{A}\|}$$

可知,矩阵级数 $\boldsymbol{E}+\boldsymbol{A}+\frac{1}{2!}\boldsymbol{A}^2+\cdots+\frac{1}{k!}\boldsymbol{A}^k+\cdots$是绝对收敛的.

定义 3.3.2 称矩阵 $\boldsymbol{A}$ 的级数

$$\boldsymbol{E}+\boldsymbol{A}+\frac{1}{2!}\boldsymbol{A}^2+\cdots+\frac{1}{k!}\boldsymbol{A}^k+\cdots$$

依矩阵范数$\|\cdot\|$收敛的和为矩阵 $\boldsymbol{A}$ 的指数函数,并记为 $e^{\boldsymbol{A}}$,即

$$e^{\boldsymbol{A}}=\boldsymbol{E}+\boldsymbol{A}+\frac{1}{2!}\boldsymbol{A}^2+\cdots+\frac{1}{k!}\boldsymbol{A}^k+\cdots=\sum_{k=1}^{\infty}\frac{1}{k!}\boldsymbol{A}^k$$

定义 3.3.3 方程组(3.3.1)在区间(a,b)内的 n 个线性无关的解 $y_1(x),y_2(x),\cdots,y_n(x)$称为式(3.3.1)的一个基础解系,由它们组成的矩阵

$$\boldsymbol{X}(x)=(y_1(x),y_2(x),\cdots,y_n(x))$$

称为式(3.3.1)的一个基本解矩阵,简称基解矩阵.

定理 3.3.1 矩阵指数函数 $e^{x\boldsymbol{A}}$是方程组(3.3.1)的一个基解矩阵.

证明 由于矩阵 $\boldsymbol{A}$ 为常系数矩阵,且矩阵指数函数 $e^{x\boldsymbol{A}}$满足

$$\frac{d}{dx}(e^{\boldsymbol{A}x})=\boldsymbol{A}e^{\boldsymbol{A}x},\quad \det(e^{\boldsymbol{A}x})\Big|_{x=0}\neq 0$$

因此

$$y(x)=e^{\boldsymbol{A}x}$$

是方程(3.3.1)的基解矩阵.

下面介绍计算矩阵指数函数 $e^{\boldsymbol{A}x}$的一种简便方法.

定理 3.3.2 设 3×3 矩阵 $\boldsymbol{A}$ 的特征根为 $\lambda_1,\lambda_2,\lambda_3$(不必互异),则

$$e^{\boldsymbol{A}x}=r_1(x)\boldsymbol{E}+r_2(x)P_1(\boldsymbol{A})+r_3(x)P_2(\boldsymbol{A})$$

其中,

$$P_1(\boldsymbol{A})=(\boldsymbol{A}-\lambda_1\boldsymbol{E}),\quad P_2(\boldsymbol{A})=(\boldsymbol{A}-\lambda_1\boldsymbol{E})(\boldsymbol{A}-\lambda_2\boldsymbol{E})$$

是 3×3 矩阵,$r_1(x),r_2(x),r_3(x)$是初值问题

$$\begin{cases}\dfrac{dr_1}{dx}=\lambda_1 r_1\\[2mm] \dfrac{dr_2}{dx}=r_1+\lambda_2 r_2\\[2mm] \dfrac{dr_3}{dx}=r_2+\lambda_3 r_3\\[2mm] r_1(0)=1,\quad r_2(0)=0,\quad r_3(0)=0\end{cases}\tag{3.3.2}$$

的解.

证明 由于 3×3 矩阵 $\boldsymbol{A}$ 的特征根为 $\lambda_1,\lambda_2,\lambda_3$,则其特征多项式为

$$f(\lambda)=(\lambda-\lambda_1)(\lambda-\lambda_2)(\lambda-\lambda_3)$$

由哈密顿—凯莱定理可知,

$$P_3(\boldsymbol{A})=(\boldsymbol{A}-\lambda_1\boldsymbol{E})(\boldsymbol{A}-\lambda_2\boldsymbol{E})(\boldsymbol{A}-\lambda_3\boldsymbol{E})=0$$

记 $\boldsymbol{Y}(x)=r_1(x)\boldsymbol{E}+r_2(x)P_1(\boldsymbol{A})+r_3(x)P_2(\boldsymbol{A})$,注意到 $r_1(x),r_2(x),r_3(x)$满足方程(3.3.2),直接计算可得

$$\begin{aligned}&\frac{\mathrm{d}}{\mathrm{d}x}(Y(x))-\lambda_3Y(x)\\&=r'_1(x)\boldsymbol{E}+r'_2(x)P_1(\boldsymbol{A})+r'_3(x)P_2(A)-\lambda_3[r_1(x)+r_2(x)P_1(\boldsymbol{A})+r_3(x)P_2(\boldsymbol{A})]\\&=\lambda_1r_1(x)\boldsymbol{E}+[r_1(x)+\lambda_2r_2(x)]P_1(\boldsymbol{A})+[r_2(x)+\lambda_3r_3(x)]P_2(\boldsymbol{A})\\&\quad-\lambda_3[r_1(x)\boldsymbol{E}+r_2(x)P_1(\boldsymbol{A})+r_3(x)P_2(\boldsymbol{A})]\\&=(\lambda_1-\lambda_3)r_1(x)\boldsymbol{E}+(\lambda_2-\lambda_3)r_2(x)P_1(\boldsymbol{A})+r_1(x)P_1(\boldsymbol{A})+r_2(x)P_2(\boldsymbol{A})\\&=(A-\lambda_3\boldsymbol{E})[r_1(x)\boldsymbol{E}+r_2(x)P_1(\boldsymbol{A})]\\&=(A-\lambda_3\boldsymbol{E})[\boldsymbol{Y}(x)-r_3(x)P_2(\boldsymbol{A})]\\&=\boldsymbol{AY}(x)-\lambda_3\boldsymbol{Y}(x)-r_3(x)(\boldsymbol{A}-\lambda_3\boldsymbol{E})P_2(\boldsymbol{A})\\&=\boldsymbol{AY}(x)-\lambda_3\boldsymbol{Y}(x)-r_3(x)P_3(\boldsymbol{A})\\&=\boldsymbol{AY}(x)-\lambda_3\boldsymbol{Y}(x)\end{aligned}$$

即

$$\frac{\mathrm{d}}{\mathrm{d}x}(Y(x))=\boldsymbol{AY}(x)$$

因此,$r_1(x)\boldsymbol{E}+r_2(x)P_1(\boldsymbol{A})+r_3(x)P_2(\boldsymbol{A})$是微分方程组(3.3.2)的基本解组.

例 3.3.1　求解线性微分方程组

$$\frac{\mathrm{d}}{\mathrm{d}x}\begin{pmatrix}y_1\\y_2\\y_3\end{pmatrix}=\begin{pmatrix}1&0&-1\\0&2&1\\0&0&2\end{pmatrix}\begin{pmatrix}y_1\\y_2\\y_3\end{pmatrix}$$

解　容易计算出矩阵 $\boldsymbol{A}$ 的特征根为 $\lambda_1=1,\lambda_2=2,\lambda_3=2$. 为求其基本解组,我们先求解初值问题

$$\begin{cases}\dfrac{\mathrm{d}r_1}{\mathrm{d}x}=r_1, & r_1(0)=1\\[2mm]\dfrac{\mathrm{d}r_2}{\mathrm{d}x}=r_1+2r_2, & r_2(0)=0\\[2mm]\dfrac{\mathrm{d}r_3}{\mathrm{d}x}=r_2+2r_3, & r_3(0)=0\end{cases}$$

第一个方程的初值问题解为

$$r_1(x)=\mathrm{e}^x$$

将 $r_1(x)=\mathrm{e}^x$ 代入到第二个方程求得

$$r_2(x)=-\mathrm{e}^x+\mathrm{e}^{2x}$$

再将 $r_2(x)$代入到第三个方程中得到

$$r_3(x)=\mathrm{e}^x-\mathrm{e}^{2x}+x\mathrm{e}^{2x}$$

由定理 3.3.2 可得

$$\begin{aligned}\mathrm{e}^{xA}&=\mathrm{e}^x\boldsymbol{E}+(-\mathrm{e}^x+\mathrm{e}^{2x})(A-\boldsymbol{E})+(\mathrm{e}^x+\mathrm{e}^{2x}+x\mathrm{e}^{2x})(\boldsymbol{A}-\boldsymbol{E})(\boldsymbol{A}-2\boldsymbol{E})\\&=\mathrm{e}^x\begin{pmatrix}1&0&0\\0&1&0\\0&0&1\end{pmatrix}+(-\mathrm{e}^x+\mathrm{e}^{2x})\begin{pmatrix}0&0&-1\\0&1&1\\0&0&1\end{pmatrix}\end{aligned}$$

$$+(e^x-e^{2x}+xe^{2x})\begin{pmatrix}0&0&-1\\0&1&1\\0&0&1\end{pmatrix}\begin{pmatrix}-1&0&-1\\0&0&1\\0&0&0\end{pmatrix}$$

$$=\begin{pmatrix}e^x&0&e^x-e^{2x}\\0&e^{2x}&2e^{2x}+xe^{2x}\\0&0&e^{2x}\end{pmatrix}$$

例 3.3.2 求解线性微分方程组

$$\frac{d}{dx}\begin{pmatrix}y_1\\y_2\\y_3\end{pmatrix}=\begin{pmatrix}3&1&0\\-4&-1&0\\4&-8&-2\end{pmatrix}\begin{pmatrix}y_1\\y_2\\y_3\end{pmatrix}$$

解 容易计算出矩阵 $\boldsymbol{A}$ 的特征根为 $\lambda_1=-2,\lambda_2=1,\lambda_3=1$,则方程组(3.3.2)化成

$$\begin{cases}\dfrac{dr_1}{dx}=-2r_1, & r_1(0)=1\\ \dfrac{dr_2}{dx}=r_1+r_2, & r_2(0)=0\\ \dfrac{dr_2}{dx}=r_2+r_3, & r_3(0)=0\end{cases}$$

类似例 3.3.1 的求解过程,得到该方程的基解矩阵为

$$\boldsymbol{y}=\begin{pmatrix}0&(11+15x)e^x&3e^x\\0&(-7-30x)e^x&-6e^x\\e^{-2x}&100xe^x&20e^x\end{pmatrix}$$

在实际计算中,我们利用矩阵无穷级数来表示矩阵指数函数,对于一般的矩阵,可以用方程(3.3.2)的方法求解矩阵指数函数,但对于对角矩阵和幂零矩阵,我们可以用初等函数的有限形式来表示.

例 3.3.3 求解线性微分方程组

$$\frac{d}{dx}\begin{pmatrix}y_1\\y_2\\y_3\end{pmatrix}=\begin{pmatrix}a_1&0&0\\0&a_2&0\\0&0&a_3\end{pmatrix}\begin{pmatrix}y_1\\y_2\\y_3\end{pmatrix}$$

解 注意到对角矩阵的性质 $\begin{pmatrix}a_1&0&0\\0&a_2&0\\0&0&a_3\end{pmatrix}^k=\begin{pmatrix}a_1^k&0&0\\0&a_2^k&0\\0&0&a_3^k\end{pmatrix}$,因此,该方程的基解矩阵为

$$\boldsymbol{y}=e^{x\boldsymbol{A}}=\begin{pmatrix}1&0&0\\0&1&0\\0&0&1\end{pmatrix}+x\begin{pmatrix}a_1&0&0\\0&a_2&0\\0&0&a_3\end{pmatrix}+\frac{x^2}{2!}\begin{pmatrix}a_1^2&0&0\\0&a_2^2&0\\0&0&a_3^2\end{pmatrix}+\cdots+\frac{x^k}{k!}\begin{pmatrix}a_1^k&0&0\\0&a_2^k&0\\0&0&a_3^k\end{pmatrix}+\cdots$$

$$=\begin{pmatrix} 1+a_1x+\frac{a_1^2}{2!}x^2+\cdots+\frac{a_1^k}{k!}x^k+\cdots & \cdots & \cdots \\ \cdots & 1+a_2x+\frac{a_2^2}{2!}x^2+\cdots+\frac{a_2^k}{k!}x^k+\cdots & \cdots \\ \cdots & \cdots & 1+a_3x+\frac{a_3^2}{2!}x^2+\cdots+\frac{a_3^k}{k!}x^k+\cdots \end{pmatrix}$$

$$=\begin{pmatrix} e^{a_1x} & 0 & 0 \\ 0 & e^{a_2x} & 0 \\ 0 & 0 & e^{a_3x} \end{pmatrix}$$

称矩阵的某一方幂为零矩阵的矩阵为幂零矩阵,例如

$$\boldsymbol{Z}_1=\begin{pmatrix} 0 & 1 \\ 0 & 0 \end{pmatrix},\quad \boldsymbol{Z}_1^2=\begin{pmatrix} 0 & 0 \\ 0 & 0 \end{pmatrix},\quad \boldsymbol{Z}_2=\begin{pmatrix} 0 & 1 & 0 \\ 0 & 0 & 1 \\ 0 & 0 & 0 \end{pmatrix},\quad \boldsymbol{Z}_2^2=\begin{pmatrix} 0 & 0 & 1 \\ 0 & 0 & 0 \\ 0 & 0 & 0 \end{pmatrix},\quad \boldsymbol{Z}_2^3=\begin{pmatrix} 0 & 0 & 0 \\ 0 & 0 & 0 \\ 0 & 0 & 0 \end{pmatrix}$$

因此 $\boldsymbol{Z}_1,\boldsymbol{Z}_2$ 均为幂零矩阵.

例 3.3.4　求解线性微分方程组

$$\frac{d}{dx}\begin{pmatrix} y_1 \\ y_2 \\ y_3 \end{pmatrix}=\begin{pmatrix} 1 & 1 & 0 \\ 0 & 1 & 1 \\ 0 & 0 & 1 \end{pmatrix}\begin{pmatrix} y_1 \\ y_2 \\ y_3 \end{pmatrix}$$

解　由题意可知,矩阵 $\boldsymbol{A}=\boldsymbol{E}+\boldsymbol{Z}_2$,其中 $\boldsymbol{E}$ 为单位矩阵,$\boldsymbol{Z}_2$ 为幂零矩阵,

$$\boldsymbol{E}=\begin{pmatrix} 1 & 0 & 0 \\ 0 & 1 & 0 \\ 0 & 0 & 1 \end{pmatrix},\quad \boldsymbol{Z}_2=\begin{pmatrix} 0 & 1 & 0 \\ 0 & 0 & 1 \\ 0 & 0 & 0 \end{pmatrix}$$

由幂零矩阵的性质可得

$$\begin{aligned} e^{x\boldsymbol{Z}_2} &= \boldsymbol{E}+x\begin{pmatrix} 0 & 1 & 0 \\ 0 & 0 & 1 \\ 0 & 0 & 0 \end{pmatrix}+\frac{x^2}{2!}\begin{pmatrix} 0 & 0 & 1 \\ 0 & 0 & 0 \\ 0 & 0 & 0 \end{pmatrix}+\frac{x^3}{3!}\begin{pmatrix} 0 & 0 & 0 \\ 0 & 0 & 0 \\ 0 & 0 & 0 \end{pmatrix}+\cdots \\ &= \begin{pmatrix} 1 & 0 & 0 \\ 0 & 1 & 0 \\ 0 & 0 & 1 \end{pmatrix}+x\begin{pmatrix} 0 & 1 & 0 \\ 0 & 0 & 1 \\ 0 & 0 & 0 \end{pmatrix}+\frac{x^2}{2!}\begin{pmatrix} 0 & 0 & 1 \\ 0 & 0 & 0 \\ 0 & 0 & 0 \end{pmatrix}+\frac{x^3}{3!}\begin{pmatrix} 0 & 0 & 0 \\ 0 & 0 & 0 \\ 0 & 0 & 0 \end{pmatrix} \\ &= \begin{pmatrix} 1 & x & \frac{x^2}{2!} \\ 0 & 1 & x \\ 0 & 0 & 1 \end{pmatrix} \end{aligned}$$

由例 3.3.3 可知,矩阵指数函数为

$$e^{x\boldsymbol{A}}=e^{x(\boldsymbol{E}+\boldsymbol{Z}_2)}=e^{x\boldsymbol{E}}e^{x\boldsymbol{Z}_2}=e^x\boldsymbol{E}e^{x\boldsymbol{Z}_2}=e^x\begin{pmatrix} 1 & x & \frac{x^2}{2!} \\ 0 & 1 & x \\ 0 & 0 & 1 \end{pmatrix}=\begin{pmatrix} e^x & xe^x & \frac{x^2}{2!}e^x \\ 0 & e^x & xe^x \\ 0 & 0 & e^x \end{pmatrix}$$

关于常系数齐次线性微分方程组的求法，还有消元法，利用若当标准型法求解，待定系数法，拉普拉斯变换法等等，有兴趣的读者可参阅文献[1]的第175~189页和文献[2]的第56~57页的内容.

在实际计算中，我们也可以利用 Mathematica 软件来计算线性方程组的解.

例 3.3.5 求线性微分方程组 $\begin{cases} \dfrac{\mathrm{d}y}{\mathrm{d}x} = -3y - z \\ \dfrac{\mathrm{d}z}{\mathrm{d}x} = 10y + 3z \end{cases}$ 的通解.

解 启动 Mathematica，在笔记本空白区域新建输入单元，输入 Mathematica 表达式：

```
DSolve[{y'[x] == -3y[x] - z[x], z'[x] == 10y[x] + 3z[x]}, {y[x], z[x]}, x]
```

计算得到结果为

```
{{y[x]→C[1] (Cos[x] - 3 Sin[x]) - C[2] Sin[x],
z[x]→10 C[1] Sin[x] + C[2] (Cos[x] + 3 Sin[x])}}
```

习题 3.3

1. 计算矩阵

$$\boldsymbol{A} = \begin{pmatrix} 1 & 1 \\ 0 & 1 \end{pmatrix}$$

的指数函数 $\mathrm{e}^{x\boldsymbol{A}}$.

2. 利用幂零矩阵性质求解下面的微分方程组

(1) $\dfrac{\mathrm{d}}{\mathrm{d}x}\begin{pmatrix} y_1 \\ y_2 \\ y_3 \end{pmatrix} = \begin{pmatrix} -4 & 0 & 0 \\ 0 & 3 & 0 \\ 0 & 0 & 5 \end{pmatrix}\begin{pmatrix} y_1 \\ y_2 \\ y_3 \end{pmatrix}$；

(2) $\dfrac{\mathrm{d}}{\mathrm{d}x}\begin{pmatrix} y_1 \\ y_2 \\ y_3 \end{pmatrix} = \begin{pmatrix} 2 & 1 & 0 \\ 0 & 2 & 1 \\ 0 & 0 & 2 \end{pmatrix}\begin{pmatrix} y_1 \\ y_2 \\ y_3 \end{pmatrix}$.

3. 利用矩阵指数函数求解微分方程组

(1) $\dfrac{\mathrm{d}}{\mathrm{d}x}\begin{pmatrix} y_1 \\ y_2 \\ y_3 \end{pmatrix} = \begin{pmatrix} 1 & -1 & -1 \\ 1 & 3 & 1 \\ -3 & 1 & -1 \end{pmatrix}\begin{pmatrix} y_1 \\ y_2 \\ y_3 \end{pmatrix}$；

(2) $\dfrac{\mathrm{d}}{\mathrm{d}x}\begin{pmatrix} y_1 \\ y_2 \\ y_3 \end{pmatrix} = \begin{pmatrix} -1 & 1 & 0 \\ 0 & -1 & 0 \\ 1 & 0 & -4 \end{pmatrix}\begin{pmatrix} y_1 \\ y_2 \\ y_3 \end{pmatrix}$.

4. 用 Mathematica 软件求微分方程组 $\begin{cases} x' = -3x + 3y, & x(0) = 0 \\ y' = 27x - y - 2xz, & y(0) = 0 \\ z' = -3z + 5xy, & z(0) = 1 \end{cases}$ 的数值解.

§3.4　变系数线性微分方程组的解法

在这一节，我们研究一阶线性微分方程组

$$\begin{cases}\dfrac{dy_1}{dx}=a_{11}(x)y_1+a_{12}(x)y_2+a_{13}(x)y_3+f_1(x)\\ \dfrac{dy_2}{dx}=a_{21}(x)y_1+a_{22}(x)y_2+a_{23}(x)y_3+f_2(x)\\ \dfrac{dy_3}{dx}=a_{31}(x)y_1+a_{32}(x)y_2+a_{33}(x)y_3+f_3(x)\end{cases}\tag{3.4.1}$$

令

$$\boldsymbol{A}(x)=\begin{pmatrix}a_{11}(x) & a_{12}(x) & a_{13}(x)\\ a_{21}(x) & a_{22}(x) & a_{23}(x)\\ a_{31}(x) & a_{32}(x) & a_{33}(x)\end{pmatrix},\quad \boldsymbol{y}=\begin{pmatrix}y_1\\ y_2\\ y_3\end{pmatrix},\quad \boldsymbol{f}(x)=\begin{pmatrix}f_1(x)\\ f_2(x)\\ f_3(x)\end{pmatrix}$$

则方程组(3.4.1)可写成向量形式

$$\frac{d\boldsymbol{y}}{dx}=\boldsymbol{A}(x)\boldsymbol{y}+\boldsymbol{f}(x)\tag{3.4.2}$$

其相应的齐次线性微分方程组为

$$\frac{d\boldsymbol{y}}{dx}=\boldsymbol{A}(x)\boldsymbol{y}\tag{3.4.3}$$

例 3.4.1　判断下列向量函数组是否线性无关

(1) $\boldsymbol{y}_1(x)=\begin{pmatrix}\cos^2x\\ 1\\ x\end{pmatrix},\boldsymbol{y}_2(x)=\begin{pmatrix}\sin^2x\\ -1\\ -x\end{pmatrix}$；

(2) $\boldsymbol{y}_1(x)=\begin{pmatrix}e^{-2x}\\ 0\\ -e^{-2x}\end{pmatrix},\boldsymbol{y}_2(x)=\begin{pmatrix}0\\ e^{-2x}\\ -e^{-2x}\end{pmatrix}$.

解　(1) $\boldsymbol{y}_1(x),\boldsymbol{y}_2(x)$ 在任何区间 (a,b) 是线性相关的．事实上，存在 $C_1=1,C_2=1$，使得

$$C_1\boldsymbol{y}_1(x)+C_2\boldsymbol{y}_2(x)=0$$

(2) $\boldsymbol{y}_1(x),\boldsymbol{y}_2(x)$ 是线性无关的.

定理 3.4.1　方程组(3.4.3)在区间 (a,b) 内必存在 3 个线性无关的解 $y_1(x),y_2(x),y_3(x)$，且其通解为

$$\boldsymbol{y}(x)=C_1\boldsymbol{y}_1(x)+C_2\boldsymbol{y}_2(x)+C_3\boldsymbol{y}_3(x)$$

其中 C_1,C_2,C_3 是任意常数.

证明　详细证明可参阅文献[1]第 160 页定理 6.1 的证明.

例 3.4.2　求解微分方程组

$$\frac{\mathrm{d}}{\mathrm{d}x}\begin{pmatrix} y_1 \\ y_2 \end{pmatrix} = \begin{pmatrix} 1 & 1 \\ 0 & \frac{1}{x} \end{pmatrix}\begin{pmatrix} y_1 \\ y_2 \end{pmatrix}, \quad x \neq 0$$

解 将上面的微分方程组写成分量形式

$$\begin{cases} \dfrac{\mathrm{d}y_1}{\mathrm{d}x} = y_1 + y_2 \\ \dfrac{\mathrm{d}y_2}{\mathrm{d}x} = \dfrac{1}{x}y_2 \end{cases}$$

由第二个方程求出 $y_2 = kx(k \in \mathbf{R})$. 取 $y_2 = 0$ 和 $y_2 = x$,代入到第一个方程中,求得相应的特解为 $y_1 = \mathrm{e}^x$ 和 $y_1 = -x-1$. 容易证明这两组解是线性无关的,因此,所求的基解矩阵为

$$\boldsymbol{\Phi}(x) = \begin{pmatrix} \mathrm{e}^x & -x-1 \\ 0 & x \end{pmatrix}$$

类似于一阶纯量线性微分方程通解的结构,我们有下面的定理:

定理 3.4.2 设 $y^*(x)$ 是方程组(3.4.2)的一个特解,$\boldsymbol{\Phi}(x)C$ 是相应的齐次线性方程组的通解,则非齐次线性微分方程组(3.4.2)的通解为

$$y(x) = \boldsymbol{\Phi}(x)C + y^*(x)$$

证明 由于 $y^*(x)$ 是方程组(3.4.2)的一个特解,则有 $\frac{\mathrm{d}y^*}{\mathrm{d}x} = A(x)y^* + f(x)$.

由于

$$\begin{aligned} \frac{\mathrm{d}y(x)}{\mathrm{d}x} &= \frac{\mathrm{d}[\boldsymbol{\Phi}(x)C + y^*(x)]}{\mathrm{d}x} = \frac{\mathrm{d}\boldsymbol{\Phi}(x)C}{\mathrm{d}x} + \frac{\mathrm{d}y^*(x)}{\mathrm{d}x} \\ &= A(x)\boldsymbol{\Phi}(x)C + A(x)y^* + f(x) \\ &= A[\boldsymbol{\Phi}(x)C + y^*(x)] + f(x) \\ &= Ay(x) + f(x), \end{aligned}$$

即 $y(x)$ 是方程组(3.4.2)的一个解.

下面证明 $y(x)$ 是方程组(3.4.2)的通解. 设 $w(x)$ 是方程组(3.4.2)的任意解,则 $w(x) - y^*(x)$ 是齐次线性微分方程组(3.4.3)的解,因此,$w(x) - y^*(x)$ 可由方程组(3.4.3)的通解表示,即

$$w(x) - y^*(x) = \boldsymbol{\Phi}(t)C_0$$

因此,$w(x) = \boldsymbol{\Phi}(t)C_0 + y^*(x)$. 这表明 $y(x) = \boldsymbol{\Phi}(x)C + y^*(x)$ 是方程组(3.4.2)的通解.

下面介绍如何求非齐次方程的特解 $y^*(x)$. 类似于一阶线性微分方程的常数变易法,假设方程组(3.4.2)有如下形式的特解

$$y^*(x) = \boldsymbol{\Phi}(x)c(x) \tag{3.4.4}$$

其中 $c(x)$ 是待定函数. 由于 $\boldsymbol{\Phi}(x)$ 是相应齐次方程组(3.4.3)的通解,则有

$$\boldsymbol{\Phi}'(x) = \boldsymbol{A}\boldsymbol{\Phi}(x)$$

将式(3.4.4)代入到原方程组中得到

$$\boldsymbol{\Phi}'(x)c(x) + \boldsymbol{\Phi}(x)c'(x) = \boldsymbol{A}\boldsymbol{\Phi}(x)c(x) + f(x)$$

即

$$\Phi(x)c'(x)=f(x) \tag{3.4.5}$$

由于 $\Phi(x)$ 是方程组(3.4.3)的基解矩阵,因而 $\Phi(x)$ 是可逆的. 于是,用基解矩阵的逆左乘式(3.4.5)两边可得

$$c'(x)=\Phi^{-1}(x)f(x) \tag{3.4.6}$$

将式(3.4.6)两边从 x_0 到 x 积分可得

$$c(x)=\int_{x_0}^{x}\Phi^{-1}(s)f(s)\mathrm{d}s$$

将 $c(x)$ 的表达式代入到式(3.4.4)中可得到非齐次方程组的一个特解为

$$y^*(x)=\Phi(x)\int_{x_0}^{x}\Phi^{-1}(s)f(s)\mathrm{d}s \tag{3.4.7}$$

下面给出非齐次线性微分方程组的常数变易公式.

定理 3.4.3　设 $\Phi(x)$ 是式(3.4.3)的基解矩阵,则非齐次线性微分方程组(3.4.2)的通解为

$$y(x)=\Phi(x)C+\Phi(x)\int_{x_0}^{x}\Phi^{-1}(s)f(s)\mathrm{d}s \tag{3.4.8}$$

其中 C 为任意常数列向量. 非齐次线性微分方程组(3.4.2)满足初值条件 $y(x_0)=y_0$ 的特解为

$$y(x)=\Phi(x)\Phi^{-1}(x_0)y_0+\Phi(x)\int_{x_0}^{x}\Phi^{-1}(s)f(s)\mathrm{d}s \tag{3.4.9}$$

证明　由上面寻找特解 $y^*(x)$ 的过程可知,$y^*(x)$ 满足非齐次方程(3.4.3). 设 $y(x)$ 是非齐次方程的解,则 $y(x)-y^*(x)$ 是相应的齐次方程的解,可由齐次方程的基本解组表示,即

$$y(x)-y^*(x)=\Phi(x)C$$

因此,所求方程的通解为

$$y(x)=\Phi(x)C+y^*(x)=\Phi(x)C+\Phi(x)\int_{x_0}^{x}\Phi^{-1}(s)f(s)\mathrm{d}s$$

对于初值问题,只需将初值条件 $y(x_0)=y_0$ 代入上式,即可求出问题的特解(3.4.9).

例 3.4.3　设 $a_{ij}(x)(i,j=1,2,3)$ 是区间 $[a,b]$ 上的连续函数,线性方程组

$$\begin{cases}\dfrac{\mathrm{d}y_1}{\mathrm{d}x}=a_{11}(x)y_1+a_{12}(x)y_2+a_{13}(x)y_3\\[2mm]\dfrac{\mathrm{d}y_2}{\mathrm{d}x}=a_{21}(x)y_1+a_{22}(x)y_2+a_{23}(x)y_3\\[2mm]\dfrac{\mathrm{d}y_3}{\mathrm{d}x}=a_{31}(x)y_1+a_{32}(x)y_2+a_{33}(x)y_3+x\end{cases} \tag{3.4.10}$$

所对应的齐次线性微分方程的一个基本解组为

$$\begin{pmatrix}1\\-1\\-1\end{pmatrix},\quad\begin{pmatrix}1\\1+x\\x\end{pmatrix}\mathrm{e}^x,\quad\begin{pmatrix}0\\1\\1\end{pmatrix}\mathrm{e}^x$$

求非齐次线性微分方程组的通解,并求出满足初值条件 $y_1(0)=y_2(0)=y_3(0)=0$ 的特解.

解 我们利用常数变易法来求方程组(3.4.10)的通解和特解. 由题设条件可知,方程组(3.4.10)相应的齐次方程组的通解为

$$\Phi(x)=C_1\begin{pmatrix}1\\-1\\-1\end{pmatrix}+C_2\begin{pmatrix}1\\1+x\\x\end{pmatrix}e^x+C_3\begin{pmatrix}0\\1\\1\end{pmatrix}e^x$$

假设方程组(3.4.10)的特解为

$$y^*(x)=C_1(x)\begin{pmatrix}1\\-1\\-1\end{pmatrix}+C_2(x)\begin{pmatrix}1\\1+x\\x\end{pmatrix}e^x+C_3(x)\begin{pmatrix}0\\1\\1\end{pmatrix}e^x$$

将 $y^*(x)$ 代入到方程组(3.4.10),可得

$$C_1'(x)=x,\quad C_2'(x)=-xe^x,\quad C_3'(x)=(x^2+2x)e^{-x}$$

所以有

$$\begin{cases}C_1(x)=\dfrac{1}{2}x^2+C_1\\C_2(x)=(x+1)e^{-x}+C_2\\C_3(x)=-(x^2+4x+4)e^{-x}+C_3\end{cases}$$

因此,方程组(3.4.10)的通解为

$$\Phi(x)=C_1\begin{pmatrix}1\\-1\\-1\end{pmatrix}+C_2\begin{pmatrix}1\\1+x\\x\end{pmatrix}e^x+C_3\begin{pmatrix}0\\1\\1\end{pmatrix}e^x+\frac{1}{2}x^2\begin{pmatrix}1\\-1\\-1\end{pmatrix}+(x+1)\begin{pmatrix}1\\1+x\\x\end{pmatrix}-(x^2+4x+4)\begin{pmatrix}0\\1\\1\end{pmatrix}$$

或分量形式

$$\begin{cases}y_1(x)=C_1+C_2e^x+\dfrac{1}{2}x^2+x+1\\y_2(x)=-C_1+C_2(1+x)e^x+C_3e^x-\dfrac{1}{2}x^2-2x-3\\y_3(x)=-C_1+C_2xe^x+C_3e^x-\dfrac{1}{2}x^2-3x-4\end{cases}\tag{3.4.11}$$

将初值条件 $y_1(0)=y_2(0)=y_3(0)=0$ 代入到通解(3.4.11)中,求得 $C_1=0,C_2=-1,C_3=4$. 因此,所求的特解为

$$\begin{cases}y_1(x)=-e^x+\dfrac{1}{2}x^2+x+1\\y_2(x)=(3-x)e^x-\dfrac{1}{2}x^2-2x-3\\y_3(x)=(-x+4)e^x-\dfrac{1}{2}x^2-3x-4\end{cases}$$

例 3.4.4 (人造卫星的轨道计算)在西昌卫星发射基地用长征运载火箭发射人造卫星,在第一级、第二级和第三级火箭熄灭分离后,卫星进入轨道,经多次变轨调试后,卫星进入预定轨道运行,其轨道的形状会因火箭发射的角度和初速度不同,分别对应着不同的

轨道．假设地球相对不动，卫星的体积相对地球很小，可视作质点，不考虑太阳、月亮和其他星球和航空器的作用，不考虑空气阻力．试建立卫星运行轨道方程．

解　设卫星的质量为 m kg，发射时的角度为 α，初速度为 v_0．建立坐标系：以发射点和地心连线的直线为 y 轴，发射方向和 y 轴所在平面为 xOy 平面，取过地心且垂直于 y 轴的直线为 x 轴．令发射时刻为 $t_0=0$，那么经过时间 t 后卫星所在的位置为$P(x,y)$．下面利用万有引力和牛顿第二定律来建立卫星的轨道方程．

由万有引力定律可知，地球对卫星的引力为 $F=-\dfrac{GmM}{x^2+y^2}$，其中 M 是地球的质量，G 为万有引力常数，其在水平方向和竖直方向上的分量分别为

$$F_x=F\cos\varphi=F\frac{x}{\sqrt{x^2+y^2}}=-\frac{xGmM}{(x^2+y^2)^{3/2}}$$

$$F_y=F\sin\varphi=F\frac{y}{\sqrt{x^2+y^2}}=-\frac{yGmM}{(x^2+y^2)^{3/2}}$$

由牛顿第二定律可得

$$\begin{cases}\dfrac{\mathrm{d}^2x}{\mathrm{d}t^2}=-\dfrac{xGM}{(x^2+y^2)^{3/2}}\\[2mm]\dfrac{\mathrm{d}^2y}{\mathrm{d}t^2}=-\dfrac{yGM}{(x^2+y^2)^{3/2}}\end{cases}\tag{3.4.12}$$

在 $t=0$ 时刻，卫星以初速度为 v_0、发射角度为 α 的初始状态射出，其初始条件为

$$\left.\frac{\mathrm{d}x}{\mathrm{d}t}\right|_{t_0=0}=v_0\cos\alpha,\quad \left|\frac{\mathrm{d}y}{\mathrm{d}t}\right|_{t_0=0}=v_0\sin\alpha,\quad x(0)=0,\quad y(0)=R$$

用 x 乘第二个方程，用 y 乘第一个方程后，相减后可得

$$\frac{\mathrm{d}}{\mathrm{d}t}\left(x\frac{\mathrm{d}y}{\mathrm{d}t}-y\frac{\mathrm{d}x}{\mathrm{d}t}\right)=0\tag{3.4.13}$$

对方程(3.4.13)两边积分可得

$$x\frac{\mathrm{d}y}{\mathrm{d}t}-y\frac{\mathrm{d}x}{\mathrm{d}t}=C_1\tag{3.4.14}$$

再用$\dfrac{\mathrm{d}x}{\mathrm{d}t},\dfrac{\mathrm{d}y}{\mathrm{d}t}$分别乘以式(3.4.12)的第一、二个方程，相加后整理得到

$$\frac{\mathrm{d}x\,\mathrm{d}^2x}{\mathrm{d}t\,\mathrm{d}t^2}+\frac{\mathrm{d}y\,\mathrm{d}^2y}{\mathrm{d}t\,\mathrm{d}t^2}=-\frac{xGM}{(x^2+y^2)^{3/2}}\left(x\frac{\mathrm{d}x}{\mathrm{d}t}+y\frac{\mathrm{d}y}{\mathrm{d}t}\right)$$

注意到

$$\frac{\mathrm{d}}{\mathrm{d}t}\left[\left(\frac{\mathrm{d}x}{\mathrm{d}t}\right)^2+\left(\frac{\mathrm{d}x}{\mathrm{d}t}\right)^2\right]=2\left(\frac{\mathrm{d}x\,\mathrm{d}^2x}{\mathrm{d}t\,\mathrm{d}t^2}+\frac{\mathrm{d}y\,\mathrm{d}^2y}{\mathrm{d}t\,\mathrm{d}t^2}\right)$$

及

$$\frac{\mathrm{d}}{\mathrm{d}t}\left[\frac{2GM}{(x^2+y^2)^{1/2}}\right]=-\frac{2GM}{(x^2+y^2)^{3/2}}\left[x\frac{\mathrm{d}x}{\mathrm{d}t}+y\frac{\mathrm{d}y}{\mathrm{d}t}\right]$$

因此，

$$\frac{\mathrm{d}}{\mathrm{d}t}\left[\left(\frac{\mathrm{d}x}{\mathrm{d}t}\right)^2+\left(\frac{\mathrm{d}x}{\mathrm{d}t}\right)^2\right]=\frac{\mathrm{d}}{\mathrm{d}t}\left[\frac{2GM}{(x^2+y^2)^{1/2}}\right]$$

从而得到

$$\left(\frac{\mathrm{d}x}{\mathrm{d}t}\right)^2+\left(\frac{\mathrm{d}x}{\mathrm{d}t}\right)^2=\frac{2GM}{(x^2+y^2)^{1/2}}+C_2 \tag{3.4.15}$$

为求解式(3.4.14)、式(3.4.15),作极坐标变换 $x=r\cos\theta, y=r\sin\theta$,则有

$$\begin{cases} r^2\dfrac{\mathrm{d}\theta}{\mathrm{d}t}=C_1 \\ \left(\dfrac{\mathrm{d}r}{\mathrm{d}t}\right)^2+r^2\left(\dfrac{\mathrm{d}\theta}{\mathrm{d}t}\right)^2=\dfrac{2GM}{r}+C_2 \end{cases} \tag{3.4.16}$$

由(3.4.16),消去$\frac{\mathrm{d}\theta}{\mathrm{d}t}$后得到

$$\frac{\mathrm{d}r}{\mathrm{d}t}=\sqrt{C_2+\frac{2GM}{r}-\frac{C_1^2}{r^2}}$$

这就是卫星运动轨道的极坐标参数方程.

消去参数 t,得到

$$\frac{\mathrm{d}r}{\mathrm{d}\theta}=\frac{r^2}{C_1}\sqrt{C_2+\frac{2GM}{r}-\frac{C_1^2}{r^2}}$$

对该方程利用分离变量法可解得

$$\frac{1}{r}=\frac{GM}{C_1^2}+\sqrt{\frac{C_2}{C_1^2}+\left(\frac{GM}{C_1^2}\right)^2}\cos(\theta-C)$$

令 $p=\dfrac{C_1^2}{GM}, e=\sqrt{1+\dfrac{C_2C_1^2}{(GM)^2}}$,则卫星运行的轨道方程为

$$r=\frac{p}{1+e\cos(\theta-C)}$$

这是典型的圆锥曲线方程. 当 $e=0$ 时,轨道是圆;当 $0<e<1$ 时,轨道是椭圆;当 $e=1$ 时,轨道是抛物线;当 $e>1$ 时,轨道是双曲线.

我们可以继续讨论卫星发射的初速度与卫星轨道的形状之间的关系,由此可得到第一宇宙速度为 $v_0=7.9\mathrm{km/s}$,第二宇宙速度为 $v_0=11.2\mathrm{km/s}$. 详细讨论,可参阅文献[3]第 247~253 页.

习题 3.4

1. 试证明向量函数组

$$\begin{pmatrix}1\\0\\0\end{pmatrix},\quad\begin{pmatrix}x\\0\\0\end{pmatrix},\quad\begin{pmatrix}x^2\\0\\0\end{pmatrix}$$

在任何区间(a,b)上线性无关.

2. 验证微分方程组

$$\frac{\mathrm{d}}{\mathrm{d}x}\begin{pmatrix} y_1 \\ y_2 \end{pmatrix} = \begin{pmatrix} \cos^2 x & \frac{1}{2}\sin 2x - 1 \\ \frac{1}{2}\sin 2x + 1 & \sin^2 x \end{pmatrix}\begin{pmatrix} y_1 \\ y_2 \end{pmatrix}$$

的通解为

$$\begin{pmatrix} y_1 \\ y_2 \end{pmatrix} = C_1\begin{pmatrix} \mathrm{e}^x \cos x \\ \mathrm{e}^x \sin x \end{pmatrix} + C_2\begin{pmatrix} -\sin x \\ \cos x \end{pmatrix}$$

3. 求下面微分方程的初值问题

$$\frac{\mathrm{d}}{\mathrm{d}x}\begin{pmatrix} y_1 \\ y_2 \end{pmatrix} = \begin{pmatrix} \cos^2 x & \frac{1}{2}\sin 2x - 1 \\ \frac{1}{2}\sin 2x + 1 & \sin^2 x \end{pmatrix}\begin{pmatrix} y_1 \\ y_2 \end{pmatrix}, \quad \begin{pmatrix} y_1(0) \\ y_2(0) \end{pmatrix} = \begin{pmatrix} 0 \\ 1 \end{pmatrix}$$

4. 设有线性非齐次微分方程组

$$\begin{cases} \dfrac{\mathrm{d}x}{\mathrm{d}t} = \dfrac{1}{t}x - y + t \\ \dfrac{\mathrm{d}y}{\mathrm{d}t} = \dfrac{1}{t^2}x + \dfrac{2}{t}y - t^2 \end{cases}$$

(1)验证 $x = t^2, y = -t$ 时对于齐次方程组的解；

(2)求非齐次微分方程组的解.

第四章　微分方程定性和稳定性理论初步

从 17 世纪到 19 世纪后期这段时间里，人们一直在设法用初等积分来求解微分方程，后来发现在求解时遇到的困难很大，例如黎卡提方程 $y' = x^2 + y^2$，它是形式上最简单的非线性方程，直到 1841 年，刘维尔证明了该方程不能用初等积分法求解．在第二章，我们介绍了一阶微分方程解的存在唯一性理论，但没能给出解的更多信息．后来，法国数学家庞加莱创立了常微分方程定性理论（几何理论），俄国数学家李雅普诺夫建立了稳定性理论，这样，在不求解微分方程的前提下，可以根据微分方程本身的特点，得到关于解的渐近性质．在这一章，我们先介绍自治系统的平衡点的分类及佩龙意义轨道稳定性判定，再介绍极限环的存在唯一性，以及解的李雅普诺夫意义下的稳定性.

§4.1　平面线性系统的初等奇点分类及其相图

§4.1.1　基本概念

在第 1.1 节，我们建立了军备竞赛的微分方程模型

$$\begin{cases}\dfrac{\mathrm{d}x}{\mathrm{d}t} = -ax + by \\ \dfrac{\mathrm{d}y}{\mathrm{d}t} = mx - ny\end{cases} \tag{4.1.1}$$

其中 x 表示甲国家每年的防御支出经费，y 表示乙国家每年的防御支出经费，常数 a 代表了甲国家维护现有军火库的需要以及对防御支出在经济上的限制，b 表示甲国家与乙国家的敌对强度，m,n 的意义同 a,b. 令 $f(x,y) = -ax + by$，$g(x,y) = mx - ny$，则式(4.1.1)可写成一般形式

$$\begin{cases}\dfrac{\mathrm{d}x}{\mathrm{d}t} = f(x,y) \\ \dfrac{\mathrm{d}y}{\mathrm{d}t} = g(x,y)\end{cases} \tag{4.1.2}$$

系统(4.1.2)的右端项只含变量 x,y，而不显含自变量 t，称这样的系统为自治系统；右端显含自变量 t 的系统

$$\begin{cases}\dfrac{dx}{dt}=f(x,y,t)\\ \dfrac{dy}{dt}=g(x,y,t)\end{cases} \tag{4.1.3}$$

称之为非自治系统.

称使系统(4.1.2)右端同时为零的点(x_0,y_0)为系统的平衡点或奇点,即

$$\begin{cases}f(x_0,y_0)=0\\ g(x_0,y_0)=0\end{cases}$$

我们把t理解为时间,把(x,y)理解为二维空间的点,那么$(f(x,y),g(x,y))$就是在该点的速度分量,称二维空间xOy为相空间,相空间中的点叫相点.

系统(4.1.3)的每一个解对应于这个系统的一个运动,积分曲线(或解曲线)是一条过初始点(t_0,x_0,y_0)的空间曲线$(t,x(t),y(t))$,$t\in I$,其中I是这个解的最大存在区间.积分曲线在相空间中的投影$(x(t),y(t))$,$t\in I$称为轨线.而轨线是相空间内一动点的"运动"轨迹,因而它是有方向的(个别特殊轨线方向不确定),积分曲线沿着t轴投影到相空间就得对应的轨线.由解的存在唯一性定理可知,过相空间一点的轨线是唯一的.

例 4.1.1 验证$x=\cos t$,$y=\sin t$是自治系统

$$\begin{cases}\dfrac{dx}{dt}=-y\\ \dfrac{dy}{dt}=x\end{cases} \tag{4.1.4}$$

的解.在空间$O-txy$中,$x=\cos t$,$y=\sin t$绘出一条螺线,该螺线在相空间xOy上的投影是单位圆,它是轨线,如图4.1所示.

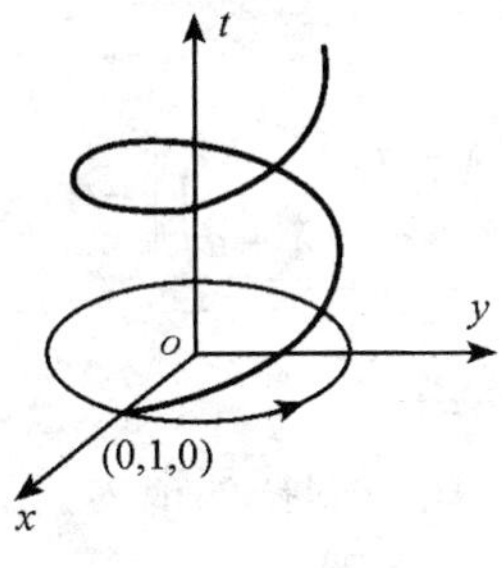

图4.1 解曲线

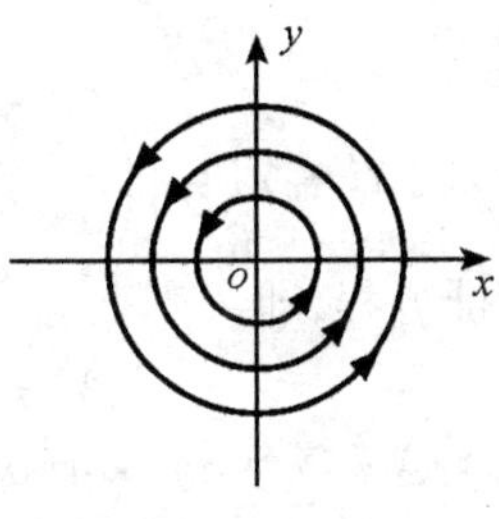

图4.2 相空间中的轨线

实际上,将系统(4.1.4)中的时间参数消去后,得到方程$\dfrac{dy}{dx}=-\dfrac{x}{y}$,积分该方程后得到通解是$x^2+y^2=C$,就是系统(4.1.4)通过不同点的相轨线方程,见图4.2.

§4.1.2 平面线性微分方程组初等奇点的轨道稳定性

下面研究一般的平面线性微分方程组

$$\frac{d}{dt}\begin{pmatrix}x\\ y\end{pmatrix}=\begin{pmatrix}a & b\\ c & d\end{pmatrix}\begin{pmatrix}x\\ y\end{pmatrix} \tag{4.1.5}$$

的奇点在佩龙意义下的轨道稳定性问题.

如果系数矩阵的行列式 $\det\boldsymbol{A}=ad-bc\neq0$,则(0,0)是系统(4.1.5)的唯一的奇点,称为初等奇点. 如果 $\det\boldsymbol{A}=ad-bc=0$,则系统(4.1.5)没有孤立的奇点,其非孤立的奇点分布在一条直线上,这种奇点称为高阶奇点.

为研究系统(4.1.5)的初等奇点附近的轨线分布和轨道稳定性,我们先介绍标准形式的微分方程组. 对于矩阵 $\boldsymbol{A}$,总存在非奇异实矩阵 $\boldsymbol{T}$,使得 $\boldsymbol{T}^{-1}\boldsymbol{AT}$ 为下面三种形式的若当标准型:

$$\boldsymbol{T}^{-1}\boldsymbol{AT}=\begin{pmatrix}\lambda & 0\\ 0 & \mu\end{pmatrix},\quad \boldsymbol{T}^{-1}\boldsymbol{AT}=\begin{pmatrix}\lambda & 0\\ 1 & \lambda\end{pmatrix},\quad \boldsymbol{T}^{-1}\boldsymbol{AT}=\begin{pmatrix}\alpha & \beta\\ -\beta & \alpha\end{pmatrix}$$

由于非奇异的线性变换 $\boldsymbol{T}$ 不改变系统奇点的位置和类型,变换前后奇点附近轨线的结构是拓扑等价的. 因此,我们只研究下面三类标准形式的微分方程组:

$$\frac{\mathrm{d}}{\mathrm{d}t}\begin{pmatrix}\tilde{x}\\ \tilde{y}\end{pmatrix}=\boldsymbol{T}^{-1}\boldsymbol{AT}\begin{pmatrix}\tilde{x}\\ \tilde{y}\end{pmatrix}=\begin{pmatrix}\lambda & 0\\ 0 & \mu\end{pmatrix}\begin{pmatrix}\tilde{x}\\ \tilde{y}\end{pmatrix}\tag{4.1.6a}$$

$$\frac{\mathrm{d}}{\mathrm{d}t}\begin{pmatrix}\tilde{x}\\ \tilde{y}\end{pmatrix}=\boldsymbol{T}^{-1}\boldsymbol{AT}\begin{pmatrix}\tilde{x}\\ \tilde{y}\end{pmatrix}=\begin{pmatrix}\lambda & 0\\ 1 & \lambda\end{pmatrix}\begin{pmatrix}\tilde{x}\\ \tilde{y}\end{pmatrix}\tag{4.1.6b}$$

$$\frac{\mathrm{d}}{\mathrm{d}t}\begin{pmatrix}\tilde{x}\\ \tilde{y}\end{pmatrix}=\boldsymbol{T}^{-1}\boldsymbol{AT}\begin{pmatrix}\tilde{x}\\ \tilde{y}\end{pmatrix}=\begin{pmatrix}\alpha & \beta\\ -\beta & \alpha\end{pmatrix}\begin{pmatrix}\tilde{x}\\ \tilde{y}\end{pmatrix}\tag{4.1.6c}$$

对于原来系统(4.1.5)的奇点附近的轨线结构,可以利用非奇异的线性变换 $\begin{pmatrix}x\\ y\end{pmatrix}=\boldsymbol{T}\begin{pmatrix}\tilde{x}\\ \tilde{y}\end{pmatrix}$ 返回到原来的平面上得到. 但在实际应用中,我们可以利用特征方向和特殊点来确定并绘制出奇点附近的轨线,也可以利用 Mathematica 软件来画出式(4.1.5)奇点附近轨线的结构,详细过程见后面的例题.

我们称

$$|\lambda\boldsymbol{I}-\boldsymbol{A}|=\left|\begin{pmatrix}\lambda & 0\\ 0 & \lambda\end{pmatrix}-\begin{pmatrix}a & b\\ c & d\end{pmatrix}\right|=\left|\begin{pmatrix}\lambda-a & -b\\ -c & \lambda-d\end{pmatrix}\right|=0$$

为矩阵 $\boldsymbol{A}$ 的特征方程,即

$$\lambda^2-(a+d)\lambda+ad-bc=0\tag{4.1.7}$$

记 $p=-(a+d)$,$\Delta=(a+d)^2-4(ad-bc)$,则方程(4.1.7)的特征根为

$$\lambda_1=\frac{-p+\sqrt{\Delta}}{2},\quad \lambda_2=\frac{-p-\sqrt{\Delta}}{2}$$

根据 p 和判别式 Δ 的不同符号,分别有如下几种情况:

(1)当 λ_1,λ_2 为不相等的负实根,此时 $a+d<0$,系统(4.1.1)的通解是

$$x(t)=c_1\mathrm{e}^{\lambda_1 t},\quad y(t)=c_2\mathrm{e}^{\lambda_2 t}$$

注意到当 $c_1=c_2=0$ 时,对应于原点(0,0),当 $c_1=0,c_2\neq0$ 对应的 y 轴的正负半轴都是轨线;当 $c_2=0,c_1\neq0$ 时,对应的 x 轴的正负半轴都是轨线;当 $c_1\neq0,c_2\neq0$ 时,消去参数 t 得:

$$y(t)=\frac{c_2}{c_1^{\lambda_2/\lambda_1}}[x(t)]^{\frac{\lambda_2}{\lambda_1}}=cx^{\frac{\lambda_2}{\lambda_1}},\quad c=\frac{c_2}{c_1^{\lambda_2/\lambda_1}}\tag{4.1.8}$$

由等式(4.1.8)可知

(i)当 $\lambda_2<\lambda_1<0$ 时，$\lim\limits_{t\to+\infty}\dfrac{\mathrm{d}y}{\mathrm{d}x}=\lim\limits_{t\to+\infty}\dfrac{\lambda_2 c_2}{\lambda_1 c_1}e^{(\lambda_2-\lambda_1)t}=0$，即解轨线与 x 轴相切且趋向奇点(0,0).

(ii)当 $\lambda_1<\lambda_2<0$ 时，$\lim\limits_{t\to+\infty}\dfrac{\mathrm{d}y}{\mathrm{d}x}=\lim\limits_{t\to+\infty}\dfrac{\lambda_2 c_2}{\lambda_1 c_1}e^{(\lambda_2-\lambda_1)t}=\infty$，即解轨线与 y 轴相切且趋向奇点(0,0).

系统(4.1.6a)在奇点(0,0)附近的相轨线如下：

当 $t\to+\infty$ 时，奇点附近的轨线都趋向该平衡点，我们称这类平衡点为稳定结点．见图4.3.

(2)当 λ_1,λ_2 为不相等的正实根，此时 $a+d>0$，与情形(1)中的讨论类似，系统(4.1.6a)在奇点附件的轨线如图(4.4)所示，即当 $t\to+\infty$ 时，平衡点附近的轨线中至少有一条轨线远离该奇点，我们称这类奇点是不稳定结点. 见图4.4所示.

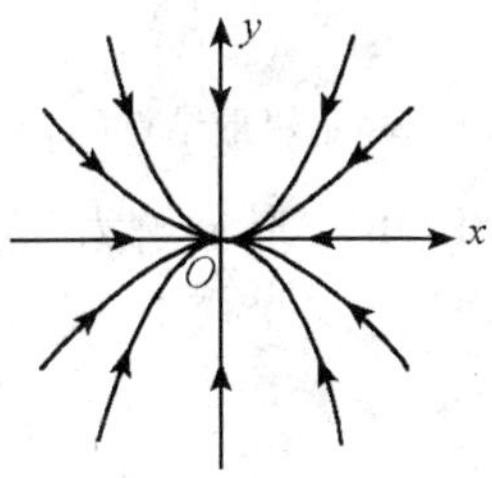

图4.3　稳定结点

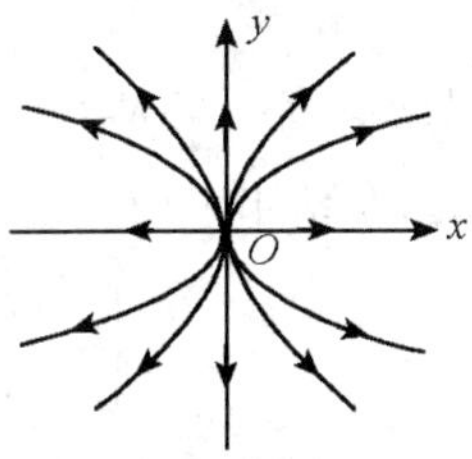

图4.4　不稳定结点

(3) 当 λ_1,λ_2 为异号实根，类似上面的讨论，此时，两个坐标轴的正、负半轴为轨线，由于 $\lambda_1/\lambda_2<0$，则奇点是不稳定的，称这类奇点为鞍点．系统(4.1.6a)在奇点附近的的轨线分布如图4.5和图4.6所示.

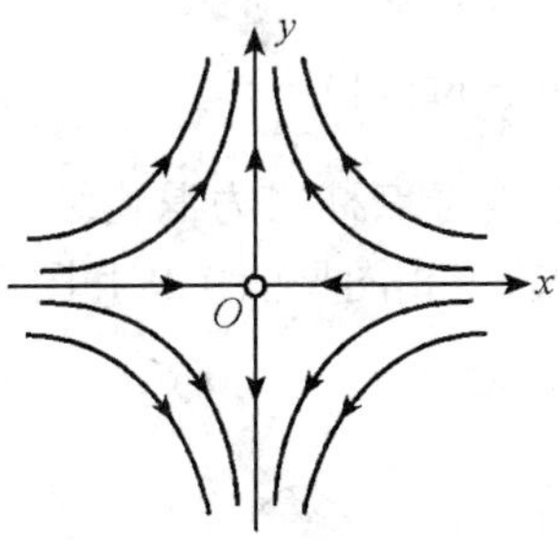

图4.5　鞍点($\lambda_1<0,\lambda_2>0$)

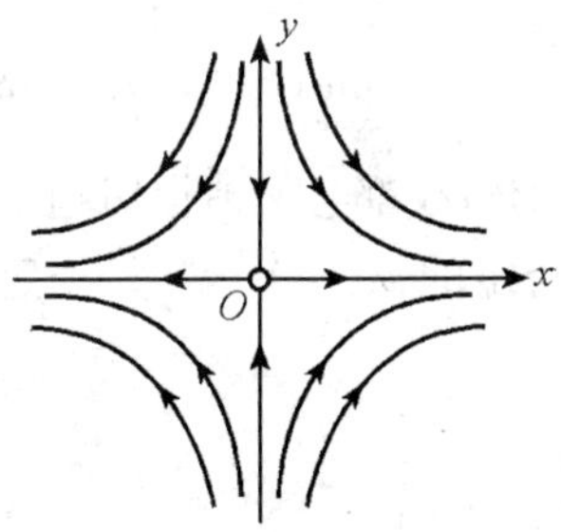

图4.6　鞍点($\lambda_1>0,\lambda_2<0$)

(4)当 $\lambda_1=\lambda_2>0$ 时，根据重根的情况，分下面两种情况分析：

(i)当若当块是对角矩阵时，其标准型为

$$\begin{cases}\dfrac{dx}{dt}=\lambda_1 x\\ \dfrac{dy}{dt}=\lambda_1 y\end{cases}\tag{4.1.9}$$

直接求出方程(4.1.9)的轨线是经过(0,0)的射线,且当 $\lambda_1=\lambda_2<0$ 时, $\lim\limits_{t\to+\infty}x(t)=0$, $\lim\limits_{t\to+\infty}y(t)=0$,即奇点(0,0)是渐近稳定的(如图4.7);当 $\lambda_1=\lambda_2>0$,奇点是不稳定的(如图4.8).

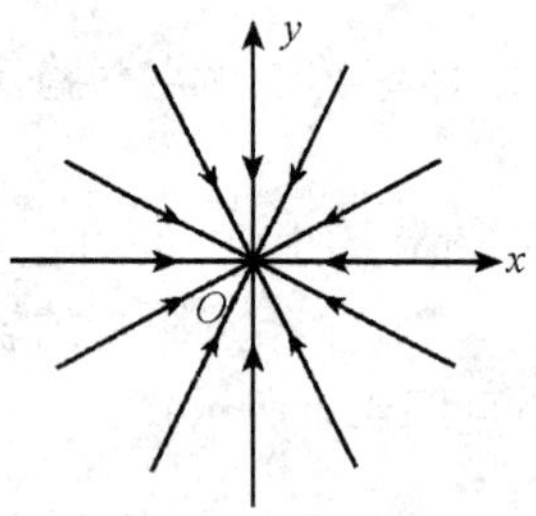

图4.7 不稳定星形结点($\lambda_1=\lambda_2>0$)

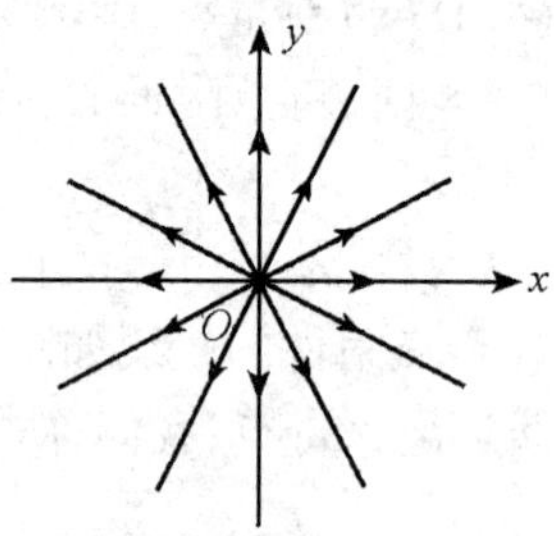

图4.8 稳定星形结点($\lambda_1=\lambda_2<0$)

(ii)当若当块不是对角矩阵时,其标准型为系统(4.1.6b). 其通解为

$$\begin{cases}x(t)=c_1 e^{\lambda_1 t}\\ y(t)=(c_1 t+c_2)e^{\lambda_1 t}\end{cases}$$

注意到当 $c_1=0,c_2=0$ 时,系统(4.1.6b)轨线就是奇点(0,0);而当 $c_1=0,c_2\neq0$ 时,系统(4.1.6b)轨线是 y 轴,但 x 轴不再是轨线;当 $c_1\neq0$ 时,消去变量 t 后,得到系统(4.1.6b)的相轨线方程

$$y=cx+\frac{x}{\lambda_1}\ln|x|$$

直接计算可得

$$\lim_{x\to0}y(x)=0,\quad \lim_{x\to0}\frac{dy}{dx}=\lim_{x\to0}\left(c+\frac{1}{\lambda_1}+\frac{1}{\lambda_1}\ln|x|\right)=\infty$$

这表明所有的轨线都与 y 轴相切趋于奇点(0,0)点,这种奇点称之为退化结点. 当 $\lambda_1=\lambda_2>0$ 是不稳定的, $\lambda_1=\lambda_2<0$ 是稳定的. 奇点附近的轨线相图见图4.9和图4.10.

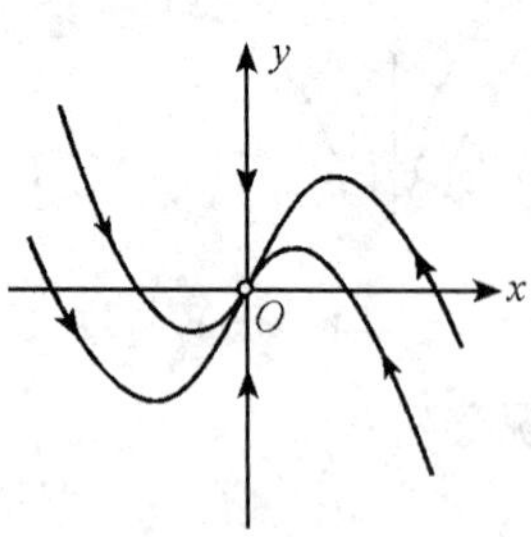

图4.9 稳定退化结点($\lambda_1=\lambda_2<0$)

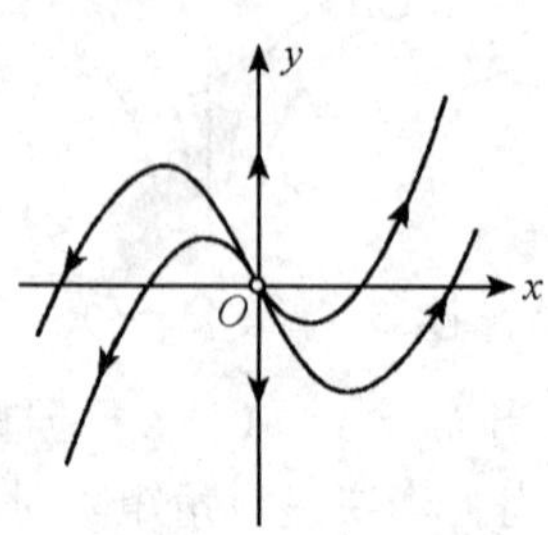

图4.10 不稳定退化结点 ($\lambda_1=\lambda_2>0$)

(5) 当 λ_1,λ_2 为共轭复根,即 $\lambda_1=\alpha+\beta i,\lambda_2=\alpha-\beta i,\beta\neq0$. 此时,系统的标准型为

$$\begin{cases} \frac{dx}{dt} = \alpha x + \beta y \\ \frac{dy}{dt} = -\beta x + \alpha y \end{cases}$$

为便于分析其轨线相图,利用极坐标变换 $x = r\cos\theta, y = r\sin\theta$,则(4.1.6c)可变成

$$\begin{cases} \frac{dr}{dt} = \alpha r \\ \frac{d\theta}{dt} = -\beta \end{cases} \tag{4.1.10}$$

(i)当 $\alpha = 0$ 时,则由方程组(4.1.10)可知,

$$r(t) = r_0, \quad \theta(t) = -\beta t + \theta_0$$

其中,r_0, θ_0 为任意常数. 这是一簇以(0,0)为中心的同心圆. 这样的奇点称为中心. 如图 4.11 所示.

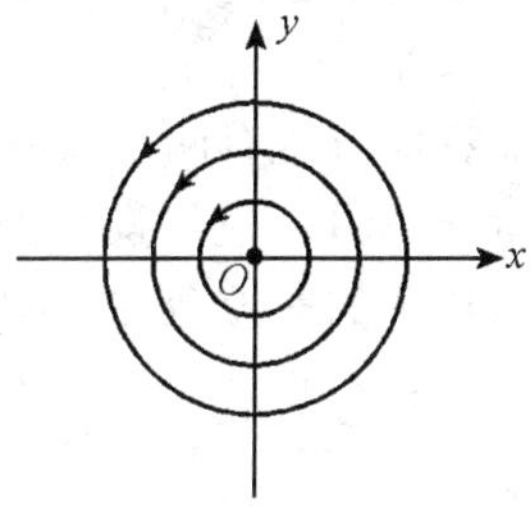

图 4.11　中心($\alpha = 0, \beta < 0$)

(ii)当 $\alpha \neq 0$ 时. 直接求解出方程(4.1.10)可得

$$r = r_0 e^{\alpha t}, \quad \theta(t) = -\beta t + \theta_0$$

其中,r_0, θ_0 为任意常数. 消去变量 t 后,得到轨线的方程为

$$r = r_0 e^{-\frac{\alpha}{\beta}\theta}$$

其曲线为一簇对数螺线. 我们称这样的奇点为焦点. 当 $\alpha > 0$时为稳定焦点;当 $\alpha < 0$ 时为不稳定焦点,而 β 的符号决定了螺线的顺时针方向还是逆时针方向. 见图 4.12 和 4.13.

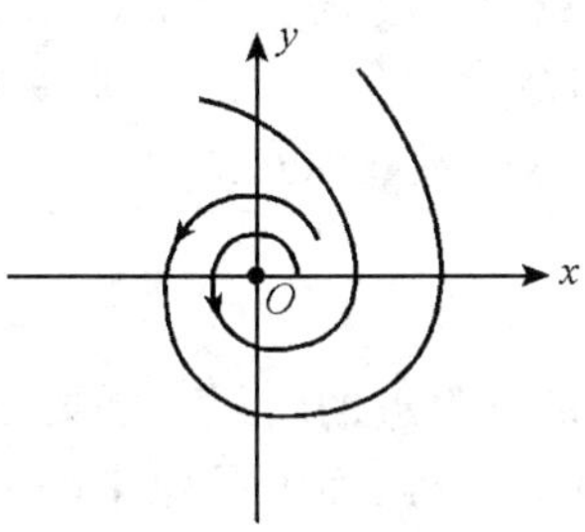

图 4.12　不稳定焦点 ($\alpha < 0, \beta < 0$)

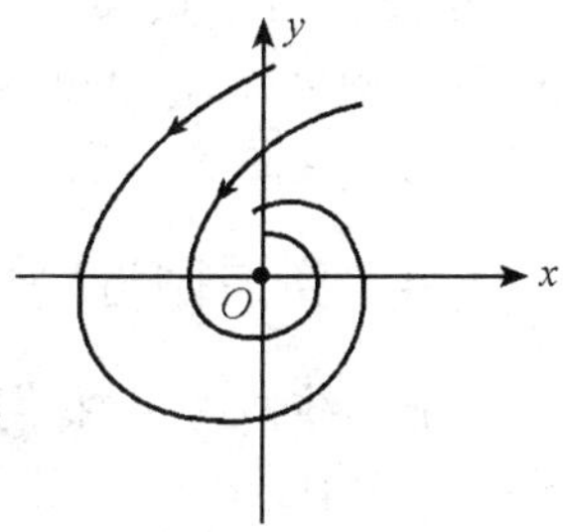

图 4.13　稳定焦点($\alpha > 0, \beta < 0$)

§4.1.3　军备竞赛模型分析

现在我们讨论军备竞赛模型

$$\begin{cases} \frac{dx}{dt} = -ax + by + c \\ \frac{dy}{dt} = mx - ny + p \end{cases} \tag{4.1.11}$$

1.1 节中曾给出了式(4.1.11)的结论:当$\frac{a}{b} < \frac{m}{n}$时,会出现军备经费失控;当$\frac{a}{b} > \frac{m}{n}$时,两个国家的防御支出达到稳定程度. 下面给出该分析过程.

假设 $an-bm\neq 0$,先作坐标平移变换 $u=x-x_0, v=y-y_0$,其中

$$x_0=\frac{bp+cn}{an-bm},\quad y_0=\frac{ap+cm}{an-bm}$$

则系统(4.1.11)有平衡点(x_0,y_0),系统(4.1.11)平衡点的稳定性等价于下面系统

$$\begin{cases}\dfrac{du}{dt}=-au+bv\\ \dfrac{dv}{dt}=mu-nv\end{cases}\tag{4.1.12}$$

的奇点(0,0)的稳定性.

当$\frac{a}{b}<\frac{m}{n}$时,即 $an-bm<0$,则线性系统(4.1.12)的特征方程 $\lambda^2+(a+n)\lambda+an-bm=0$ 的特征根 λ_1,λ_2 满足:

$$\lambda_1+\lambda_2=-(a+n)<0,\quad \lambda_1\lambda_2=an-bm<0$$

从而特征方程有两个符号互异的实根. 由上面的讨论可知,奇点(0,0)是不稳定的,从而系统(4.1.11)的平衡点(x_0,y_0)也是不稳定的,其附近的轨线会远离该平衡点,从而导致军备竞赛的一方会肆意购买和发展武器,出现失控的局面.

当$\frac{a}{b}>\frac{m}{n}$时,即,$an-bm>0$,直接计算可得

$$\Delta=(a+n)^2-4(an-bm)=(a-n)^2+4bm>0$$

则线性系统(4.1.12)的特征方程(4.1.7)的特征根 λ_1,λ_2 满足:

$$\lambda_1+\lambda_2=-(a+n)<0,\quad \lambda_1\lambda_2=an-bm>0$$

从而特征方程有两个负实根,由上面的讨论可知,平衡点(0,0)是稳定的,从而系统(4.1.11)的平衡点(x_0,y_0)也是稳定的,该平衡点附近的轨线会收敛到该点,则参与军备竞赛的双方为了共同的利益,达成某种协议,有利于两个国家的发展和安全.

§4.1.4　奇点附近的相图

对于一般的线性系统,我们可以利用线素场来画出在奇点附近的轨线. 需要说明的是,在图4.2中所画出的奇点附近的轨线,均是对应于标准型方程,而不是原来的方程的轨线,至于原来的奇点附近的相轨线,可以利用线素场的方法画出来,关键是找出轨线沿着某一特殊方向进入或者离开奇点,我们称这一方向为特殊方向.

下面给出用 Mathematica 程序绘制的奇点附近轨线相同的例子,图4.14是

$$\begin{cases}\dfrac{dx}{dt}=-x,\\ \dfrac{dy}{dt}=2y\end{cases}$$

在(0,0)附近的轨线相图. 详细程序可参阅第8.2节.

例4.1.2　判定下面系统的奇点类型并作出奇点附近的轨线相图.

$$\begin{cases}\dfrac{dx}{dt}=x-3y\\ \dfrac{dy}{dt}=-3x+y\end{cases}\tag{4.1.13}$$

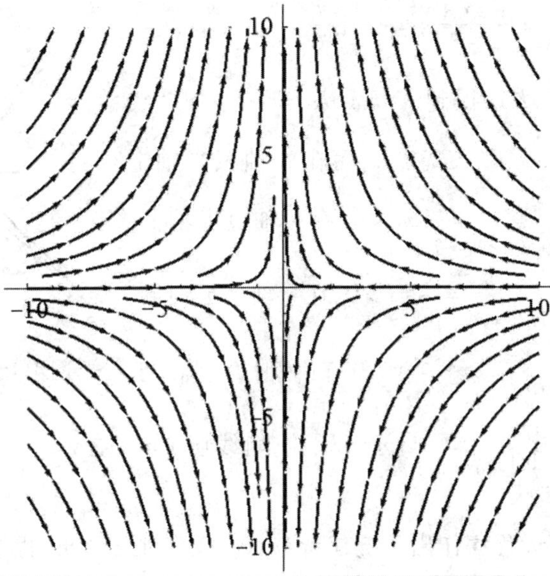

图 4.14　轨线相图

解　由于系数矩阵为 $\boldsymbol{A}=\begin{pmatrix}1 & -3\\ -3 & 1\end{pmatrix}$，容易算出 $\det\boldsymbol{A}=-8\neq 0$，因此，(0,0) 是系统的唯一奇点，其特征方程为

$$|\lambda\boldsymbol{I}-\boldsymbol{A}|=\left|\begin{pmatrix}\lambda & 0\\ 0 & \lambda\end{pmatrix}-\begin{pmatrix}1 & -3\\ -3 & 1\end{pmatrix}\right|=\begin{vmatrix}\lambda-1 & 3\\ 3 & \lambda-1\end{vmatrix}=\lambda^2-2\lambda-8=0$$

解得 $\lambda_1=-2<0$，$\lambda_2=4>0$. 因此，奇点为鞍点.

为画出奇点附近轨线的分布，我们介绍两种方法：

(1) 非奇异变换方法：对系统做非奇异线性变换

$$\begin{cases}u=3x+3y\\ v=3x-3y\end{cases}\tag{4.1.14}$$

于是，系统(4.1.13)可化为

$$\begin{cases}\dfrac{\mathrm{d}u}{\mathrm{d}t}=-2u\\ \dfrac{\mathrm{d}v}{\mathrm{d}t}=4v\end{cases}\tag{4.1.15}$$

即可在 (u,v) 平面上画出式(4.1.15)奇点附近的轨线如图 4.5 所示．注意到非奇异变换(4.1.14)，即 u 轴顺时针旋转 $\dfrac{\pi}{4}$，即为 x 轴，再将 x,y 轴和 u,v 画在同一个平面，即可得到式(4.1.13)的奇点附近的轨线分布，如图 4.15 所示.

(2) 特殊方向法：对于一般的系统，轨线并非一定切着坐标轴进入或远离奇点．为了确定轨线进入奇点(0,0)，需要分析找出相应的特殊方向.

令 $K=\dfrac{\mathrm{d}y}{\mathrm{d}x}$ 为轨线的切线斜率，由方程可知，K 必定满足

$$K=\frac{\mathrm{d}y}{\mathrm{d}x}=\frac{-3x+y}{x-3y}=\frac{-3+K}{1-3K}$$

(当 $x\to0,y\to0$ 时$\frac{y}{x}\to K$),得到 $K_1=1,K_2=-1$. 即轨线切直线 $y=x$ 或 $y=-x$ 进入奇点．而在 x 轴正半轴上 $\left.\frac{\mathrm{d}x}{\mathrm{d}t}\right|_{y=0,x>0}=x>0,\left.\frac{\mathrm{d}y}{\mathrm{d}t}\right|_{y=0,x>0}=-3x<0$,在 x 轴负半轴上,$\left.\frac{\mathrm{d}x}{\mathrm{d}t}\right|_{y=0,x<0}=x<0$,$\left.\frac{\mathrm{d}y}{\mathrm{d}t}\right|_{y=0,x<0}=-3x>0$,在 y 轴正半轴上,$\left.\frac{\mathrm{d}x}{\mathrm{d}t}\right|_{x=0,y>0}=-3y<0,\left.\frac{\mathrm{d}y}{\mathrm{d}t}\right|_{x=0,y>0}=y>0$,在 y 轴负半轴上,$\left.\frac{\mathrm{d}x}{\mathrm{d}t}\right|_{x=0,y<0}=-3y>0,\left.\frac{\mathrm{d}y}{\mathrm{d}t}\right|_{x=0,y<0}=y<0$,因此,轨线切 $y=x$ 或 $y=-x$ 进入奇点(0,0). 图形同图 4.15.

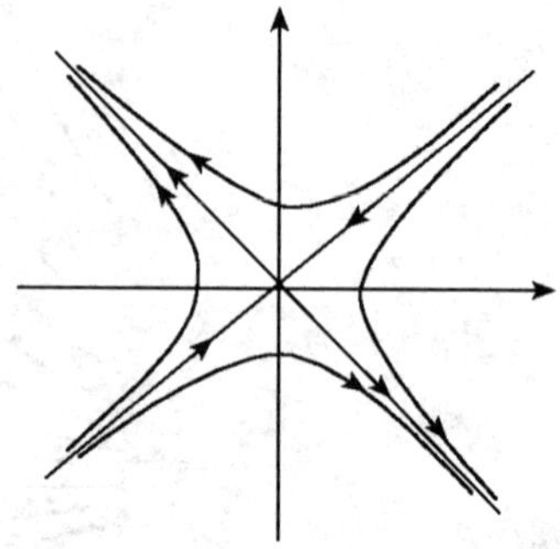

图 4.15　奇点附近的轨线

(3)用 Mathematica 程序作出系统在奇点(0,0)的轨线分布,程序完全类似于上面的例子,只需将程序中的方程修改为 $x'[t]\to x[t]-3*y[t],y'[t]\to-3*x[t]+y[t]$ 即可.

图 4.16　轨线相图

习题 4.1

1. 判断下面系统的奇点类型:

(1) $\begin{cases}\dfrac{dx}{dt}=-x+4y;\\ \dfrac{dy}{dt}=-9x+y;\end{cases}$　　(2) $\begin{cases}\dfrac{dx}{dt}=2x+3y;\\ \dfrac{dy}{dt}=x+4y;\end{cases}$

(3) $\begin{cases}\dfrac{dx}{dt}=2x-y;\\ \dfrac{dy}{dt}=4x-y;\end{cases}$　　(4) $\begin{cases}\dfrac{dx}{dt}=3x+4y;\\ \dfrac{dy}{dt}=2x+y.\end{cases}$

2. 并作出奇点附近的轨线相图：

(1) $\begin{cases}\dfrac{dx}{dt}=-2x-y;\\ \dfrac{dy}{dt}=4x-7y;\end{cases}$　　(2) $\begin{cases}\dfrac{dx}{dt}=x-3y;\\ \dfrac{dy}{dt}=-3x+y.\end{cases}$

3. 讨论下列系统的奇点类型、稳定性并画出奇点附近的轨线分布：

(1) $\begin{cases}\dfrac{dx}{dt}=-x+y-5;\\ \dfrac{dy}{dt}=-3x;\end{cases}$　　(2) $\begin{cases}\dfrac{dx}{dt}=y;\\ \dfrac{dy}{dt}=-2x-2y-5.\end{cases}$

4. 讨论下面非线性系统的奇点的类型：

(1) $\begin{cases}\dfrac{dx}{dt}=y;\\ \dfrac{dy}{dt}=x+y-x^3;\end{cases}$　　(2) $\begin{cases}\dfrac{dx}{dt}=y;\\ \dfrac{dy}{dt}=-y-\sin x.\end{cases}$

§4.2　二维自治系统的周期解和极限环

这一节，讨论平面上非线性自治系统

$$\begin{cases}\dfrac{dx}{dt}=x-y-x^3-xy^2\\ \dfrac{dy}{dt}=x+y-x^2y-y^3\end{cases}\tag{4.2.1}$$

通过对非线性自治系统(4.2.1)的周期解和极限环的细致分析，给出一般非线性自治系统的极限环的存在性的判断依据.

为了研究系统(4.2.1)在相平面中轨线的性态，作极坐标变换：

$$x=r\cos\theta,\quad y=r\sin\theta$$

则系统(4.2.1)化成极坐标形式：

$$\begin{cases}\dfrac{dr}{dt}=-r(r^2-1)\\ \dfrac{d\theta}{dt}=1\end{cases}\tag{4.2.2}$$

显然，$r=0$，$r=1$ 是系统(4.2.2)的两个特解，其中 $r=0$ 对应的是系统(4.2.1)的奇点，而 $r=1$ 所对应的是系统(4.2.2)的一个周期解 $x=\cos(t+\theta_0)$，$y=\sin(t+\theta_0)$，注意到空间解曲线在相平面中的投影是轨线(见图4.17)，那么系统(4.3.2)的周期解在相平面中的轨线是一条封闭曲线，因此，其闭轨线是以原点为圆心、半径为1的圆周.

下面讨论其通解，直接求解系统(4.2.2)可知，

$$r^2=\frac{r_0^2e^{2t}}{(1-r_0^2)+r_0^2e^{2t}},\quad \theta=\theta_0+t$$

由式(4.2.2)中的第一个方程可知，当 $0<r<1$ 时，$\frac{\mathrm{d}r}{\mathrm{d}t}>0$，$r(t)$ 随 t 的增加而单调增加，而当 $r>1$ 时，$\frac{\mathrm{d}r}{\mathrm{d}t}<0$，$r(t)$ 随 t 的增加而单调减少，系统(4.2.2)在相空间中的轨线如图4.17所示.

注意到在图4.17中，有一条闭轨线 $C: x^2+y^2=1$，在闭轨线 C 内侧(即 $x^2+y^2<1$)，由 $\frac{\mathrm{d}r}{\mathrm{d}t}>0$ 可知，系统(4.2.2)的轨线向外侧螺旋式靠近闭轨线 C；在闭轨线 C 外侧(即 $x^2+y^2>1$)，由 $\frac{\mathrm{d}r}{\mathrm{d}t}<0$ 可知，系统(4.2.2)的轨线向内侧螺旋式靠近闭轨线 C.

图4.17 系统(4.3.2)在相空间中的轨线

定义4.2.1 设平面非线性自治系统

$$\begin{cases}\frac{\mathrm{d}x}{\mathrm{d}t}=P(x,y)\\ \frac{\mathrm{d}y}{\mathrm{d}t}=Q(x,y)\end{cases}\tag{4.2.3}$$

具有闭轨线 C. 如果在 C 的充分小的邻域中，除 C 之外，没有其他闭轨线，并且这些非闭轨线当 $t\to+\infty$ 或者 $t\to-\infty$ 时都趋近于该闭轨线，则称该闭轨线为极限环，也即：平面上的孤立的闭轨线为极限环.

极限环在许多物理现象和生物现象中起着重要作用，反映了现实世界中大量存在的周期振荡现象. 生态环境中捕食种群和食饵种群随着时间的演化，捕食种群数量的增加，使得食饵种群数量下降，后来因食物的供给减少导致捕食种群减少，食饵种群数再恢复和小幅增加，如此下去，相互制约着周而复始地循环，数学上解释为周期解，几何上就是极限环的存在性.

定义4.2.2(极限环的轨道稳定性) 如果极限环 Γ 内外两侧附近的轨线都在 $t\to+\infty$ 时盘旋地趋于 Γ，则称 Γ 为轨道稳定的极限环；如果当 $t\to-\infty$ 时，极限环 Γ 内外两侧附近的轨线都盘旋地趋于 Γ，则称 Γ 为轨道不稳定的极限环；如果一侧附近的轨线当 $t\to+\infty$ 时都盘旋地趋于 Γ，而另一侧当 $t\to-\infty$ 时都盘旋地趋于 Γ，则称 Γ 为轨道半稳定的极限环.

这里的极限环的轨道稳定性不同于李雅普诺夫意义下的运动稳定性，这是因为轨道的接近不代表实际解曲线的同步接近.

关于极限环的存在性的判定,我们不加证明地叙述下面的定理,它们的证明可参阅任何一本微分方程定性理论的专著.

定理 4.2.1(Poincare-Bendixson 环域定理)　设区域 D 是由两条简单闭曲线 L_1 和 L_2 所围成的环域,并且在 $\overline{D}=L_1\cup D\cup L_2$ 上,系统(4.2.3)无奇点. 从 L_1 和 L_2 上出发的轨线都不能离开(或都不能进入)区域 $\overline{D}$. 设 L_1 和 L_2 都不是闭轨线,则系统(4.2.3)在区域 $\overline{D}$ 内至少存在一条闭轨线 Γ,它在 $\overline{D}$ 内不能收缩到一点.

附注:环域 D 的内境线可以缩小成一个不稳定(稳定)的奇点 M,因为此时在点 M 的足够小邻域内作闭曲线 L_2,必可使系统的正半轨穿入(出)环域 D.

例 4.2.1　讨论具有二重饱和反应速度的生化反应模型

$$\begin{cases}\dfrac{dx}{dt}=A-Bx-xy^2\\[2mm] \dfrac{dy}{dt}=Bx+xy^2-\dfrac{my^2}{n+y^2}\end{cases}$$

极限环的存在性(A,B,m,n 为正常数).

解　为讨论极限环的存在性,我们限定 $m>A$,考虑到生物系统的实际意义,我们仅在第一象限讨论. 容易知道,当 $m>A$ 时,系统只有唯一的平衡点 $M\left(\dfrac{A(m-A)}{B(m-A)+An},\sqrt{\dfrac{An}{m-A}}\right)$. 我们利用定理 4.2.1 来构造 Bendixson 环域:$\overbrace{A_1B_1C_1D_1E_1A_1}$:线段 $A_1B_1:y=0,x>0$,线段 $B_1C_1:x-h=0,h>\dfrac{A}{B}\}$,线段 $C_1D_1:x+y-H=0,H-h>\sqrt{\dfrac{An}{m-A}}$,线段 $D_1E_1:x=0$,线段 $E_1A_1:x+y-k=0\left(0<k<\sqrt{\dfrac{An}{m-A}}\right)$.

直接计算可得:

$$\frac{dL_{A_1B_1}}{dt}>0,\quad \frac{dL_{B_1C_1}}{dt}<0,\quad \frac{dL_{C_1D_1}}{dt}<0,\quad \frac{dL_{D_1E_1}}{dt}>0,\quad \frac{dL_{E_1A_1}}{dt}>0$$

即系统的轨线都与环域 $\overbrace{A_1B_1C_1D_1E_1A_1}$ 相交且都从外向内传入,又由于唯一的平衡点 M 为不稳定的焦点或结点,由 Bendixson 环域定理的说明可知,在点 M 的外围至少有一个极限环.

关于二维自治系统(4.2.3)不存在极限环的判断,有下面两个常用判断方法:

定理 4.2.2(Bendixson 判据)　设在单连通区域 G 内,如果函数 $P(x,y)$, $Q(x,y)$ 有连续的偏导数,如果散度 $\dfrac{\partial P(x,y)}{\partial x}+\dfrac{\partial Q(x,y)}{\partial y}$ 保持常号,且不在区域 G 的任何子邻域内恒为零,则系统(4.2.3)在 G 内无闭轨.

证明　参照文献[3]的证明. 假设在单连通区域 G 内存在一条闭轨线 $\Gamma:x=x(t)$, $y=y(t)$,周期为 T,且闭曲线 Γ 所围成的区域为 $G_\Gamma\subset G$. 利用格林公式可得到:

$$\iint_{G_\Gamma}\left(\frac{\partial P(x,y)}{\partial x}+\frac{\partial Q(x,y)}{\partial y}\right)d\sigma=\oint_\Gamma P(x,y)\,dy-Q(x,y)\,dx$$

$$= \int_0^T \left(P(x,y)\frac{dy}{dt} - Q(x,y)\frac{dx}{dt}\right)dt$$
$$= \int_0^T (P(x,y)Q(x,y) - Q(x,y)P(x,y))dt$$
$$= 0$$

但由定理的假设条件可知，$\frac{\partial P(x,y)}{\partial x}+\frac{\partial Q(x,y)}{\partial y}$不变号，则

$$\iint_{G_T}\left(\frac{\partial P(x,y)}{\partial x}+\frac{\partial Q(x,y)}{\partial y}\right)d\sigma \neq 0$$

因此，该系统不存在闭轨线.

例 4.2.2 证明系统

$$\begin{cases}\frac{dx}{dt}=y\\ \frac{dy}{dt}=-a\sin x+by\end{cases}\quad (a>0,b>0)$$

不存在闭轨线.

证明 直接计算可得

$$\frac{\partial P(x,y)}{\partial x}+\frac{\partial Q(x,y)}{\partial y}=0+b=b>0$$

由定理 4.2.2 可知，该系统没有闭轨线.

定理 4.2.3(Dulac 判据) 设在单连通区域 G 内，如果函数 $P(x,y)$，$Q(x,y)$有连续的偏导数，并且存在连续可微的函数 $B(x,y)$，使得

$$\frac{\partial}{\partial x}B(x,y)P(x,y)+\frac{\partial}{\partial y}B(x,y)Q(x,y)$$

保持常号，且不在区域 G 的任何子邻域内恒为零，则系统(4.2.3)在 G 内无闭轨.

证明 参阅文献[6]第 158 页的证明.

例 4.2.3 证明平面二次系统$\begin{cases}\frac{dx}{dt}=-y+xy+y^2\\ \frac{dy}{dt}=x+x^2\end{cases}$不存在闭轨线.

证明 (1)我们断言：系统如有闭轨线，必在直线 $x=1$ 的一侧. 事实上，由第一个方程可得

$$\left.\frac{dx}{dt}\right|_{x=1}=y^2 \text{ 定号}$$

这表明，直线 $x=1$ 上没有与系统的轨线相切的点，轨线只能够从一侧穿向另一侧. 因此，如果系统存在闭轨线，一定位于直线 $x=1$ 的一侧. 选择 Dulac 函数

$$B(x,y)=\frac{1}{1-x}$$

直接计算可知

$$\frac{\partial}{\partial x}B(x,y)P(x,y)+\frac{\partial}{\partial y}B(x,y)Q(x,y)=\frac{y^2}{(1-x)^2}$$

是定号的,当且仅当 $y=0$ 时为零,但 $y=0$ 不是方程组的轨线,由定理 4.2.3 可知,该系统没有闭轨线.

关于极限环的唯一性和极限环的分布情况,一直是微分方程定性理论的一个重要的研究领域,需要更多的定性理论知识,有兴趣的读者可参阅文献[5].

例 4.2.4 讨论系统 $\begin{cases}\dfrac{dx}{dt}=-y+x(x^2+y^2-1),\\ \dfrac{dy}{dt}=x+y(x^2+y^2-1)\end{cases}$ 的极限环及其稳定性.

解 作极坐标变换:$x=r\cos\theta, y=r\sin\theta$,则有 $r^2=x^2+y^2, \theta=\arctan\dfrac{y}{x}$,

$$\frac{dr}{dt}=\cos\theta\frac{dx}{dt}+\sin\theta\frac{dy}{dt},\quad \frac{d\theta}{dt}=\left(x\frac{dy}{dt}-y\frac{dx}{dt}\right)/(x^2+y^2)$$

于是,原系统化成

$$\begin{cases}\dfrac{dr}{dt}=r(r^2-1)\\ \dfrac{d\theta}{dt}=1\end{cases}\tag{4.2.4}$$

原系统一个特解为奇点(0,0),另一个特解为圆 $x^2+y^2=1$.

系统(4.2.4)的通解为

$$r^2=\frac{C}{C+e^{-2t}},\quad \theta=t-t_0$$

不是闭轨,因此,$r=1$ 是极限环(孤立的闭轨线).

下面讨论极限环的稳定性. 当 $r>1$ 时,$\dfrac{dr}{dt}>0$,即 $t\to+\infty$ 时,$r\to\infty$;当 $r<1$ 时,$\dfrac{dr}{dt}<0$,即 $t\to-\infty$ 时,$r\to1$. 同时,$t\to+\infty$ 时,$\theta(t)\to+\infty$. 因此,当 $t\to+\infty$ 时,$r=1$ 两侧的轨线都盘旋地远离圆周 $r=1$,即 $x^2+y^2=1$ 是不稳定的极限环.

习题 4.2

1. 讨论系统 $\begin{cases}\dfrac{dx}{dt}=y\\ \dfrac{dy}{dt}=-x-ay-bx^2-y^2\end{cases}$ $(a>0,b>0)$ 在 xOy 平面是否存在闭轨.

2. 讨论下面系统 $\begin{cases}\dfrac{dx}{dt}=-y-x(\sqrt{x^2+y^2}-1)(\sqrt{x^2+y^2}-2)\\ \dfrac{dy}{dt}=x-y(\sqrt{x^2+y^2}-1)(\sqrt{x^2+y^2}-2)\end{cases}$ 的极限环的存在性和稳定性.

3. 证明:带阻尼的数学摆方程 $\dfrac{d^2x}{dt^2}+\dfrac{\mu}{m}\dfrac{dx}{dt}+\dfrac{g}{l}\sin\varphi=0(\mu>0)$ 不存在周期解.

4. 用 Mathematica 软件作出捕食—食饵系统$\begin{cases}\dfrac{\mathrm{d}x}{\mathrm{d}t}=2x-0.08xy\\ \dfrac{\mathrm{d}y}{\mathrm{d}t}=-y+0.01xy\end{cases}$的轨线及其周期解和相轨线.

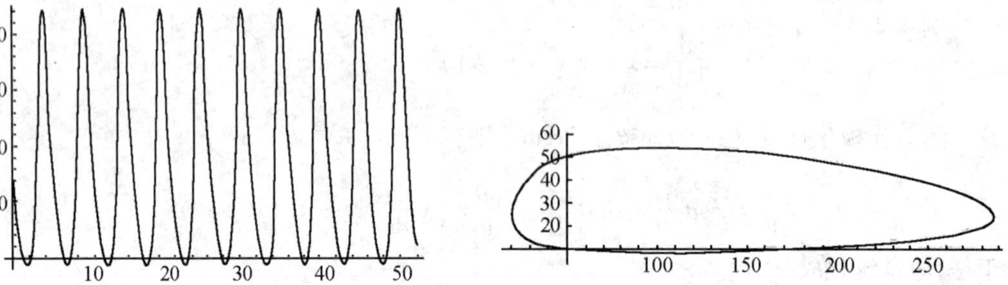

图 4.18

§4.3 李雅普诺夫稳定性理论初步

我们在 4.1 节中讨论的是线性自治系统平衡点的稳定性,是在相平面上的轨道稳定性,即佩龙意义下的稳定性. 这一节讨论另一种稳定性,即李雅普诺夫意义下的稳定性,它是一个在实际应用中经常遇到的一种现象. 例如,我们为某种任务发射火箭或卫星,希望实际发射的火箭或卫星沿预定轨道(即微分方程的某一个已知解曲线)运行,如果由于某种干扰使得火箭或卫星的初始位置有点偏离,但随着时间的变化,火箭或卫星的实际轨道与预定轨道始终相差很小,这样的预定设计轨道是稳定的(李雅普诺夫意义下的稳定);如果初始位置稍有偏差,火箭或卫星的运行轨道与预定轨道将产生很大的偏差,这样的预定轨道是不稳定的.

§4.3.1 平面非自治系统零解的稳定性

在第二章讨论了在有限区间上解对初值和参数的连续依赖性,即当初值或参数改变很小时,解也改变很小,这就是有限区间上的稳定性. 这一节将讨论解在无穷区间上的稳定性. 为便于讨论,我们只讲二维情形的稳定性概念,对于一般的 n 维系统的稳定性定义和性质可类似得到.

考虑平面非自治系统

$$\begin{cases}\dfrac{\mathrm{d}x}{\mathrm{d}t}=f(t,x,y)\\ \dfrac{\mathrm{d}y}{\mathrm{d}t}=g(t,x,y)\end{cases}\tag{4.3.1}$$

满足初值条件

$$x(t_0)=x_0,\quad y(t_0)=y_0 \tag{4.3.2}$$

其中$f(t,x,y)$，$g(t,x,y)$对于$(x,y)\in D\subset \mathbf{R}^2$和$t\in(-\infty,\infty)$都连续，并且关于$x,y$满足局部李普希兹条件，从而初值问题(4.3.1)、(4.3.2)存在唯一解$(x(t,t_0,x_0,y_0),y(t,t_0,x_0,y_0))$. 记系统(4.3.1)关于初值条件

$$\tilde{x}(t_0)=\tilde{x}_0,\quad \tilde{y}(t_0)=\tilde{y}_0 \tag{4.3.3}$$

的解为$(\tilde{x}(t,t_0,\tilde{x}_0,\tilde{y}_0),\tilde{y}(t,t_0,\tilde{x}_0,\tilde{y}_0))$.

定义 4.3.1　如果对于任意给定的$\varepsilon>0$和$t_0\geqslant 0$，都存在$\delta=\delta(\varepsilon,t_0)>0$，只要初值

$$\sqrt{|x_0-\tilde{x}_0|^2+|y_0-\tilde{y}_0|^2}\leqslant\delta \tag{$*$}$$

都有

$$\sqrt{|x(t,t_0,x_0,y_0)-\tilde{x}(t,t_0,x_0,y_0)|^2+|y(t,t_0,x_0,y_0)-\tilde{y}(t,t_0,x_0,y_0)|^2}<\varepsilon \tag{$**$}$$

则称解$x(t,t_0,x_0,y_0)$，$y(t,t_0,x_0,y_0)$是李雅普诺夫意义下稳定的，否则是不稳定的.

定义 4.3.2　假设$x=x(t,t_0,x_0,y_0)$，$y=y(t,t_0,x_0,y_0)$是李雅普诺夫意义下稳定的，且存在$\delta_0=\delta_0(t_0)>0$使得对任意满足

$$\sqrt{|x_0-\tilde{x}_0|^2+|y_0-\tilde{y}_0|^2}\leqslant\delta_0$$

的初值$\tilde{x}_0,\tilde{y}_0$所对应的解$\tilde{x}(t,t_0,\tilde{x}_0,\tilde{y}_0)$，$\tilde{y}(t,t_0,\tilde{x}_0,\tilde{y}_0)$，都有

$$\lim_{t\to+\infty}\sqrt{|x(t,t_0,x_0,y_0)-\tilde{x}(t,t_0,\tilde{x}_0,\tilde{y}_0)|^2+|y(t,t_0,x_0,y_0)-\tilde{y}(t,t_0,\tilde{x}_0,\tilde{y}_0)|^2}=0$$

则称解$x=x(t,t_0,x_0,y_0)$，$y=y(t,t_0,x_0,y_0)$是李雅普诺夫意义下渐近稳定的.

在实际讨论中，我们主要讨论非自治系统的零解的稳定性问题，事实上，假设$x(t)=x(t,t_0,x_0,y_0)$，$y(t)=y(t,t_0,x_0,y_0)$是系统(4.3.1)、(4.3.2)的解，而$\tilde{x}(t)=\tilde{x}(t,t_0,\tilde{x}_0,\tilde{y}_0)$，$\tilde{y}(t)=\tilde{y}(t,t_0,\tilde{x}_0,\tilde{y}_0)$是系统(4.3.1)和(4.3.3)的解，再定义

$$u=x(t)-\tilde{x}(t),v=y(t)-\tilde{y}(t)$$

则有

$$\begin{cases}\dfrac{\mathrm{d}u}{\mathrm{d}t}=f(t,x(t),y(t))-f(t,x(t)+u,y(t)+v)=F(t,u,v)\\[2mm]\dfrac{\mathrm{d}v}{\mathrm{d}t}=g(t,x(t),y(t))-g(t,x(t)+u,y(t)+v)=G(t,u,v)\end{cases} \tag{4.3.4}$$

因此，方程组(4.3.1)关于解$(x(t,t_0,x_0,y_0),y(t,t_0,x_0,y_0))$的稳定性，就转化为方程组(4.3.4)的零解(0,0)的稳定性问题. 所以，在下面的讨论中，我们总假设函数f,g满足$f(t,0,0)=0,g(t,0,0)=0$，使得系统(4.3.1)有零解. 注意到式($*$)和($**$)中的欧氏距离等价于分量的距离，因此，我们给出下面的等价定义：

定义 4.3.3　如果对于任意给定的$\varepsilon>0$和$t_0\geqslant 0$，都存在$\delta=\delta(\varepsilon,t_0)>0$，只要初值

$$|x_0|\leqslant\delta,\quad |y_0|\leqslant\delta$$

都有

$$|x(t,t_0,x_0,y_0)|<\varepsilon,\quad |y(t,t_0,x_0,y_0)|<\varepsilon,\quad t\geqslant t_0$$

则称系统(4.3.4)的零解是李雅普诺夫意义下稳定的，否则是不稳定的(见图4.19).

定义 4.3.4　假设系统(4.3.4)的零解是李雅普诺夫意义下稳定的，且存在$\delta_0=\delta_0$

$(t_0)>0$ 使得当 $|x_0|\leqslant\delta_0,|y_0|\leqslant\delta_0$ 时,都有

$$\lim_{t\to+\infty}x(t,t_0,x_0,y_0)=0,\quad \lim_{t\to+\infty}y(t,t_0,x_0,y_0)=0$$

则称系统(4.3.4)的零解是李雅普诺夫意义下渐近稳定的(见图 4.20).

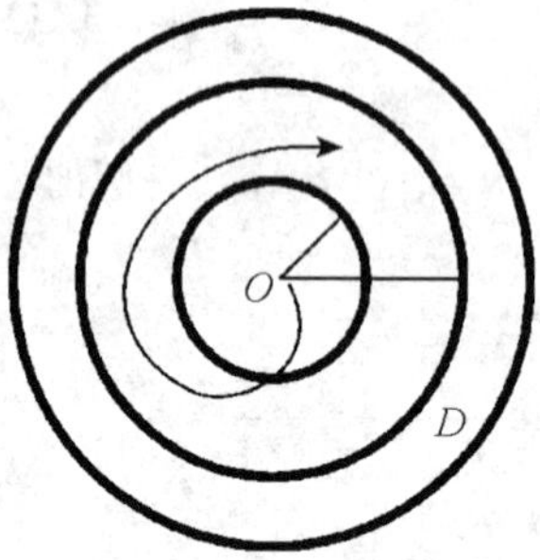

图 4.19(a) 稳定

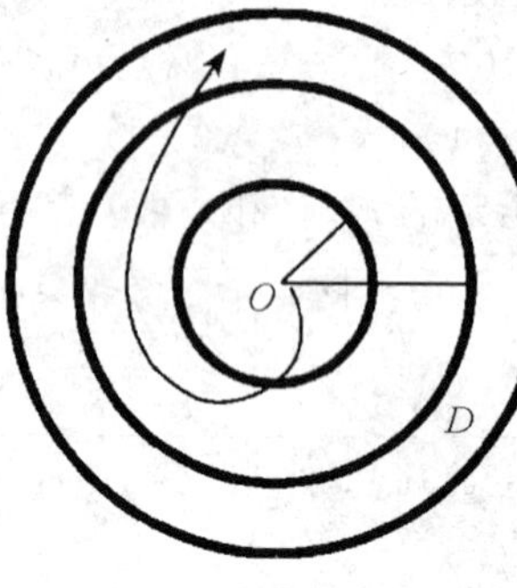

图 4.19(b) 不稳定

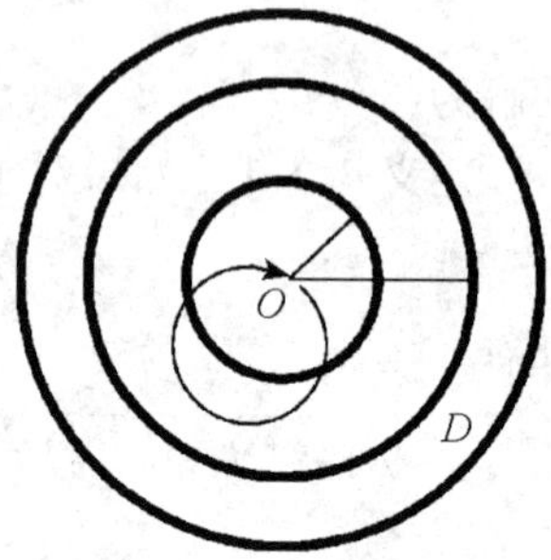

图 4.20 渐近稳定

例 4.3.1 讨论系统 $\begin{cases}\dfrac{\mathrm{d}x}{\mathrm{d}t}=-x\\ \dfrac{\mathrm{d}y}{\mathrm{d}t}=-y\end{cases}$ 零解的稳定性.

解 不妨取初始时间为 $t_0=0$,则初值为 $(0,x_0,y_0)$ 的解为 $\begin{cases}x(t)=x_0e^{-t}\\ y(t)=-y_0e^{-t}\end{cases}$,其中 $x_0^2+y_0^2>0$. 对于任意小的正数 ε,存在 $\delta=\varepsilon$,使得当初值 $\sqrt{x_0^2+y_0^2}<\delta$ 时,有

$$\sqrt{(x(t)-0)^2+(y(t)-0)^2}=\sqrt{x_0^2e^{-2t}+y_0^2e^{-2t}}\leqslant\sqrt{x_0^2+y_0^2}<\delta=\varepsilon\quad(t\geqslant0)$$

由定义可知,该系统的零解是稳定的.

直接计算可知

$$\lim_{t\to+\infty}\sqrt{x^2(t)+y^2(t)}=\lim_{t\to+\infty}\sqrt{x_0^2\mathrm{e}^{-2t}+y_0^2\mathrm{e}^{-2t}}=0$$

因此,该系统的零解还是渐近稳定的.

例 4.3.2 讨论系统 $\begin{cases}\dfrac{\mathrm{d}x}{\mathrm{d}t}=x\\ \dfrac{\mathrm{d}y}{\mathrm{d}t}=y\end{cases}$ 零解的稳定性问题.

解 不妨取初始时间为 $t_0=0$,则初值为 $(0,x_0,y_0)$ 的解为 $\begin{cases}x(t)=x_0\mathrm{e}^t,\\ y(t)=y_0\mathrm{e}^t\end{cases}$,其中 $x_0^2+y_0^2>0$. 注意到

$$\sqrt{x^2(t)+y^2(t)}=\sqrt{x_0^2\mathrm{e}^{2t}+y_0^2\mathrm{e}^{2t}}=\mathrm{e}^t\sqrt{x_0^2+y_0^2}\quad(t\geqslant0)$$

对于任意的正数 ε,不论初值 $\sqrt{x_0^2+y_0^2}$ 如何小,只要 t 取到适当的大,都不能保证 $\sqrt{x^2(t)+y^2(t)}=\mathrm{e}^t\sqrt{x_0^2+y_0^2}<\varepsilon$ 成立,因此,该系统的零解是不稳定的.

对于常系数线性微分方程组

$$\frac{\mathrm{d}}{\mathrm{d}x}\begin{pmatrix} y_1 \\ y_2 \\ y_3 \end{pmatrix} = \begin{pmatrix} a_{11} & a_{12} & a_{13} \\ a_{21} & a_{22} & a_{23} \\ a_{31} & a_{32} & a_{33} \end{pmatrix}\begin{pmatrix} y_1 \\ y_2 \\ y_3 \end{pmatrix} \tag{4.3.5}$$

其零解的稳定性可由系数矩阵的特征值的符号来确定：

定理 4.3.1　(1)方程组(4.3.5)的零解是渐近稳定的，当且仅当系数矩阵的特征值都具有负实部；

(2)方程组(4.3.5)的零解是稳定的，当且仅当系数矩阵的特征根具有负实部或者零实部，并且那些零实部的特征根所对应的若当块都是一阶的；

(3)方程组(4.3.5)的零解是不稳定的，当且仅当矩阵的特征根中至少有一个正实部；或者至少有一个实部为零，且它所对于的若当块是高于一次的.

证明　参阅文献[1]第 253 页的定理 8.1，或文献[11]第 228 页的例 4 的证明.

例 4.3.3　讨论线性微分方程组 $\begin{cases} \dfrac{\mathrm{d}x}{\mathrm{d}t} = -x-3y \\ \dfrac{\mathrm{d}y}{\mathrm{d}t} = -x+y \\ \dfrac{\mathrm{d}z}{\mathrm{d}t} = x-3z \end{cases}$ 零解的稳定性.

解　该系统的系数矩阵为

$$\boldsymbol{A} = \begin{pmatrix} -1 & -3 & 0 \\ -1 & 1 & 0 \\ 1 & 0 & -3 \end{pmatrix}$$

其特征根为

$$\lambda_1 = -3,\quad \lambda_2 = -2,\quad \lambda_3 = 2$$

由定理 4.3.1 可知，该系统的零解是不稳定的.

由定理 4.3.1 可知，常系数线性微分方程组的零解的稳定性依赖于系数矩阵 $\boldsymbol{A}$ 的所有特征根的实部是否都是负数，考虑非线性系统

$$\frac{\mathrm{d}}{\mathrm{d}t}\begin{pmatrix} x \\ y \\ z \end{pmatrix} = \boldsymbol{A}\begin{pmatrix} x \\ y \\ z \end{pmatrix} + \begin{pmatrix} R_1(x,y,z) \\ R_2(x,y,z) \\ R_3(x,y,z) \end{pmatrix} \tag{4.3.6}$$

其中 $\boldsymbol{A}$ 是 3×3 阶系数矩阵，$R_i(i=1,2,3)$ 是非线性函数，且满足

$$\lim_{x^2+y^2+z^2\to 0}\frac{|R_i(x,y,x)|}{\sqrt{x^2+y^2+z^2}} = 0,\quad i=1,2,3 \tag{4.3.7}$$

定理 4.3.2　设 $R_i(i=1,2,3)$ 满足条件(4.3.7)，则有

(1)若矩阵 $\boldsymbol{A}$ 的特征根都具有负实部，则系统(4.3.6)的零解是渐近稳定的；

(2)若矩阵 $\boldsymbol{A}$ 的特征根中至少有一个根具有正实部，则系统(4.3.6)的零解是不稳定的.

证明　参阅文献[2]第 114 页的证明.

例 4.3.4 讨论非线性方程组$\begin{cases}\dfrac{\mathrm{d}x}{\mathrm{d}t}=-x-3y+x^2z^2\\ \dfrac{\mathrm{d}y}{\mathrm{d}t}=-x+y+x^2+y^2\\ \dfrac{\mathrm{d}z}{\mathrm{d}t}=x-3z+z^2+y^2\end{cases}$零解的稳定性.

解 由例4.3.3可知,该非线性系统的线性化系统的零解是渐近稳定的,由于$R_1(x,y,z)=x^2z^2$,$R_2(x,y,z)=x^2+y^2$,$R_3(x,y,z)=z^2+y^2$满足条件(4.3.7),由定理4.3.2可知,该非线性系统的零解是渐近稳定的.

§4.3.2 Routh-Hurwitz 判据

由定理4.3.2可知,在研究非线性系统零解的稳定性时,其一次线性化的系数矩阵的特征根是否都具有负实部是非常关键的,但在实际问题的应用中不方便,关于判断一个n阶代数方程的根是否具有负实部,霍尔维茨(Hurwitz)给出了十分有效的判据.

定理 4.3.3 实系数的3次代数方程

$$a_0\lambda^3+a_1\lambda^2+a_2\lambda+a_3=0$$

的所有的根具有负实部的充要条件是行列式Δ_3的一切主子式都大于零,即$\Delta_1>0$,$\Delta_2>0$,$\Delta_3>0$都同时成立. 其中$a_0>0$,$\Delta_3=\begin{vmatrix}a_1 & a_0 & 0\\ a_3 & a_2 & a_1\\ a_1 & a_2 & a_3\end{vmatrix}$.

证明 参阅文献[2]第114页定理5.3的证明.

例 4.3.5 讨论下面方程组$\begin{cases}\dfrac{\mathrm{d}x}{\mathrm{d}t}=-x-4y+2z\\ \dfrac{\mathrm{d}y}{\mathrm{d}t}=3x-y-2z\\ \dfrac{\mathrm{d}z}{\mathrm{d}t}=-2x+y-z\end{cases}$零解的稳定性.

解 系统的系数矩阵为$\boldsymbol{A}=\begin{pmatrix}-1 & -4 & 2\\ 3 & -1 & -2\\ -2 & 1 & -1\end{pmatrix}$,其特征方程为

$$\lambda^3+3\lambda^2+21\lambda+29=0$$

直接计算霍尔维茨行列式

$$\Delta_1=3>0,\quad \Delta_2=\begin{vmatrix}3 & 1\\ 29 & 21\end{vmatrix}=63-29=34>0,\quad \Delta_3=\begin{vmatrix}3 & 1 & 0\\ 29 & 21 & 3\\ 3 & 21 & 29\end{vmatrix}=806>0$$

由定理4.3.3可知,所有特征根均具有负实部,再利用定理4.3.2可知,系统的零解是渐近稳定的.

§4.3.3　李雅普诺夫直接方法(V－函数法)

对于下面的非线性自治系统

$$\begin{cases}\dfrac{dx}{dt}=f(x,y)\\[2mm]\dfrac{dy}{dt}=g(x,y)\end{cases}\tag{4.3.8}$$

我们不能像线性自治常系数微分方程组那样,求解其系数矩阵的特征根．利用定理4.3.1来判断系统(4.3.8)零解的稳定性．下面我们用李雅普诺夫直接法讨论系统(4.3.8)零解的稳定性.

定义4.3.5　设$V(x,y)$是定义在平面上以原点为圆心,R为半径的圆盘D上的可微函数,如果$V(0,0)=0$,而当$(x,y)\in D$且$(x,y)\neq(0,0)$时,$V(x,y)\geqslant 0$,则称$V(x,y)$在D上是常正的;如果$V(x,y)>0$,则称$V(x,y)$在D上是定正的;如果$V(x,y)<0$,则称$V(x,y)$在D上是定负的.

例如,$V(x,y)=\dfrac{1}{2}(x^2+y^2)$,它满足条件:$V(0,0)=0$;当$(x,y)\neq(0,0)$时,$V(x,y)>0$,即$V(x,y)$是定正的.

定义4.3.6　假设函数$V(x,y)$在$(0,0)$的邻域中连续可微,称

$$\frac{\partial V(x,y)}{\partial x}f(x,y)+\frac{\partial V(x,y)}{\partial y}g(x,y)$$

为函数$V(x,y)$关于系统(4.3.8)的全导数,记为

$$\left.\frac{dV}{dt}\right|_{(4.3.6)}=\frac{\partial V(x,y)}{\partial x}f(x,y)+\frac{\partial V(x,y)}{\partial y}g(x,y)$$

例4.3.6　讨论下面非线性系统零解的稳定性

$$\begin{cases}\dfrac{dx}{dt}=-y+x(x^2+y^2-1)\\[2mm]\dfrac{dy}{dt}=x+y(x^2+y^2-1)\end{cases}\tag{4.3.9}$$

解　取$V(x,y)=\dfrac{1}{2}(x^2+y^2)=C(C>0)$．在相平面上,它表示围绕坐标原点的一系列圆周,如图4.21所示．系统(4.2.2)的解$x=x(t),y=y(t)$就是系统(4.3.7)在相平面上的轨线,在原点O的去心邻域$U(0,0)=\{(x,y)\mid 0<x^2+y^2<1\}$内,$V(x,y)$沿着系统(4.3.9)的解轨线关于时间变量$t$求导数:

$$\frac{dV}{dt}=\frac{\partial V}{\partial x}\frac{dx}{dt}+\frac{\partial V}{\partial y}\frac{dy}{dt}=(x^2+y^2)(x^2+y^2-1)<0$$

这表明沿着系统(4.3.9)的轨线,当时间t增加时,$V(x,y)$将严格减小,即轨线与任意圆周$x^2+y^2=2C(0<C<\dfrac{1}{2})$相遇时,都一定从它的外部穿向内部,我们选取一系列减小的正数$C_1>C_2>C_3>C_4>C_5>\cdots$,由于$\dfrac{dV}{dt}<0$,即$V$是定负的,轨线不仅都保持在圆周

$V(x,y)=C_i(C_i>0)$内,而且一层一层地由外向里运动,最终趋向于原点 O,因此零解是渐近稳定的,如图 4.22 所示.

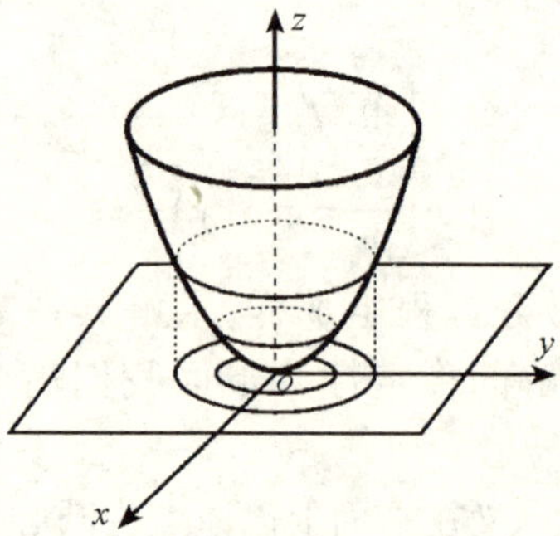

图 4.21 V 函数取正常数时在相平面中投影为一族不相交的闭曲线

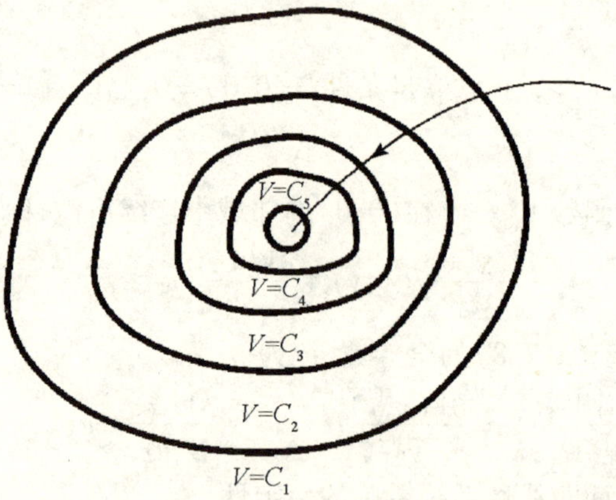

图 4.22 相轨线趋向原点

我们常把满足上述性质的函数 $V(x,y)$ 称为李雅普诺夫函数,简称 V 函数. 上面的方法可抽象出稳定性的李雅普诺夫函数判别法.

定理 4.3.4 如果在 D 上存在定正的 $V(x,y)$,其沿系统轨线的全导数$\dfrac{\mathrm{d}V(x,y)}{\mathrm{d}t}$为常负的,则零解是稳定的;如果$\dfrac{\mathrm{d}V(x,y)}{\mathrm{d}t}$是定负的,则零解是渐近稳定的;如果$\dfrac{\mathrm{d}V(x,y)}{\mathrm{d}t}$是定正的,则零解是不稳定的.

李雅普诺夫函数判别法的原始几何思想就是:$\dfrac{\mathrm{d}V(x,y)}{\mathrm{d}t}$的表达式不依赖于方程的解的信息,仅依赖所构造的 $V(x,y)$ 和给定的向量场.

例 4.3.7 研究方程组$\begin{cases}\dfrac{\mathrm{d}x}{\mathrm{d}t}=-x^3+xy^2\\ \dfrac{\mathrm{d}y}{\mathrm{d}t}=-2x^2y-y^3\end{cases}$的零解的稳定性.

解　选取 $V(x,y)=x^2+\frac{1}{2}y^2$，则 $V(x,y)$ 是定正的，且 $\frac{\mathrm{d}V(x,y)}{\mathrm{d}t}=-2x^4-y^4$ 是定负的，该方程组的零解是渐近稳定的.

例 4.3.8　研究方程组 $\begin{cases}\frac{\mathrm{d}x}{\mathrm{d}t}=x^3-y^3\\ \frac{\mathrm{d}y}{\mathrm{d}t}=2xy^2+4x^2y+2y^3\end{cases}$ 零解的稳定性.

解　选取 $V(x,y)=x^2+\frac{1}{2}y^2$，则 $\frac{\mathrm{d}V(x,y)}{\mathrm{d}t}=2(x^2+y^2)^2$ 在原点邻域内是定正的，而 $V(x,y)$ 在原点的任何邻域都有大于零的点，也是定正函数，该方程组的零解是不稳定的.

例 4.3.9　两个种群在同一个环境中生存，在没有其他种群干扰时，种群的增长适合逻辑斯谛模型. 由于环境资源有限，需要考虑种群的密度制约因素，并且讨论每个种群的存在对另一个种群的增长产生抑制作用，它们可以相互捕杀，共同竞争资源(例如在一个山头上生活的虎群和豹群就是相互竞争的)，就得到下面的竞争模型

$$\begin{cases}\frac{\mathrm{d}x}{\mathrm{d}t}=x(a_1-b_1x-c_1y)\\ \frac{\mathrm{d}y}{\mathrm{d}t}=y(a_2-b_2x-c_2y)\end{cases}$$

其中，正数 b_1,c_2 分别反映两种群的密度作用因素，正数 b_2,c_1 分别反映两种群相互作用的因素. 当系统存在正的平衡点 $P(x^*,y^*)$ 时，

(1) 验证 $V(x,y)=C_1(x-x^*-x^*\ln\frac{x}{x^*})+C_2(y-y^*-y\ln\frac{y}{y^*})$ 在第一象限内是定正的 V 函数，其中 C_1,C_2 为待定的正常数；

(2) 证明：系统当 $b_1c_2-b_2c_1>0$，$a_1c_2-a_2c_1>0$，$b_1a_2-b_2a_1>0$，时，正平衡点 $P(x^*,y^*)$ 是渐近稳定的.

证明　令 $f(x)=x-x^*-x^*\ln\frac{x}{x^*}$，分两种情况证明：

(1) 当 $x>x^*$，$f'(x)=1-x^*\frac{1}{x}>0$，而 $f(x^*)=0$，因此 $f(x)\geqslant 0,(x\geqslant x^*)$；

(2) 当 $x<x^*$，$f'(x)=1-x^*\frac{1}{x}<0$，而 $f(x^*)=0$，因此 $f(x)\geqslant 0,(x\leqslant x^*)$.

同理可证，

$$y-y^*-y\ln\frac{y}{y^*}\geqslant 0$$

因此 $V(x,y)=C_1(x-x^*-x^*\ln\frac{x}{x^*})+C_2(y-y^*-y\ln\frac{y}{y^*})$ 在第一象限是定正的.

(2) 利用 $V(x,y)$ 函数判别法直接验证其平衡点 $p(x^*,y^*)$ 是渐近稳定的.

习题 4.3

1. 判断下列线性自治系统零解的稳定性:

(1) $\begin{cases}\dfrac{dx}{dt}=-3x-2y;\\ \dfrac{dy}{dt}=2x-y;\end{cases}$　　(2) $\begin{cases}\dfrac{dx}{dt}=y;\\ \dfrac{dy}{dt}=2x-y.\end{cases}$

2. 用 V 函数方法判断下列非线性自治系统零解的稳定性:

(1) $\begin{cases}\dfrac{dx}{dt}=y-x(x^2+y^2);\\ \dfrac{dy}{dt}=-x-y(x^2+y^2);\end{cases}$　　(2) $\begin{cases}\dfrac{dx}{dt}=-y+x^3;\\ \dfrac{dy}{dt}=x+y^3;\end{cases}$

(3) $\begin{cases}\dfrac{dx}{dt}=-x^3+2y^3;\\ \dfrac{dy}{dt}=-2xy^2;\end{cases}$　　(4) $\begin{cases}\dfrac{dx}{dt}=y;\\ \dfrac{dy}{dt}=-x+y-y^3.\end{cases}$

3. 讨论方程组 $\begin{cases}\dfrac{dx}{dt}=y-z-2\sin x\\ \dfrac{dy}{dt}=x-2y+(\sin y+z^2)e^x\\ \dfrac{dz}{dt}=x+y+\dfrac{z}{1-z}\end{cases}$ 零解的稳定性(用线性化方法结合霍尔-维茨判据).

4. 讨论方程组 $\begin{cases}\dfrac{dx}{dt}=e^{x+y}+z-1\\ \dfrac{dy}{dt}=2x+y-\sin z\\ \dfrac{dz}{dt}=-8x-5y-3z+xy^2\end{cases}$ 零解的稳定性.

§4.4　兰彻斯特军事模型及其定性分析

在第一章介绍了著名的兰彻斯特战斗模型

$$\begin{cases}\dfrac{dx}{dt}=-ay,\\ \dfrac{dy}{dt}=-bx\end{cases}\tag{4.4.1}$$

$$x(0)=x_0,\quad y(0)=y_0\tag{4.4.2}$$

这是一个齐次线性微分方程组的初值问题.

令方程组(4.4.1)的右端为零,易知(0,0)是系统(4.4.1)的一个平衡点．我们讨论模型(4.4.1)在平衡点的稳定性．易知线性系统(4.4.1)的特征方程为

$$\lambda^2-ab=0$$

特征值为

$$\lambda_1=\sqrt{ab}>0,\quad \lambda_2=-\sqrt{ab}<0$$

因此平衡点是不稳定(鞍点),有两个方向上的轨线进入平衡点(即沿 x 轴正半轴和沿 y 轴正半轴),另有两个方向上的轨线远离平衡点(即沿 x 轴负半轴和沿 y 轴负半轴).

注意到军备竞赛模型中的变量 x 和 y 只是在第一象限讨论才有意义,因此我们只在第一象限讨论模型(4.4.1)平衡点(0,0)的稳定性,

当 $x>0$ 时,$\frac{\mathrm{d}y}{\mathrm{d}t}<0$,即解曲线的纵坐标在第一象限随着时间的增加而减小;当 $y>0$ 时,$\frac{\mathrm{d}x}{\mathrm{d}t}<0$. 这表明解曲线的横坐标在第一象限随着时间的增加而减小;当 $x=0$ 时,$\frac{\mathrm{d}x}{\mathrm{d}t}=0$. 由此可以得到解轨线在第一象限中的方向,见图 4.23. 这表明,当轨线达到一坐标轴时,会停止于点(0,0),即平衡点(0,0)是稳定的.

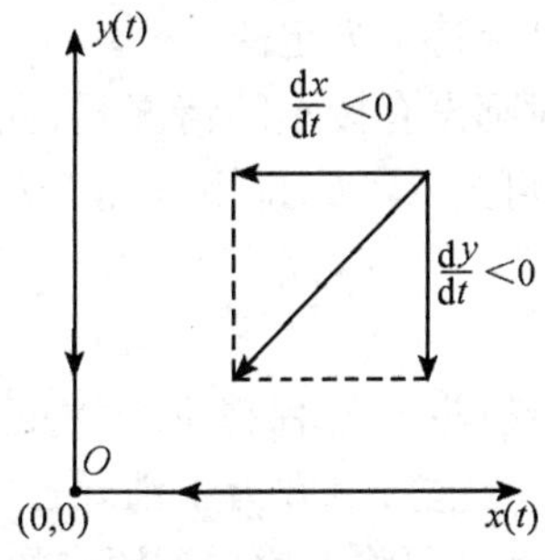

图 4.23　兰彻斯特基本战斗模型的平衡点

下面讨论系统(4.4.1)的解曲线在相平面 xOy 上的投影,即相轨线应该满足方程

$$\frac{\mathrm{d}y}{\mathrm{d}x}=\frac{bx}{ay}$$

这是一个可分离变量的一阶微分方程,容易求出它的通解为

$$ay^2-bx^2=C$$

由初始条件(4.4.2)可以确定常数 $C=ay_0^2-bx_0^2$. 因此,轨线方程为

$$ay^2-bx^2=ay_0^2-bx_0^2$$

它的图形是一族双曲线,轨线的相图如图 4.24 所示.

由于 $x'<0,y'<0$,当时间 t 增大时,点(x,y)将沿轨线朝使 x,y 减少的方向运动．由此可见,当 $ay_0{}^2-bx_0{}^2=0$ 时,即$\sqrt{a}y_0=\sqrt{b}x_0$ 时,动点将沿轨线$\sqrt{a}y-\sqrt{b}x=0$ 趋向原点 O. 当初值点(x_0,y_0)位于直线$\sqrt{a}y-\sqrt{b}x=0$ 的上方时,即 $C>0$,轨线将与 y 轴交于点$\left(0,\sqrt{\frac{C}{a}}\right)$,甲方将会趋向 0,即甲方的战斗力为零,乙方获胜;当初值点(x_0,y_0)位于直线$\sqrt{a}y$

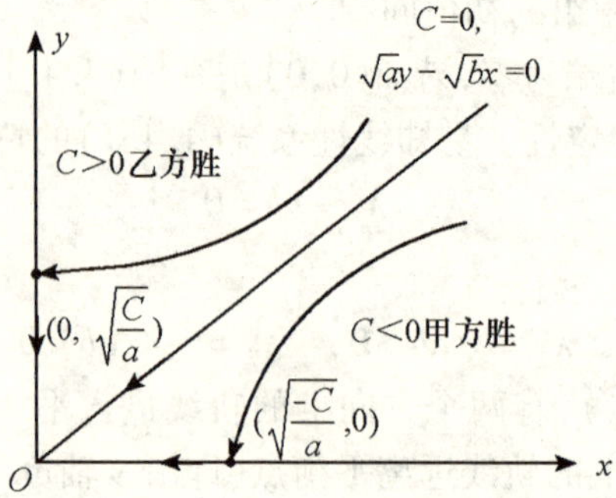

图 4.24 兰彻斯特模型的解关于不同初值的变化趋势

$-\sqrt{b}x=0$ 的下方时，即 $C>0$，轨线将与 x 轴交于点$(\sqrt{\frac{-C}{a}},0)$，乙方将会趋向 0，即乙方的战斗力为零，甲方将获胜．因此，如果乙方想获胜，就必须增加其士兵的初始数量 y_0，或者提高其战斗有效系数 a，使得 $ay_0{}^2-bx_0{}^2>0$，从而让动点位于直线$\sqrt{a}y-\sqrt{b}x=0$ 的上方．我们还看到，增加士兵数量更为重要，因为它是以平方出现的：

$$a(y^2-y_0^2)=b(x^2-x_0^2)$$

这就是军事运筹学中著名的兰彻斯特平方定律.

下面进一步讨论两军战斗时都没有援军的情况，研究初始兵力的增加产生的战斗优势．假设乙方胜，由上面的分析可知，$C>0$，即甲方和乙方的初始战斗力 x_0,y_0 满足条件

$$\left(\frac{y_0}{x_0}\right)^2>\frac{b}{a}$$

假设对于常数 a,b 和甲方的初始战斗力 x_0 保持不变，将乙方的初始战斗力 y_0 提高到原来的 2 倍，乙方就会产生 4 倍的战争优势，甲方为了消除乙方因战斗力的增加带来的优势，在保持原战斗力不变的条件下，就必须将 b 增加到原来的 4 倍，见图 4.25.

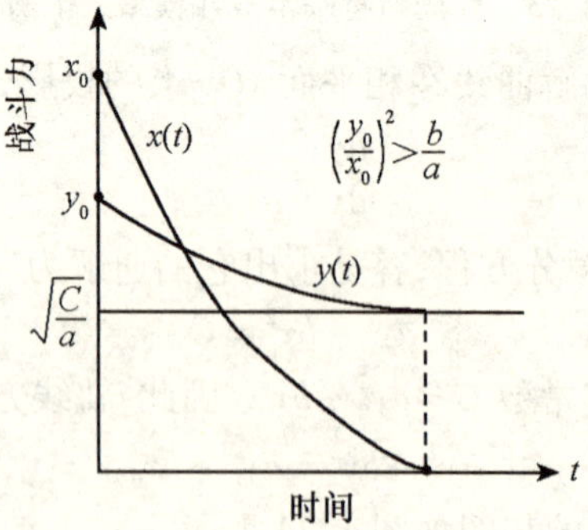

图 4.25 当 $C>0$ 乙方胜的战斗力水平

由图 4.25 可知，赢得战斗的胜利，不一定需要使自己的初始战斗力水平 y_0 超过对手的初始战斗力水平 x_0，提高其技术装备的高科技含量等因素也可以赢得战斗的胜利，1991 年的海湾战争也体现了这一规律.

习题 4.4

1. 在军备竞赛模型中,假设 $an-bm<0$,于是静止点位于相平面的第四象限,在相平面上画出 $\frac{\mathrm{d}x}{\mathrm{d}t}=0$, $\frac{\mathrm{d}y}{\mathrm{d}t}=0$ 所表示的线,并标出这两条线及其与坐标轴的交点,并讨论下列问题:

(1)对于防御支出是否存在任何潜在的平衡状态?若存在,请列出来,并按稳定点和不稳定点来加以分类.

(2)至少选取 4 个位于第一象限的初始点,描述它们在相平面上的轨线.

(3)通过相平面分析得出关于防御支出的结果.

(4)从甲国家的角度考虑,用军备竞赛模型参数的相对值解释(3)中的结果.

2. 为了建立有关两支游击队之间的作战模型,假设一只游击队变得不再有作战能力的速率与两支游击队兵力大小的乘积成正比.

(1)试写出描述兵力分别为 x 和 y 的两支游击队之间作战的微分方程.

(2)写出有关 $\frac{\mathrm{d}y}{\mathrm{d}x}$ 的微分方程,并解这一微分方程以求得相轨线的方程.

(3)如果 $C>0$,问哪方获胜?如果 $C<0$,又是哪方获胜?$C=0$ 时情况如何?

(4)根据对(2)中问题的回答,按获胜的不同情况,将相平面分成几个区域.

3. 在特拉法尔加战斗中,如果两军简单地正面交锋,英军大约要损失 24 艘战舰,法西联军损失约 15 艘战舰,纳尔逊爵士运用分割并各个击破的战术,以弱势兵力战胜优势兵力.假设英军战舰装备了优良的武器,法西联军遭受的损失为英军战舰的 15%,英军遭受的损失为法西联军战舰的 5%.

(1)试建立一个差分方程组对双方的战舰进行建模.假设开始时,英军战舰 27 艘,法西联军战舰 33 艘.

(2)利用纳尔逊爵士运用分割并各个击破的战术结合英军的优良装备,求出三次战斗的数值解.

第五章　线性差分方程

类似于微分方程,差分方程也可以分为线性差分方程和非线性差分方程．现实中的许多实际问题都可以用线性差分方程描述,有时也可以用线性差分方程作为近似逼近微分方程．同时,由于线性差分方程有很好的代数学性质,这使得我们可以使用很多工具来研究线性差分方程,例如矩阵理论、运算上的方法以及 Z 变换等．而且,利用非线性差分方程的线性化方程研究非线性差分方程的稳定性,也是判断非线性差分方程稳定性的重要方法之一．因此,我们将首先研究线性差分方程的解的基本性质及其迭代解法.

§5.1　线性差分方程解的基本性质

首先研究线性差分方程的解所满足的某些性质．类似于线性微分方程解的结构特点,例如解的叠加原理等,线性差分方程的解也满足这样的性质.

n 阶线性差分方程的一般形式为

$$p_n(t)y(t+n)+p_{n-1}(t+n-1)y(t+n-1)+\cdots+p_0(t)y(t)=r(t) \tag{5.1.1}$$

其中 $p_0(t),\cdots,p_n(t)$ 和 $r(t)$ 均为 t 的已知函数,且对于所有的 t,$p_0(t)\neq 0$,$p_n(t)\neq 0$. 若 $r(t)\neq 0$,则称方程(5.1.1)为非齐次方程;若 $r(t)\equiv 0$,则称

$$p_n(t)u(t+n)+\cdots+p_0(t)u(t)=0 \tag{5.1.2}$$

为方程(5.1.1)对应的齐次方程.

如果方程(5.1.1)满足一定的初值条件,则其存在唯一的解．我们不加证明地给出如下定理.

定理 5.1.1　假设 $p_0(t),\cdots,p_n(t)$ 和 $r(t)$ 在 $t=0,1,\cdots$ 上有定义且对于所有的 t 有 $p_0(t)\neq 0$,$p_n(t)\neq 0$,则对任意 $t_0\in\{0,1,\cdots,\}$ 以及任意的常数 $y_0,\cdots,y_{n-1}$,方程(5.1.1)存在唯一解 $y(t)$ 满足初值条件 $y(t_0+k)=y_k(k=0,\cdots,n-1)$.

求解线性差分方程的方法依赖于下述线性叠加原理,其证明是简单的,留给读者作练习.

定理 5.1.2(线性叠加原理)　(1)若 $u_1(t)$ 和 $u_2(t)$ 是方程(5.1.2)的任意解,则对任意常数 C 和 D,$Cu_1(t)+Du_2(t)$ 也是方程(5.1.2)的解;

(2)若 $u(t)$ 是方程(5.1.2)的解,$y(t)$ 是方程(5.1.1)的解,则 $u(t)+y(t)$ 是方程(5.1.1)的解;

(3)若 $y_1(t)$ 和 $y_2(t)$ 是方程(5.1.1)的任意解,则 $y_1(t)-y_2(t)$ 是方程(5.1.2)的解;

由上述结论,我们可以得到如下定理.

定理 5.1.3　若 $y^*(t)$ 是方程(5.1.1)的一个解,则对于方程(5.1.1)的每一个解 $y(t)$,都存在方程(5.1.2)的某个解 $u(t)$,使得 $y(t)=y^*(t)+u(t)$.

定理 5.1.3 告诉我们,如果要求出方程(5.1.1)的所有解(通解),只需求出方程(5.1.1)的一个解和方程(5.1.2)的所有解(通解).

下面给出差分方程解的相关概念. 为此,首先给出函数组线性无关的定义,读者将会发现,这实际上是我们前面介绍的函数组线性相关性的特殊情形.

定义 5.1.1　若存在 n 个不全为零的常数 $C_1,\cdots,C_n$ 使得下式成立

$$C_1u_1(t)+C_2u_2(t)+\cdots+C_nu_n(t)=0,\quad t\in\{0,1,\cdots\}$$

则称函数组 $\{u_1(t),\cdots,u_n(t)\}$在集合$\{0,1,\cdots\}$上是线性相关的;否则称函数组 $\{u_1(t),\cdots,u_n(t)\}$在集合$\{0,1,\cdots\}$上是线性无关的.

例 5.1.1　函数组 $1,t,t^2$ 在任意集合$\{0,1,\cdots\}$上是线性无关的.

解　假设存在常数 C_1,C_2,C_3,使得对于任意的 $t\in\{0,1,\cdots\}$都有 $C_1+C_2t+C_3t^2=0$ 成立,则必有 $C_1=C_2=C_3=0$,这说明函数 $1,t,t^2$ 在任意集合$\{0,1,\cdots\}$上是线性无关的.

函数组$\{u_1(t),\cdots,u_n(t)\}$的线性关系与其自变量的取值范围有关. 例如,函数$u_1(t)=2$ 和 $u_2(t)=1+\cos\pi t$ 在集合$\{1,2,\cdots\}$上是线性无关的,但在集合$\left\{\frac{1}{2},\frac{3}{2},\frac{5}{2},\cdots\right\}$上是线性相关的,因为对任意 $t\in\left\{\frac{1}{2},\frac{3}{2},\frac{5}{2},\cdots\right\}$,有 $u_1(t)-2u_2(t)=0$.

上面仅给出函数组线性相关或无关的定义,下面给出判定定理,首先给出 Casorati 矩阵的定义.

定义 5.1.2　称矩阵

$$\boldsymbol{W}(t)=\begin{pmatrix} u_1(t) & u_2(t) & \cdots & u_n(t)\\ u_1(t+1) & u_2(t+1) & \cdots & u_n(t+1)\\ \vdots & \vdots & \ddots & \vdots\\ u_1(t+n-1) & \cdots & \cdots & u_n(t+n-1)\end{pmatrix}$$

为 Casorati 矩阵,其中 $u_1(t),\cdots,u_n(t)$为任一给定函数组. 矩阵 $\boldsymbol{W}(t)$的行列式

$$w(t)=\det\boldsymbol{W}(t)$$

称为 Casoratian 行列式.

根据行列式的性质和差分算子的概念,Casoratian 行列式满足

$$w(t)=\det\boldsymbol{W}(t)=\det\begin{pmatrix} u_1(t) & u_2(t) & \cdots & u_n(t)\\ \Delta u_1(t) & \Delta u_2(t) & \cdots & \Delta u_n(t)\\ \vdots & \vdots & \ddots & \vdots\\ \Delta^{n-1}u_1(t) & \cdots & \cdots & \Delta^{n-1}u_n(t)\end{pmatrix}\tag{5.1.3}$$

事实上,若 $n=1$,则式(5.1.3)显然成立,不妨假设 $n\geqslant 2$. 由行列式的性质,用 Casoratian 行列式的第 $i+1$ 行减去第 i 行($i=1,2,3,\cdots,n-1$)后行列式的值不变可得

$$\det\boldsymbol{W}(t)=\det\begin{pmatrix}u_1(t) & u_2(t) & \cdots & u_n(t)\\ \Delta u_1(t) & \Delta u_2(t) & \cdots & \Delta u_n(t)\\ \vdots & \vdots & \ddots & \vdots\\ \Delta u_1(t+n-2) & \cdots & \cdots & \Delta u_n(t+n-2)\end{pmatrix}$$

同样,再用上述行列式的第 $i+1$ 行减去第 i 行($i=3,4\cdots,n-1$)得

$$\det\boldsymbol{W}(t)=\det\begin{pmatrix}u_1(t) & u_2(t) & \cdots & u_n(t)\\ \Delta u_1(t) & \Delta u_2(t) & \cdots & \Delta u_n(t)\\ \vdots & \vdots & \ddots & \vdots\\ \Delta^2 u_1(t+n-3) & \cdots & \cdots & \Delta^2 u_n(t+n-3)\end{pmatrix}$$

依次用上次所得到的行列式的第 $i+1$ 行减去第 i 行($i=k\cdots,n-1$),这样再作 $n-3$ 次后便得到式(5.1.3),其中,$k=4,5,\cdots,n-1$.

我们知道,朗斯基(Wronskian)行列式在求解线性微分方程时有着很重要的作用,同样, Casoratian 行列式对于求解线性差分方程也起着极为重要的作用.

定理 5.1.4 设 $u_1(t),\cdots,u_n(t)$ 为方程(5.1.2)的一组解,其中 $t=0,1,2,\cdots$,则下列结论等价:

(1) 函数组$\{u_1(t),\cdots,u_n(t)\}$在集合$\{0,1,2,\cdots\}$上是线性相关的;

(2) 存在某个 $t\in\{0,1,2,\cdots\}$,使得 $w(t)=0$;

(3) 对任意的 $t\in\{0,1,2,\cdots\}$,有 $w(t)=0$.

例 5.1.2 利用定理 5.1.4 证明例 5.1.1.

解 对任意的 t,容易计算其 Casoratian 行列式

$$w(t)=\det\begin{pmatrix}1 & t & t^2\\ 0 & 1 & 2t+1\\ 0 & 0 & 2\end{pmatrix}=2\neq 0$$

因此函数 $1,t,t^2$ 在任意集合$\{0,1,2,\cdots\}$上是线性无关的.

下面给出差分方程通解的定义.

定义 5.1.3 若函数 $u_1(t),\cdots,u_n(t)$ 在集$\{0,1,2,\cdots\}$上是方程(5.1.2)的 n 个线性无关的解,则称 $u(t)=C_1u_1(t)+C_2u_2(t)+\cdots+C_nu_n(t),t\in\{0,1,2,\cdots\}$为方程(5.1.2)的通解;若 $y^*(t)$ 为方程(5.1.1)的任一特解,则称 $y(t)=y^*(t)+C_1u_1(t)+C_2u_2(t)+\cdots+C_nu_n(t),t\in\{0,1,2,\cdots\}$为方程(5.1.1)的通解,其中 $C_1,\cdots,C_n$ 为任意常数.

由通解的定义以及定理 5.1.3 知,求方程(5.1.1)的通解可分为三步:

第一步,求出其相应的齐次方程(5.1.2)的通解 $u(t,C_1,C_2,\cdots,C_n)$;

第二步,求方程(5.1.1)的一个特解 $y^*(t)$;

第三步,得方程(5.1.1)的通解为 $y(t)=y^*(t)+u(t,C_1,C_2,\cdots,C_n)$.

通解中所含任意常数的个数与差分方程的阶数一致.

我们将在下面两节介绍一些线性差分方程的求解方法.

习题 5.1

1. 设 $t=1,2,3,\cdots$,利用迭代法求下列方程的解：

(1) $u(t+1)=\dfrac{t}{t+1}u(t)$；

(2) $u(t+1)=\dfrac{3t+1}{3t+7}u(t)$.

2. 判断下列函数组是否线性相关：

(1) $u_1=1, u_2=1+\sin\pi t$①在集合 $\{1,2,\cdots\}$ 上；②在集合 $\{\frac{1}{2},\frac{3}{2},\frac{5}{2},\cdots\}$ 上.

(2) $u_1(t)=\cos2\pi t, u_2(t)=\sin2\pi t$ 在 $\mathbf{R}$ 上；

(3) $u_1(t)=2^t, u_2(t)=e^t$ 在 $\mathbf{R}$ 上.

3. 试证向量函数组 $\begin{pmatrix}1\\0\\0\end{pmatrix},\begin{pmatrix}2^t\\0\\0\end{pmatrix},\begin{pmatrix}t\\0\\0\end{pmatrix}$ 在任意区间 $[a,b]\cap\mathbf{Z}$ 上线性无关.

4. 判断方程 $\Delta^3y(t)+3\Delta^2y(t)-y(t)=r(t)$ 的阶数.

5. (1)证明 $u_1(t)=2^t, u_2(t)=3^t$ 是差分方程 $u(t+2)-5u(t+1)+6u(t)=0$ 的两个线性无关的解；

(2)求上述方程的通解；

(3)求上述方程满足初始条件 $u(0)=2, u(1)=5$ 的解.

6. (1)证明 $u_1=t^2+2, u_2=t^2-3\mathrm{t}, u_3=2t-1$ 是方程 $\Delta^3u(t)=0$ 的解.

(2)通过计算 u_1,u_2,u_3 的 Casoratian 行列式判断它们是否线性无关.

7. (1)证明 $y_1(t)=1, y_2(t)=\dfrac{1}{t+1}$ 是二阶齐次线性差分方程

$$(t+1)y(t+2)-2(t+2)y(t+1)+(t+1)y(t)=0$$

的解；

(2)求上述方程的通解.

§5.2　一阶线性差分方程

上节介绍了线性差分方程解的结构,本节将着重讨论一阶变系数和常系数线性差分方程的解法.

§5.2.1　一阶变系数线性差分方程

任给函数 $p(t)$ 和 $r(t)$,且对所有的 $t\in\{a,a+1,\cdots\}$, $p(t)\neq0$,则一阶线性差分方程

可以表示成如下形式：

$$y(t+1)-p(t)y(t)=r(t) \tag{5.2.1}$$

类似于第一章中定义的一阶差分算子 $\Delta y(t)=y(t+1)-y(t)$，例如，若对所有的 t，$p(t)$ 满足 $p(t)\equiv 1$，则方程(5.2.1)简化为 $\Delta y(t)=r(t)$.

由第5.1节线性差分方程解的叠加原理知，方程(5.2.1)的解与其对应的齐次方程密切相关．为方便计算，不妨设其定义域为一离散数集，即设 $t=0,1,2,\cdots$，考虑方程(5.2.1)对应的齐次方程

$$u(t+1)-p(t)u(t)=0 \tag{5.2.2}$$

对任意常数 k 定义 $\prod_{s=k}^{k-1}p(s)\equiv 1$，则运用迭代法求出方程(5.2.2)的解可用下述简单形式表示：

$$u(t)=u(0)\prod_{k=0}^{t-1}p(k)$$

显然，$u(t)=0$ 也是方程(5.2.2)的解，我们称此类解为方程(5.2.2)的平凡解．以下仅考虑方程(5.2.2)的非平凡解.

接下来求解方程(5.2.1)．为此，作变换 $y(t)=u(t)v(t)$，并将其代入方程(5.2.1)中得到

$$u(t+1)v(t+1)-p(t)u(t)v(t)=r(t)$$

注意到 $p(t)u(t)=u(t+1)$，因此有

$$\Delta v(t)=\frac{r(t)}{u(t+1)},\quad t=0,1,2,\cdots \tag{5.2.3}$$

为方便表示，给出平移算子的概念.

定义 5.2.1 若 $Ey(t)=y(t+1)$，则称 E 为平移算子.

若 I 表示单位算子，则显然有 $\Delta=E-I$. 事实上，对任意的定义在一离散数集上的函数 $y(t)$，由 $\Delta y(t)=y(t+1)-y(t)$ 和 $(E-I)y(t)=Ey(t)-Iy(t)=y(t+1)-y(t)$ 知 $\Delta=E-I$.

因此，方程(5.2.3)可以写成

$$\Delta v(t)=\frac{r(t)}{Eu(t)},\quad t=0,1,2,\cdots \tag{5.2.4}$$

由方程(5.2.4)可得如下递推序列：

$$v(1)-v(0)=\frac{r(0)}{Eu(0)}$$

$$v(2)-v(1)=\frac{r(1)}{Eu(1)}$$

$$\vdots$$

$$v(n)-v(n-1)=\frac{r(n-1)}{Eu(n-1)}$$

以上各式相加得

$$v(n)=\sum_{k=0}^{n-1}\frac{r(k)}{Eu(k)}+v(0)$$

即

$$v(t) = \sum_{s=0}^{t-1} \frac{r(s)}{Eu(s)} + v(0), \quad t = 0,1,2,\cdots\cdots$$

其中定义

$$\sum_{s=0}^{-1} \frac{r(s)}{Eu(s)} = 0$$

因此方程(5.2.1)的一个解 $y(t)$ 可以表示为:

$$y(t) = u(t)\left[\sum_{s=0}^{t-1} \frac{r(s)}{Eu(s)} + v(0)\right], \quad t = 0,1,2,\cdots$$

由于方程(5.2.2)是一阶齐次线性差分方程,且其解为

$$u(t) = u(0)\prod_{s=a}^{t-1} p(s)$$

因此其通解为 $C_1 u(t)$,其中 C_1 为任意常数. 从而,由定义5.1.2得方程(5.2.1)的通解为

$$\begin{aligned} y(t) &= u(t)\left[\sum_{s=0}^{t-1} \frac{r(s)}{Eu(s)} + v(0)\right] + C_1 u(t) \\ &= u(t)\left[\sum_{s=0}^{t-1} \frac{r(s)}{Eu(s)} + v(0) + C_1\right] \\ &= u(t)\left[\sum_{s=0}^{t-1} \frac{r(s)}{Eu(s)} + C\right], \quad t = 0,1,2,\cdots \end{aligned}$$

其中 $C = C_1 + v(0)$ 为任意常数.

综上所述,我们有如下定理.

定理 5.2.1　任给函数 $p(t)$ 和 $r(t)$,且对所有的 t,$p(t) \neq 0$,则一阶线性差分方程(5.2.1)的通解可表示为

$$y(t) = u(t)\left[\sum_{s=0}^{t-1} \frac{r(s)}{Eu(s)} + C\right], \quad t = 0,1,2,\cdots$$

其中

$$u(t) = u(0)\prod_{s=0}^{t-1} p(s), \quad t = 0,1,2,\cdots$$

为齐次化方程(5.2.2)的任意非平凡解.

例 5.2.1　求一阶线性差分方程

$$y(t+1) - ty(t) = (t+1)!, \quad t = 1,2,\cdots$$

满足 $y(1) = 5$ 的解.

解　首先求解原方程的齐次化方程 $u(t+1) - tu(t) = 0$. 由于 $p(t) = t$,因此有

$$u(t) = u(1)\prod_{s=1}^{t-1} s = u(1)(t-1)!.$$

不妨取 $u(1) = 1$,则由定理5.2.1得

$$\begin{aligned} y(t) &= u(t)\left[\sum_{s=1}^{t-1} \frac{(s+1)!}{Eu(s)} + C\right] \\ &= (t-1)!\left[\sum_{s=1}^{t-1} (s+1) + C\right] \end{aligned}$$

$$= \frac{(t+1)!}{2} + (C-1)(t-1)!, \quad t = 1,2,\cdots$$

注意到初始条件 $y(1) = 5$,可求得 $C = 5$. 因此原方程的解为

$$y(t) = \frac{(t+1)!}{2} + 4(t-1)!, \quad t = 1,2,\cdots$$

在例 5.2.1 中,$y(t)$ 的值与 $u(1)$ 的选取无关,这就是为什么我们尽可能选取较简单的 $u(1)$ 的原因. 事实上,若令 $u(1) = D \neq 0$,则由定理 5.2.1 得

$$\begin{aligned} y(t) &= u(t)\left[\sum_{s=1}^{t-1} \frac{(s+1)!}{Eu(s)} + C\right] \\ &= D(t-1)!\left[\sum_{s=1}^{t-1} \frac{(s+1)}{D} + C\right] \\ &= \frac{(t+1)!}{2} + \left(C - \frac{1}{D}\right)D(t-1)!, \quad t = 1,2,\cdots \end{aligned}$$

类似地,利用初始条件 $y(1) = 5$ 可得 $C = \frac{5}{D}$,代入上式得

$$y(t) = \frac{(t+1)!}{2} + 4(t-1)!, \quad t = 1,2,\cdots$$

这与 $u(1) = 1$ 时所得的结果是一致的.

例 5.2.2 已知某银行每年的存款利息为 8%,如果某人在每年开始时在该银行存 2000 元,问第 t 年结束后他能获得的存款数,并据此计算 20 年后他的存款数.

解 设第 t 年结束后他能获得的存款数为 $y(t)$,显然 $y(t)$ 满足 $y(0) = 0$. 根据题意我们计算 $t+1$ 年后该人的存款数为

$$\begin{aligned} y(t+1) &= y(t) + 0.08 \times (y(t) + 2000) + 2000 \\ &= 1.08y(t) + 2160, \quad t = 0,1,\cdots \end{aligned}$$

由定理 5.2.1,容易计算其对应的齐次化方程 $u(t+1) = 1.08u(t)$ 的解为 $u(t) = 1.08^t$. 因此,

$$\begin{aligned} y(t) &= u(t)\left[\sum_{s=0}^{t-1} \frac{2160}{Eu(s)} + C\right] \\ &= 1.08^t\left(2160 \sum_{s=1}^{t} \frac{1}{1.08^t} + C\right) \\ &= 1.08^t\left(\frac{2160}{1.08} \frac{\frac{1}{1.08^t}}{\frac{1}{1.08} - 1} + C\right) \\ &= -27\,000 + 1.08^t C, \quad t = 0,1,2,\cdots \end{aligned}$$

由 $y(0) = 0$ 知 $C = 27\,000$,因此 t 年后他能获得的存款数 $y(t) = 27\,000(1.08^t - 1)$.

由此可得 20 年后他所得的存款数为

$$y(20) = 27\,000(1.08^{20} - 1) \approx 98\,845.84(\text{元})$$

如图 5.1 所示.

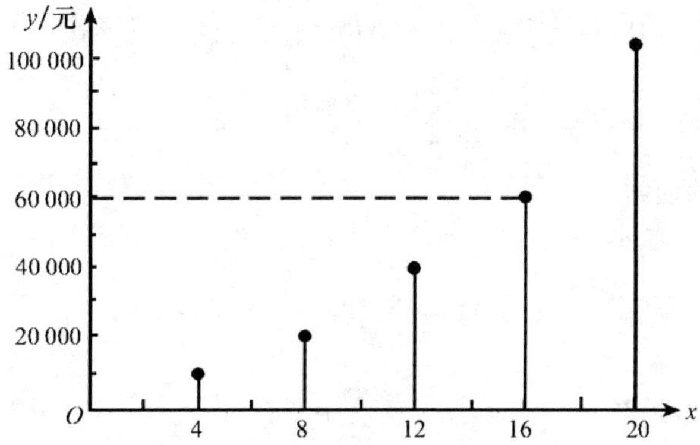

图 5.1　t 年后所获钱的总数

§5.2.2　一阶常系数线性差分方程

对于一阶变系数线性差分方程,即便是 $p(t)$ 有很简单的表达形式,一般情况下我们也很难计算出其简单形式的解. 但对于一阶常系数线性差分方程而言,我们可以用待定系数法求出其解,即在方程(5.2.1)中考虑 $p(t)$ 恒为常数时的情形. 为方便,重写方程(5.2.1),得一阶常系数线性差分方程的一般形式如下:

$$y(t+1)-py(t)=r(t) \tag{5.2.5}$$

方程(5.2.5)对应的齐次方程为

$$u(t+1)-pu(t)=0 \tag{5.2.6}$$

类似于一阶变系数线性差分方程,我们仍然首先考虑式(5.2.5)对应的齐次化方程(5.2.6). 由方程(5.2.6)可以看出,$u(t+1)$ 是 $u(t)$ 的 p 倍,显然函数 $u(t)=p^t$ 满足该条件. 因此,可用不妨假设方程有形如 $y(t)=\lambda^t$ 的特解,其中 λ 是非零待定常数. 将其代入方程(5.2.6)中,有

$$\lambda^{t+1}-p\lambda^t=0 \tag{5.2.7}$$

即

$$\lambda^t(\lambda-p)=0$$

而 $\lambda^t\neq 0$,因此 $y(t)=\lambda^t$ 是方程(5.2.6)的解的充要条件是 $\lambda=p$. 故一阶齐次线性差分方程(5.2.6)的非零特解为

$$u(t)=p^t$$

从而线性差分方程(5.2.6)的通解为 C_1p^t,这里 C_1 为任意常数. 由5.1节可知,为求方程(5.2.5)的通解,只需再求出方程(5.2.5)的一个特解 $y^*(t)$. 不妨假设 $t=0,1,2,\cdots$,由方程(5.2.5)知 $y^*(t)$ 应满足以下迭代关系:

$$y^*(1)=py^*(0)+r(0)$$
$$y^*(2)=py^*(1)+r(1)=p^2y^*(0)+pr(0)+r(1)$$

利用数学归纳法可得方程(5.2.5)的特解

$$y^*(n)=p^ny^*(0)+\sum_{k=1}^{n}p^kr(n-k)$$

若令 $\sum_{s=a}^{a-1} r(t-1-s)=0$，则方程(5.2.5)的特解可写成如下形式：

$$y^*(t)=p^t y^*(0)+\sum_{s=0}^{t-1} p^s r(t-1-s),\quad t=0,1,2,\cdots \tag{5.2.8}$$

因此方程(5.2.5)的通解

$$\begin{aligned}y(t)&=C_1u(t)+y^*(t)\\&=C_1p^t+p^ty^*(0)+\sum_{s=0}^{t-1}p^sr(t-1-s)\\&=p^t(C_1+py^*(0))+\sum_{s=0}^{t-1}p^sr(t-1-s)\\&=Cp^t+\sum_{s=0}^{t-1}p^sr(t-1-s),\quad t=0,1,2,\cdots\end{aligned}$$

其中 $C=C_1+p^{-a}y^*(a)$ 为任意常数.

由上述分析可得一阶线性差分方程类似于一阶线性常微分方程的常数变易公式.

定理 5.2.2(常数变易公式) 任给函数 $r(t)$ 及常数 $p\neq 0$，一阶线性差分方程(5.2.5)的通解可表示为：

$$y(t)=Cp^t+\sum_{s=0}^{t-1}p^sr(t-1-s),\quad t=0,1,2,\cdots \tag{5.2.9}$$

其中 C 为任意常数.

推论 5.2.1 若在方程(5.2.5)中有 $r(t)\equiv r, a=0$，则方程(5.2.5)的通解可表示为：

$$y(t)=\begin{cases}Cp^t+\dfrac{r}{1-p}, & p\neq 1\\ C+rt, & p=1\end{cases} \tag{5.2.10}$$

其中 C 为任意常数.

例 5.2.3 求差分方程 $y(t+1)-y(t)=2^t$ 的通解，$t=0,1,\cdots$.

解 由通解公式(5.2.9)知原线性差分方程的通解为

$$y(t)=C+\sum_{s=0}^{t-1}2^{t-1-s}=C+2^{t-1}\sum_{s=0}^{t-1}2^{-s}=C+2^t,\quad t=0,1,\cdots$$

例 5.2.4 求方程 $y(t+1)-y(t)+y(t+1)y(t)=0$ 的通解，$t=0,1,\cdots$.

解 显然 $y(t)\equiv 0$ 为原方程的一个特解．假设 $y(t)\neq 0$，在原方程的两边同除以 $y(t+1)y(t)$，则

$$\frac{1}{y(t)}-\frac{1}{y(t+1)}+1=0$$

令 $x(t)=\dfrac{1}{y(t)}$，则 $x(t)$ 满足

$$x(t+1)-x(t)-1=0 \tag{5.2.11}$$

由推论 5.2.1 可得方程(5.2.11)的通解为 $x(t)=C+t$，因此原方程的通解为 $y(t)=\dfrac{1}{C+t}$，其中 C 为任意常数，另外有特解 $y(t)\equiv 0$.

下面不加证明给出对不同的 $r(t)$ 用待定系数法求方程(5.2.5)的特解的几种形式.

定理 5.2.3　任给函数 $r(t)$ 及常数 $p\neq 0$，一阶线性差分方程(5.2.5)的特解形式如下：

情形 1　$r(t)=ct^n$，其中 c 为常数.

特解形式：$y^*(t)=t^s(a_0+a_1t+\cdots+a_nt^n)$，其中 $s=\begin{cases}0, & p\neq 1\\ 1, & p=1\end{cases}$.

情形 2　$r(t)=ca^t$，其中 a,c 为常数.

特解形式：$y^*(t)=\begin{cases}\dfrac{ca^t}{a-p}, & a\neq p\\ cta^t, & a=p\end{cases}$.

情形 3　$r(t)=a^tt^n$，其中 a 为常数.

特解形式：$y^*(t)=\begin{cases}a^t(a_0+a_1t+\cdots+a_nt^n), & a\neq p\\ ta^t(a_0+a_1t+\cdots+a_nt^n), & a=p\end{cases}$.

例 5.2.5　求方程 $y(t+1)+2y(t)=5t^2$ 的通解.

解　$p=2\neq 1$，由定理 5.2.3 可设特解形式为 $y^*(t)=a_0+a_1t+a_2t^2$. 代入原方程得

$$a_0+a_1(t+1)+a_2(t+1)^2+2(a_0+a_1x+a_2t^2)=5t^2$$

即

$$3a_0+a_1+a_2+(3a_1+2a_2)t+3a_2t^2=5t^2$$

比较同次项系数可得

$$a_0=-\frac{5}{27},\quad a_1=-\frac{10}{9},\quad a_2=\frac{5}{3}$$

故方程的一个特解 $y^*(t)=-\frac{5}{27}-\frac{10}{9}t+\frac{5}{3}t^2$. 而齐次方程的通解 $y_1(t)=C(-2)^t$，所以原方程的通解为

$$y(t)=y^*(t)+y_1(t)=C(-2)^t-\frac{5}{27}-\frac{10}{9}t+\frac{5}{3}t^2$$

C 为任意常数.

例 5.2.6　求方程 $y(t+1)-y(t)=-2t$ 的通解.

解　$p=1$，由定理 5.2.3 可设特解形式为 $y^*(t)=t(a_0+a_1t)$. 代入原方程并比较同次项系数可得 $a_0=1,a_1=-1$，故方程的一个特解为 $y^*(t)=t(1-t)$，而齐次方程的通解 $y_1(t)=C$，所以原方程的通解为 $y(t)=C+t(1-t)$，C 为任意常数.

例 5.2.7　求方程 $y(t+1)-2y(t)=\left(\frac{1}{4}\right)^t$ 的通解.

解　$p=2\neq 1$，由定理 5.2.3 可知方程的一个特解 $y^*(t)=\dfrac{\left(\frac{1}{4}\right)^t}{\frac{1}{4}-2}=-\frac{4}{7}\left(\frac{1}{4}\right)^t$，而齐次方程的通解为 $y_1(t)=C2^t$，所以原方程的通解为 $y(t)=C2^t-\frac{4}{7}\left(\frac{1}{4}\right)^t$，$C$ 为任意常数.

例 5.2.8　求方程 $y(t+1)-2y(t)=t2^t$ 的通解.

解 $p=2$,由定理5.2.3可设特解形式为 $y^*(t)=t2^t(a_0+a_1t)$. 代入原方程并比较同次项系数可得 $a_0=-\frac{1}{4},a_1=\frac{1}{4}$. 故方程的一个特解为 $y^*(t)=t2^t(\frac{1}{4}+\frac{1}{4}t)$. 而齐次方程的通解为 $y_1(t)=C2^t$,所以原方程的通解为 $y(t)=C2^t+t2^t(\frac{1}{4}+\frac{1}{4}t)$,$C$ 为任意常数.

习题5.2

1. 证明:方程 $y(t+1)-ty(t)=1,t=1,2,\cdots$ 的解满足 $y(t)=(t-1)![\sum_{k=1}^{t-1}\frac{1}{k!}+y(t)]$.

2. 求解 Riccati 方程

$$ty(t+1)y(t)+y(t+1)-y(t)=0$$

3. 求解方程

$$(t+1)y^2(t+1)-ty^2(t)=1$$

4. 求下列方程的通解:

(1) $y(t+1)-3y(t)=8$;

(2) $y(t+1)-5y(t)=5^t$;

(3) $2y(t+1)-10y(t)-5t=0$;

(4) $y(t+1)-y(t)=2t^2$;

(5) $y(t+1)-5y(t)=-3$;

(6) $y(t+1)-y(t)=t2^t$;

(7) $y(t+1)+4y(t)=2t^2+t-1$;

(8) $y(t+1)+y(t)=2^t$.

5. 求下列初值问题的解:

(1) $\begin{cases}y(t+1)-2y(t)=\mathrm{e}^t, & t=0,1,2,\cdots\\ y(0)=1\end{cases}$

(2) $\begin{cases}y(t+1)-ay(t)=b^t, & t=0,1,2,\cdots\\ y(0)=c,\end{cases}$ 其中 a,b,c 为非零实数且 $a\neq1$.

(3) $\begin{cases}y(t+1)+4y(t)=5\cdot2^t, & t=0,1,2,\cdots\\ y(0)=2.\end{cases}$

6. 求解下列差分方程:

(1) $y(t+1)-y(t)=4\cos(\frac{\pi t}{3})$;

(2) $3y(t+1)-y(t)=\left(-\frac{1}{4}\right)^t+3t^2$.

7. 假设某公司每年的工资总额在比上一年增加20%的基础上再追加200万元,若

$y(t)$表示第 t 年的工资总额(单位:百万元),求 $y(t)$满足的差分方程,并求该差分方程的通解.

8. 设 $y(t),c(t),i(t)$分别为 t 时期的国民收入、消费和投资,三者之间的关系如下:

$$\begin{cases} y(t)=c(t)+i(t) \\ c(t)=\alpha y(t)+\beta \quad (0<\alpha<1,\beta\geqslant 0) \\ y(t+1)=y(t)+\gamma i(t) \quad (\gamma>0) \end{cases}$$

求 $y(t),c(t),i(t)$的表达式.

9. 类似于常微分方程的 Malthus 人口模型,试建立差分形式的 Malthus 人口模型.

10. 假设 P 为总贷款金额,I 为贷款月利率,还款期限是 N 个月,每月还款金额为 R,假设贷款期限内每月以相等的偿还额 R 归还部分本金与利息,N 个月还清全部本息. 若已知 P,I,N,求月均还贷款金额 R、还款总额 S 及利息负担总额 L.

11. (减肥模型)生物学和医学告诉我们,影响人体体重的主要因素有每天进食产生的热量、人体活动(特别是锻炼)消耗的热量以及维持人体新陈代谢所消耗的热量. 用 $w(n)$ (单位:kg)来表示某人在第 n 天的体重,对于一个成年人来说,体重主要由骨骼、水和脂肪三部分重量组成. 而骨骼和水大体上可以认为是不变的(是一常数),因而,可以把$w(n)$理解为第 n 天脂肪的重量. 假设人体活动消耗的热量和体重 $w(n)$ 成正比,记为 $Bw(n)(B>0)$;假设新陈代谢消耗的热量和体重$w(n)$也成正比,记为 $Cw(n)(C>0)$;假设每天的进食热量都是一样的,为常数 A,并且已知完全消耗("燃烧")1kg 脂肪会转化成约 $D=10\ 000$ 大卡的热量,所以有 $0<B+C<D=10\ 000$.

根据上述条件和热量守恒定律,建立体重 $w(n)$所满足的差分方程.

§5.3　高阶常系数线性差分方程

§5.3.1　基本概念及性质

由定理 5.2.2 知,要求一阶线性差分方程(5.2.5)的通解,关键是求出其任意特解. 虽然我们给出了特解公式(5.2.8),但在公式(5.2.8)中出现了对非齐次项 $r(t)$的求和,特解的形式较为复杂. 而根据分析,我们只需找到方程(5.2.5)的一个特解即可,为此,我们来研究一般的 n 阶非齐次常系数线性差分方程特解的解法. 首先给出线性差分方程的特征方程的概念.

考虑 n 阶非齐次常系数线性差分方程

$$y(t+n)+p_{n-1}y(t+n-1)+\cdots+p_0y(t)=r(t) \tag{5.3.1}$$

及其相对应的 n 阶齐次方程

$$u(t+n)+p_{n-1}u(t+n-1)+\cdots+p_0u(t)=0 \tag{5.3.2}$$

其中,$p_0,p_1,\cdots,p_{n-1}$为常数,$p_0\neq 0$. 用形如 λ^t 的待定参数代入方程(5.3.2)中,则

$$\lambda^t(\lambda^n+p_{n-1}\lambda^{n-1}+\cdots+p_1\lambda+p_0)=0$$

注意到 $\lambda^t\neq 0$,因此

$$\lambda^n + p_{n-1}\lambda^{n-1} + \cdots + p_1\lambda + p_0 = 0 \qquad (5.3.3)$$

定义 5.3.1 (1)多项式 $\lambda^n + p_{n-1}\lambda^{n-1} + \cdots + p_1\lambda + p_0$ 称为方程(5.3.2)的特征多项式;

(2)方程(5.3.3)称为方程(5.3.2)的特征方程;

(3)特征方程(5.3.3)的根 $\lambda_1, \lambda_2, \cdots, \lambda_k$ 称为方程(5.3.2)的特征根.

特征方程和特征根在求常系数线性微分方程或线性差分方程时都起着极为重要的作用,很多此类方程的求解问题可以转化为求其齐次方程的特征根问题.回顾方程(5.2.6),其特征方程和特征根分别为 $\lambda - p = 0$ 和 $\lambda = p$. 因此,由上述对方程(5.2.5)的求解过程可以看出,为求出一阶齐次差分方程(5.2.5)的特解,应先写出其特征方程,进而求出特征根,写出其特解.对于 n 阶非齐次常系数线性差分方程,亦是如此.

不妨假设方程(5.3.3)有如下形式分解:

$$(\lambda - \lambda_1)^{\alpha_1}(\lambda - \lambda_2)^{\alpha_2}\cdots(\lambda - \lambda_k)^{\alpha_k} = 0 \qquad (5.3.4)$$

其中 $\alpha_1, \alpha_2, \cdots, \alpha_k$ 为自然数且满足 $\alpha_1 + \alpha_2 + \cdots + \alpha_k = n$.

显然方程(5.3.2)的特征根不能为零,因为 $p_0 \neq 0$.

定理 5.3.1 假设方程(5.3.2)有特征根 $\lambda_1, \lambda_2, \cdots, \lambda_k$,其阶数分别为 $\alpha_1, \alpha_2, \cdots, \alpha_k$,则方程(5.3.2)有 n 个线性无关的解 $\lambda_1^t, \cdots, t^{\alpha_1 - 1}\lambda_1^t, \lambda_2^t, \cdots, t^{\alpha_2 - 1}\lambda_2^t, \cdots, \lambda_k^t, \cdots, t^{\alpha_k - 1}\lambda_k^t$. 因此方程(5.3.2)的通解为

$$u(t) = C_0^1\lambda_1^t + \cdots + C_{\alpha_1 - 1}^1 t^{\alpha_1 - 1}\lambda_1^t + \cdots + C_0^k\lambda_1^t + \cdots + C_{\alpha_k - 1}^k t^{\alpha_k - 1}\lambda_k^t \qquad (5.3.5)$$

其中 $C_0^1, \cdots, C_{\alpha_1 - 1}^1, \cdots, C_0^k, \cdots, C_{\alpha_k - 1}^k$ 为 n 个任意常数.

例 5.3.1 求下列方程的通解

$$u(t+3) - 7u(t+2) + 16u(t+1) - 12u(t) = 0, \quad t = a, a+1, \cdots$$

解 原方程的特征方程为

$$\lambda^3 - 7\lambda^2 + 16\lambda - 12 = 0$$

即

$$(\lambda - 2)^2(\lambda - 3) = 0$$

由定理 5.3.1 知,原方程有三个线性无关的解 $u_1(t) = 2^t, u_t(t) = t2^t, u_3(t) = 3^t$.

验证上述解是线性无关的.事实上其 Casoratian 行列式

$$w(t) = \det\begin{pmatrix} 2^t & t2^t & 3^t \\ 2^{t+1} & t2^{t+1} & 3^{t+1} \\ 2^{t+2} & t2^{t+2} & 3^{t+2} \end{pmatrix} = 3^t 2^{2t}\det\begin{pmatrix} 1 & t & 1 \\ 2 & 2(t+1) & 3 \\ 4 & 4(t+2) & 9 \end{pmatrix} = 3^t 2^{2t+1} \neq 0$$

因此,由定理 5.3.1 知原方程的通解为

$$u(t) = C_1 2^t + C_2 t2^t + C_3 3^t$$

若特征根中出现复数根 $\lambda = a \pm bi$,则可通过复数根的极坐标形式求出方程(5.3.2)的实值解.例如,可令 $\rho^2 = a^2 + b^2 (\rho > 0)$ 及 $\tan\theta = \dfrac{b}{a}$,则

$$\lambda = a \pm bi = \rho e^{\pm i\theta} = \rho(\cos\theta \pm i\sin\theta)$$

从而

$$\lambda^t = \rho^t e^{\pm i\theta t} = \rho^t(\cos\theta t \pm i\sin\theta t)$$

容易验证$\rho^t\cos\theta t$和$\rho^t\sin\theta t$是方程(5.3.2)的两个线性无关的实值解.

例 5.3.2　求下列方程的通解

$$u(t+2)-2u(t+1)+4u(t)=0,\quad t=0,1,2,\cdots$$

解　原方程的特征方程为$\lambda^2-2\lambda+4=0$,其特征根为$\lambda=1\pm\sqrt{3}\mathrm{i}$. 由上述分析知,$\rho=2,\theta=\frac{\pi}{3}$,因此原方程的两个的实值解为$u_1(t)=2^t\cos\frac{\pi}{3}t,u_2(t)=2^t\sin\frac{\pi}{3}t$. 由于其Casoratian行列式$w(t)=\sqrt{3}\cdot 4^t\neq 0$,故它们是线性无关的,因此原方程的通解为$u(t)=C_1 2^t\cos\frac{\pi}{3}t+C_2 2^t\sin\frac{\pi}{3}t$,其中$C_1,C_2$为任意常数.

利用特征方程和特征根的概念,下面就函数$r(t)$的几种常见形式,给出非齐次常系数线性差分方程(5.2.5)的特解形式. 根据$r(t)$的形式,按表5.1给出特解的形式,通过比较方程两端同类项的系数,可得到特解$y^*(t)$.

表 5.1

<table>
<tr><th>$r(t)$的形式</th><th>确定待定特解的条件</th><th colspan="2">待定特解的形式</th></tr>
<tr><td rowspan="2">$\rho^tP_m(t)\ (\rho>0)$
$P_m(t)$是m次多项式</td><td>ρ不是特征根</td><td>$\rho^tQ_m(t)$</td><td rowspan="2">$Q_m(t)$是m次多项式</td></tr>
<tr><td>ρ是特征根</td><td>$\rho^t tQ_m(t)$</td></tr>
<tr><td rowspan="2">$\rho^t(a\cos\theta t+b\sin\theta t)$
$(\rho>0)$</td><td rowspan="2">$\delta=\rho(\cos\theta+\mathrm{i}\sin\theta)$</td><td>$\delta$不是特征根</td><td>$\rho^t(A\cos\theta t+B\sin\theta t)$</td></tr>
<tr><td>δ是特征根</td><td>$\rho^t t(A\cos\theta t+B\sin\theta t)$</td></tr>
</table>

当$r(t)=\rho^t(a\cos\theta t+b\sin\theta t)$时,因$\rho$和$\theta$为已知,若令$\delta=\rho(\cos\theta+\mathrm{i}\sin\theta)$,则可计算出$\delta$.

例 5.3.3　求例5.2.3中差分方程$y(t+1)-y(t)=2^t$的通解.

解　原方程对应的齐次方程的特征方程为$\lambda-1=0$,特征根为$\lambda=1$,因此齐次方程的通解为$u(t)=C$,其中C为任意常数. 由表5.3.1,可设原方程的特解$y^*(t)=B2^t$. 将其代入原方程,有$B2^{t+1}-B2^t=2^t$,解得$B=1$. 因此原方程的特解为$y^*(t)=2^t$. 故原方程的通解为

$$y(t)=u(t)+y^*(t)=C+2^t.$$

例 5.3.4　求差分方程$y(t+1)-y(t)=3+2t$的通解.

解　容易计算原方程对应的齐次方程的特征根$\lambda=1$. 齐次差分方程的通解为$u(t)=C$. 由于$r(t)=3+2t=\rho^t(3+2t)$,$\rho=1$是特征根. 因此原方程的特解为

$$y^*(t)=t(B_0+B_1t)$$

将其代入原差分方程得

$$B_0+B_1+2B_1t=3+2t$$

比较该方程的两端关于t的同次幂的系数,可解得$B_0=2,B_1=1$. 故$y^*(t)=2t+t^2$.
于是,所求通解为

$$y(t)=C+2t+t^2(C\text{为任意常数}).$$

例 5.3.5 求差分方程 $y(t+1)-y(t)=2^t(t+1)+1$ 的通解.

解 首先求解如下两个方程:

$$y(t+1)-y(t)=2^t(t+1) \tag{5.3.6}$$

$$y(t+1)-y(t)=1 \tag{5.3.7}$$

对于方程(5.3.6):齐次方程的特征根为 $\lambda=1, r(t)=2^t(t+1)=\rho^t(t+1)$,而 $\rho=2$ 不是特征根,故设特解 $y_1^*(t)=2^t(B+Dt)$,代入方程(5.3.6)有

$$2^{t+1}(B+Dt+D)-2^2(B+Dt)=2^t(t+1)$$

即

$$B+D+Dt=t+1$$

比较同类项系数可得 $B=0, D=1$. 因此方程(5.3.6)的特解为 $y_1^*(t)=2^t t$.

对于方程(5.3.7):齐次方程的特征根为 $\lambda=1, r(t)=1=\rho^t$,而 $\rho=1$ 是特征根,故设特解 $y_2^*(t)=Dt$,代入方程(5.3.7),容易解得 $D=1$. 因此方程(5.3.7)的特解为 $y_2^*(t)=t$. 显然,原方程对应的齐次方程的通解为 $u(t)=C$. 因此,由线性差分方程的叠加原理知原方程的通解为

$$y(t)=u(t)+y_1^*(t)+y_2^*(t)=C+2^t t+t \quad (C\text{ 为任意常数}).$$

例 5.3.6 求差分方程 $y(t+1)-3y(t)=\sin\frac{\pi}{2}t$ 的通解.

解 因方程对应的齐次方程的特征根为 $\lambda=3$,齐次方程的通解为 $u(t)=C3^t$. 注意到 $r(t)=\sin\frac{\pi}{2}t=\rho^t(a\cos\theta t+b\sin\theta t), a=0, b=1, \rho=1, \theta=\frac{\pi}{2}$. 令

$$\delta=\rho(\cos\theta+\mathrm{i}\sin\theta)=\cos\frac{\pi}{2}+\mathrm{i}\sin\frac{\pi}{2}=\mathrm{i}.$$

因为 $\delta=\mathrm{i}$ 不是特征根,设特解 $y^*(t)=A\cos\frac{\pi}{2}t+B\sin\frac{\pi}{2}t$. 将其代入原方程有

$$A\cos\frac{\pi}{2}(t+1)+B\sin\frac{\pi}{2}(t+1)-3\left(A\cos\frac{\pi}{2}t+B\sin\frac{\pi}{2}t\right)=\sin\frac{\pi}{2}t \tag{5.3.8}$$

由于

$$\cos\frac{\pi}{2}(t+1)=-\sin\frac{\pi}{2}t, \quad \sin\frac{\pi}{2}(t+1)=\cos\frac{\pi}{2}t$$

将上式代入式(5.3.8)后得到

$$(B-3A)\cos\frac{\pi}{2}t-(A+3B)\sin\frac{\pi}{2}t=\sin\frac{\pi}{2}t$$

比较上式两端同类项的系数,可得 $A=-\frac{1}{10}, B=-\frac{3}{10}$. 故非齐次差分方程的特解为

$$y^*(t)=-\frac{1}{10}\cos\frac{\pi}{2}t-\frac{3}{10}\sin\frac{\pi}{2}t$$

于是,原方程的通解为

$$y(t)=u(t)+y^*=C3^t-\frac{1}{10}\cos\frac{\pi}{2}t-\frac{3}{10}\sin\frac{\pi}{2}t \quad (C\text{ 为任意常数})$$

例 5.3.7　求差分方程 $y(t+1)-y(t)=3^t\sin\frac{\pi}{2}t$ 的通解.

解　因方程对应的齐次方程的特征根为 $\lambda=1$，齐次方程的通解为 $u(t)=C$. 注意到

$r(t)=3^t\sin\frac{\pi}{2}t=\rho^t(a\cos\theta t+b\sin\theta t)$，　$a=0$，　$b=1$，　$\rho=3$，　$\theta=\frac{\pi}{2}$

令

$$\delta=\rho(\cos\theta+\mathrm{i}\sin\theta)=3\left(\cos\frac{\pi}{2}+\mathrm{i}\sin\frac{\pi}{2}\right)=3\mathrm{i}$$

因为 $\delta=3\mathrm{i}$ 不是特征根，设特解

$$y^*(t)=3^t\left(A\cos\frac{\pi}{2}t+B\sin\frac{\pi}{2}t\right)$$

将其代入原方程并整理可得

$$A3^t\left(3\cos\frac{\pi}{2}t-\sin\frac{\pi}{2}t\right)+B3^t\left(-3\sin\frac{\pi}{2}t+\cos\frac{\pi}{2}t\right)=3^t\sin\frac{\pi}{2}t$$

比较上式两端同类项的系数，可得

$$A=-\frac{1}{10},\quad B=-\frac{3}{10}$$

故非齐次差分方程的特解为

$$y^*(t)=-\frac{3^t}{10}\cos\frac{\pi}{2}t-\frac{3^{t+1}}{10}\sin\frac{\pi}{2}t$$

于是，原方程的通解为

$$y(t)=u(t)+y^*=C-\frac{3^t}{10}\cos\frac{\pi}{2}t-\frac{3^{t+1}}{10}\sin\frac{\pi}{2}t\quad(C\text{ 为任意常数})$$

§5.3.2　二阶常系数线性差分方程

二阶常系数线性差分方程的一般形式为

$$y(t+2)+ay(t+1)+by(t)=f(t)\tag{5.3.9}$$

其中 a,b 为已知常数，且 $b\neq0$，$f(t)$ 为已知函数．方程(5.3.9)对应的二阶齐次线性差分方程为

$$u(t+2)+au(t+1)+bu(t)=0\tag{5.3.10}$$

同样，为求非齐次线性差分方程(5.3.9)的通解，我们只需求出其对应的齐次方程(5.3.10)的通解和原方程的任一个特解即可．利用此思想，我们首先求方程(5.3.10)的通解．由定理5.3.1，仅需计算方程(5.3.10)的特征根.

方程(5.3.10)的特征方程为

$$\lambda^2+a\lambda+b=0\tag{5.3.11}$$

不妨设方程(5.3.11)的两个根分别为 λ_1 和 λ_2，分三种情形讨论.

情形 1：$a^2-4b>0$. 此时方程(5.3.11)有两个不同的实根 $\lambda_1=-\frac{a}{2}+\frac{\sqrt{a^2-4b}}{2}$ 和 $\lambda_2=-\frac{a}{2}-\frac{\sqrt{a^2-4b}}{2}$，根据定理5.3.1，方程(5.3.10)有通解

$$u(t)=C_1\lambda_1^t+C_2\lambda_2^t\quad (C_1,C_2\text{为任意常数})\tag{5.3.12}$$

情形2：$a^2-4b=0$. 此时方程(5.3.11)有两个相同的实根

$$\lambda_1=\lambda_2=-\frac{a}{2}$$

根据定理5.3.1，方程(5.3.10)有通解

$$u(t)=C_1\lambda_1^t+C_2t\lambda_1^t=C_1\left(-\frac{a}{2}\right)^t+C_2t\left(-\frac{a}{2}\right)^t\quad (C_1,C_2\text{为任意常数})\tag{5.3.13}$$

情形3：$a^2-4b<0$. 此时方程(5.3.11)有一对共轭复根 $\lambda_1=-\frac{a}{2}+\mathrm{i}\frac{\sqrt{4b-a^2}}{2}$ 和 $\lambda_2=-\frac{a}{2}-\mathrm{i}\frac{\sqrt{4b-a^2}}{2}$. 在此情形下，显然有 $b>0$. 因此 $\rho=b>0$，$\tan\theta=\frac{\sqrt{4b-a^2}}{a}$，因此方程(5.3.10)有两个线性无关的实值解 $\rho^t\cos\theta t$ 和 $\rho^t\sin\theta t$，从而知方程(5.3.10)的通解为

$$u(t)=C_1\rho^t\cos\theta t+C_2\rho^t\sin\theta t\quad (C_1,C_2\text{为任意常数})\tag{5.3.14}$$

例5.3.8 求差分方程 $y(t+2)-5y(t+1)+6y(t)=0$ 的通解.

解 原方程有两个不同的特征根 λ_1 和 λ_2，因此由式(5.3.12)得原方程的通解为 $y(t)=C2^t+D3^t$，其中 C,D 为任意常数.

例5.3.9 求差分方程 $y(t+2)-8y(t+1)+16=0$ 的通解.

解 原方程有两个相同的特征根 $\lambda_1=\lambda_2=4$，因此由式(5.3.13)得原方程的通解为 $y(t)=C4^t+Dt4^t$，其中 C,D 为任意常数.

例5.3.10 求差分方程 $y(t+2)=\frac{y(t+1)}{y(t)}$ 的通解.

解 作变换，令 $z(t)=\ln y(t)$，则 $z(t)$ 满足方程

$$z(t+2)-z(t+1)+z(t)=0\tag{5.3.15}$$

方程(5.3.15)有一对共轭复根 $\lambda=\frac{1}{2}\pm\frac{\sqrt{3}}{2}i$，符合情形3，通过计算可得 $\rho=1,\theta=\frac{\pi}{3}$. 因此，由式(5.3.14)得方程(5.3.15)的通解为

$$z(t)=A\cos\frac{\pi}{3}t+B\sin\frac{\pi}{3}t$$

所以原方程的通解为

$$y(t)=C^{\cos\frac{\pi}{3}t}D^{\sin\frac{\pi}{3}t}$$

其中

$$C=\mathrm{e}^A,D=\mathrm{e}^B$$

A,B 为任意常数.

下面利用待定系数法根据 $f(t)$ 的几种常见形式求非齐次差分方程(5.3.9)的一个特解. 通过比较方程两端同类项的系数，可得到特解 $y^*(t)$，如表5.2所示.

表 5.2

<table>
<tr><th>$f(t)$的形式</th><th>确定待定特解的条件</th><th colspan="2">待定特解的形式</th></tr>
<tr><td rowspan="3">$\rho^t P_m(t)$ $(\rho>0)$
$P_m(t)$是 m 次多项式</td><td>ρ 不是特征根</td><td>$\rho^t Q_m(t)$</td><td rowspan="3">$Q_m(t)$是 m 次多项式</td></tr>
<tr><td>ρ 是单特征根</td><td>$\rho^t t Q_m(t)$</td></tr>
<tr><td>ρ 是 2 重特征根</td><td>$\rho^t t^2 P_m(t)$</td></tr>
<tr><td rowspan="2">$\rho^t(a\cos\theta t+b\sin\theta t)$
$(\rho>0)$</td><td rowspan="2">令 $\delta=\rho(\cos\theta+i\sin\theta)$</td><td>$\delta$ 不是特征根</td><td>$\rho^t(A\cos\theta t+B\sin\theta t)$</td></tr>
<tr><td>δ 是单特征根</td><td>$t\rho^t(A\cos\theta t+B\sin\theta t)$</td></tr>
</table>

例 5.3.11　求差分方程 $y(t+2)-y(t+1)-6y(t)=3^t(2t+1)$的通解.

解　齐次方程的特征根为

$$\lambda_1=-2,\quad \lambda_2=3$$

而

$$f(t)=3^t(2t+1)=\rho^t P_1(t)$$

其中 $m=1,\rho=3$. 因 $\rho=3$ 是单根,故设特解为

$$y^*(t)=3^t t(B_0+B_1 t)$$

将其代入原方程得

$$3^{t+2}(t+2)[B_0+B_1(t+2)]-3^{t+1}(t+1)[B_0+B_1(t+1)]-6\cdot 3^t t(B_0+B_1 t)=3^t(2t+1)$$

即

$$(30B_1 t+15B_0+33B_1)3^t=3^t(2t+1)$$

解得

$$B_0=-\frac{2}{25},\quad B_1=\frac{1}{15}$$

因此特解为

$$y^*(t)=3^t t\left(\frac{1}{15}t-\frac{2}{25}\right)$$

所以原方程的通解为

$$y(t)=C_1(-2)^t+C_2 3^t+3^t t\left(\frac{1}{15}t-\frac{2}{25}\right)\quad (C_1,C_2\text{ 为任意常数})$$

例 5.3.12　求差分方程 $y(t+2)-6y(t+1)+9y(t)=3^t$ 的通解.

解　齐次方程的特征根为

$$\lambda_1=\lambda_2=3$$

而

$$f(t)=3^t=\rho^t P_0(t)$$

其中

$$m=0,\quad \rho=3$$

因 $\rho=3$ 为二重根,故设特解为

$$y^*(t)=Bt^2 3^t$$

将其代入原方程得

$$B(t+2)^2 3^{t+2}-6B(t+1)^2 3^{t+1}+9Bt^2 3^t=3^t$$

解得 $B=\frac{1}{18}$，因此得特解

$$y^*(t)=\frac{1}{18}t^2 3^t$$

所以原方程的通解为

$$y(t)=(C_1+C_2 t)3^t+\frac{1}{15}t^2 3^t \quad (C_1, C_2\text{ 为任意常数})$$

例 5.3.13 （Fibonacci 问题）考虑家兔的繁殖，假定某家现有一对家兔，在其长成一对成兔一个月后每月生一对幼兔，此后每对幼兔在一个月后变成成兔．如此一代代繁殖下去，问 t 个月后该家将有多少对家兔（t 不大于家兔的平均寿命 N）？

解 设 $y(t)$ 是第 t 个月家兔的对数，$a(t)$ 为其中成兔的对数，$b(t)$ 是其中幼兔的对数，则有关系式：$y(t)=a(t)+b(t)$. 由题设条件，第 $t+1$ 个月后成兔和幼兔的对数分别为 $a(t+1)=a(t)+b(t)$ 和 $b(t+1)=a(t)$. 因此第 $t+2$ 个月后家兔的总对数为

$$\begin{aligned}y(t+2)&=a(t+2)+b(t+2)\\&=a(t+1)+b(t+1)+a(t+1)\\&=y(t+1)+a(t)+b(t)\end{aligned}$$

即

$$y(t+2)=y(t+1)+y(t),\quad t=0,1,\cdots,N \qquad (5.3.16)$$

称方程(5.3.16)为 Fibonacci 方程，该方程为二阶常系数线性差分方程，且满足初值条件 $y(0)=y(1)=1$. 下面对方程(5.3.16)进行求解．方程(5.3.16)的特征方程为

$$\lambda^2-\lambda-1=0$$

故其有两个不同的根

$$\lambda_1=\frac{1+\sqrt{5}}{2},\quad \lambda_2=\frac{1-\sqrt{5}}{2}$$

所以方程(5.3.16)的通解为

$$y(t)=C\left(\frac{1+\sqrt{5}}{2}\right)^t+D\left(\frac{1-\sqrt{5}}{2}\right)^t$$

其中 C, D 为任意常数．又由初值条件 $y(0)=y(1)=1$ 可以解得

$$C=-D=\frac{1}{\sqrt{5}}$$

所以 n 个月后该家将有的家兔对数为

$$y(t)=\frac{1}{\sqrt{5}}\left(\frac{1+\sqrt{5}}{2}\right)^t-\frac{1}{\sqrt{5}}\left(\frac{1-\sqrt{5}}{2}\right)^t,\quad t=0,1,\cdots,N$$

数列 $\{y(t)\}$ 为 1,1,2,3,5,8,13,21,…，称该数列为 Fibonacci 数列，满足规律：后一个数为前两个相邻数之和．Fibonacci 数列具有许多迷人的性质，例如：

(1) 虽然 $\{y(t)\}$ 的通项中含有无理数 $\sqrt{5}$，但其总是正整数；

(2) 就该数列而言,有

$$\frac{y(t+1)}{y(t)}=\frac{\left(\frac{1+\sqrt{5}}{2}\right)-\left(\frac{1-\sqrt{5}}{2}\right)\left(\frac{1-\sqrt{5}}{1+\sqrt{5}}\right)^t}{1-\left(\frac{1-\sqrt{5}}{1+\sqrt{5}}\right)^t}\to\frac{1+\sqrt{5}}{2}\quad(t\to\infty)$$

而比率$\frac{1+\sqrt{5}}{2}$恰好为"黄金分割".

例 5.3.14　求 $n\times n$ 矩阵 $M(n)$ 的行列式的值 $D(n)$,其中

$$M(n)=\begin{pmatrix} a & b & 0 & 0 & \cdots & 0 & 0 & 0\\ c & a & b & 0 & \cdots & 0 & 0 & 0\\ 0 & c & a & b & \cdots & 0 & 0 & 0\\ \vdots & \vdots & \vdots & \vdots & \ddots & \vdots & \vdots & \vdots\\ 0 & 0 & 0 & 0 & \cdots & a & b & 0\\ 0 & 0 & 0 & 0 & \cdots & c & a & b\\ 0 & 0 & 0 & 0 & \cdots & 0 & c & a \end{pmatrix}.$$

解　利用线性代数知识,可以获得如下关系式:

$$D(n+2)=aD(n+1)-bcD(n) \tag{5.3.17}$$

及初值条件

$$D(1)=a,D(2)=a^2-bc \tag{5.3.18}$$

求行列式的值转化为求常系数齐次线性差分方程(5.3.17)满足初值条件(5.3.18)的解．分三种情况讨论:

(1) $a^2-4bc>0$. 方程(5.3.17)有两个不同的特征根 $\lambda_1=\frac{a}{2}+\frac{\sqrt{a^2-4bc}}{2}$和 $\lambda_2=\frac{a}{2}-\frac{\sqrt{a^2-4bc}}{2}$. 因此方程(5.3.17)的通解为

$$D(n)=C\left(\frac{a}{2}+\frac{\sqrt{a^2-4bc}}{2}\right)^n+D\left(\frac{a}{2}-\frac{\sqrt{a^2-4bc}}{2}\right)^n$$

其中 C,D 为任意常数．又由方程满足初值条件(5.3.18)可解得

$$C=\frac{a\lambda_2-a^2+bc}{\lambda_1(\lambda_2-\lambda_1)},\quad D=\frac{a\lambda_1-a^2+bc}{\lambda_2(\lambda_1-\lambda_2)}$$

代入上式即可得行列式的值.

(2) $a^2-4bc=0$. 方程(5.3.17)有两个相同的特征根

$$\lambda_1=\lambda_2=\frac{a}{2}$$

因此方程(5.3.17)的通解为

$$D(n)=C\left(\frac{a}{2}\right)^n+Dn\left(\frac{a}{2}\right)^n$$

其中 C,D 为任意常数．由于方程满足初值条件(5.3.18)可解得 $C=1,D=1$,代入上式得

行列式的值 $D(n)=\left(\frac{a}{2}\right)^n+n\left(\frac{a}{2}\right)^n$.

(3) $a^2-4bc<0$. 方程(5.3.17)有一对共轭复根

$$\lambda_1=\frac{a}{2}+\frac{\sqrt{4bc-a^2}}{2}\mathrm{i},\quad \lambda_2=\frac{a}{2}-\frac{\sqrt{4bc-a^2}}{2}\mathrm{i}$$

利用复根的算法得

$$\rho=\frac{\sqrt{a^2+(4bc-a^2)}}{4}=\sqrt{4bc}$$

选取 θ 满足

$$\cos\theta=\frac{a}{2\sqrt{bc}},\quad \sin\theta=\frac{\sqrt{2bc-a^2}}{2\sqrt{bc}}$$

因此

$$\lambda_1=\sqrt{bc}(\cos\theta+\mathrm{i}\sin\theta),\quad \lambda_2=\sqrt{bc}(\cos\theta-\mathrm{i}\sin\theta)$$

故方程(5.3.17)的通解为

$$D(n)=(C\cos n\theta+D\sin n\theta)(bc)^{\frac{n}{2}}$$

其中 C,D 为任意常数．又由方程满足初值条件(5.3.18)可解得行列式的值

$$D(n)=(bc)^{\frac{n}{2}}(\cos n\theta+\cot\theta\sin n\theta)=(bc)^{\frac{n}{2}}\frac{\sin(n+1)\theta}{\sin\theta},\quad (n\geqslant 1)$$

例 5.3.15 求 $n\times n$ 矩阵 $\boldsymbol{B}(n)$ 的行列式的值 $D(n)$,其中

$$\boldsymbol{B}(n)=\begin{pmatrix} a+b & ab & 0 & \cdots & 0 & 0\\ 1 & a+b & ab & \cdots & 0 & 0\\ 0 & 1 & a+b & \cdots & 0 & 0\\ \vdots & \vdots & \vdots & \ddots & \vdots & \vdots\\ 0 & 0 & 0 & \cdots & a+b & ab\\ 0 & 0 & 0 & \cdots & 1 & a+b \end{pmatrix}_{n\times n}$$

解 $D(n)$满足关系式 $D(n)=(a+b)D(n-1)-abD(n-2)(n=2,3,\cdots)$,以及初始条件 $D(1)=a+b,D(2)=a^2+ab+b^2$. 二阶线性差分方程的特征根为 a 和 b.

(1) $a=b$. 差分方程的通解为 $D(n)=C_1a^n+C_2na^n$,利用初始条件可解得 $C_1=C_2=1$,所以此时 $D(n)=(1+n)a^n$.

(2) $a\neq b$. 差分方程的通解为 $D(n)=C_1a^n+C_2b^n$,利用初始条件解得 $C_1=\frac{a}{a-b}$, $C_2=\frac{-b}{a-b}$,所以 $D(n)=\frac{a}{a-b}a^n-\frac{b}{a-b}b^n=\sum_{i=0}^{n}a^ib^{n-i}$.

例 5.3.16 求 $\boldsymbol{A}(n)=\begin{pmatrix} a & b\\ 0 & c\end{pmatrix}^n$,其中 $ac\neq 0,a\neq c,a,b,c$ 均为任意常数.

解 因为 $\boldsymbol{A}(2)=\begin{pmatrix} a & b\\ 0 & c\end{pmatrix}\begin{pmatrix} a & b\\ 0 & c\end{pmatrix}=\begin{pmatrix} a^2 & ab+bc\\ 0 & c^2\end{pmatrix}=a\boldsymbol{A}(1)-c\boldsymbol{A}(0)$,其中,$\boldsymbol{A}(0)=$

$\begin{pmatrix}0 & -b\\ 0 & a-c\end{pmatrix}$. 依此类推可得关系式

$$A(n+1)=aA(n)-c^nA(0),\quad n=1,2,\cdots$$

上式为一常系数一阶非齐次线性差分方程,特解形式 $A^*(n)=Cc^n$,其中 C 为待定的常数矩阵,代入方程可解得 $C=\frac{A(0)}{a-c}$. 因此方程有一特解 $A^*(n)=\frac{c^n}{a-c}A(0)$,通解为 $A(n)=Ca^n+A^*(n)$. 利用初始条件 $\boldsymbol{A}(1)=\begin{pmatrix}a & b\\ 0 & c\end{pmatrix}$解得 $\boldsymbol{C}=\begin{pmatrix}1 & \frac{b}{a-c}\\ 0 & 0\end{pmatrix}$. 故

$$\boldsymbol{A}(n)=a^n\begin{pmatrix}1 & \frac{b}{a-c}\\ 0 & 0\end{pmatrix}+\frac{c^n}{a-c}\begin{pmatrix}0 & -b\\ 0 & a-c\end{pmatrix}=\begin{pmatrix}a^n & \frac{a^nb-c^nb}{a-c}\\ 0 & c^n\end{pmatrix}$$

习题 5.3

1. 求下列差分方程的通解:

(1) $y(t+2)-3y(t+1)-10y(t)=0$;

(2) $y(t+2)-4y(t+1)+4y(t)=0$;

(3) $y(t+2)+y(t+1)+y(t)=0$;

(4) $y(t+1)-y(t)=t2^t$.

2. 利用求二阶线性差分方程初值问题,判断下列数列的收敛性. 若收敛,求出其极限,其中 a,b,α,β 为正实数,且满足 $\alpha+\beta=1,a\neq b$.

(1) $u_{n+2}=u_{n+1}^{\alpha}u_n^{\beta}$,其中 $u_0=a,u_1=b$;

(2) $u_{n+2}^{\alpha}u_{n+1}^{\beta}=u_n$,其中 $u_0=a,u_1=b$.

3. 通过求解差分方程求下述矩阵的行列式的值:

$$(1)\ \boldsymbol{M}(n)=\begin{pmatrix}1-a & -1 & 0 & \cdots & 0 & 0\\ a & 1-a & -1 & \cdots & 0 & 0\\ 0 & -1 & 1-a & \cdots & 0 & 0\\ \vdots & \vdots & \vdots & \ddots & \vdots & \vdots\\ 0 & 0 & 0 & \cdots & 1-a & -1\\ 0 & 0 & 0 & \cdots & a & 1-a\end{pmatrix}_{n\times n}$$

$$(2)\ \boldsymbol{M}(n)=\begin{pmatrix}x & y & y & y & \cdots & y & y & y\\ z & x & y & y & \cdots & y & y & y\\ z & z & x & y & \cdots & y & y & y\\ \vdots & \vdots & \vdots & \vdots & \ddots & \vdots & \vdots & \vdots\\ z & z & z & z & \cdots & z & x & y\\ z & z & z & z & \cdots & z & z & x\end{pmatrix}_{n\times n}$$

4. 求 $\boldsymbol{A}(n)=\begin{pmatrix}5 & 4\\ 0 & 1\end{pmatrix}^n$.

5. 考虑二阶线性差分方程边值问题

$$\begin{cases}y(t+1)-(2+\mu)y(t)+y(t-1)=0, & t=1,2,\cdots,T-1\\ y(0)=a, & y(T)=b\end{cases}$$

其中 $\mu>0,a,b$ 为任意实数,

(1)求上述边值问题的解;

(2)证明:$y([T/2])\to 0(T\to+\infty)$,其中$[\ \cdot\ ]$表示取整函数.

6. 试利用差分方程知识判断 $x(t)$ 的极限存在并求 $\lim\limits_{t\to\infty}x(t)$,其中 $x(t+1)=\dfrac{\alpha+x(t)}{1+x(t)}$ $(n=1,2,\cdots),\alpha>1,x(1)>\sqrt{\alpha}$.

第六章　差分方程(组)及其解的稳定性

许多现实问题的描述,往往需要多个未知函数来刻画,这样就有可能产生非线性差分方程组(也叫差分系统). 例如,在研究种群生态学中的食饵—捕食模型时,要用 $x(t)$(食饵)和 $y(t)$(捕食者)两个未知函数来表示. 另外,在非线性差分方程组的研究中,对其进行线性化,使其简化为线性差分方程组,往往可以获得较为简洁的解答. 例如,研究非线性差分方程(组)解的稳定性的常用方法之一,就是通过研究其线性化方程解的稳定性,进而获得原系统解的稳定性. 在实际问题中,干扰性因素总是不可避免的,而这些实际问题往往可以抽象为微分方程(组)或差分方程(组),研究干扰性因素对系统的影响,这属于稳定性理论研究的范畴. 本章将介绍差分方程(组)解的稳定性的一般概念及其相关判据. 为此,首先介绍线性差分方程组的一般理论.

§6.1　线性差分方程组的一般理论

§6.1.1　解的存在与唯一性定理

考虑下列 n 阶线性差分方程组

$$\begin{cases} u_1(t+1) = a_{11}u_1(t) + a_{12}u_2(t) + \cdots + a_{1n}u_n(t) + f_1(t) \\ u_2(t+1) = a_{21}u_1(t) + a_{22}u_2(t) + \cdots + a_{2n}u_n(t) + f_2(t) \\ \qquad\qquad\vdots \\ u_n(t+1) = a_{n1}u_1(t) + a_{n2}u_2(t) + \cdots + a_{nn}u_n(t) + f_n(t) \end{cases}$$

这里及以后我们默认 $t=0,1,2,\cdots$,若令

$$\boldsymbol{u}(t) = \begin{pmatrix} u_1(t) \\ \vdots \\ u_n(t) \end{pmatrix},\quad \boldsymbol{A}(t) = \begin{pmatrix} a_{11}(t) & \cdots & a_{1n}(t) \\ \vdots & \ddots & \vdots \\ a_{n1}(t) & \cdots & a_{nn}(t) \end{pmatrix},\quad \boldsymbol{f}(t) = \begin{pmatrix} f_1(t) \\ \vdots \\ f_n(t) \end{pmatrix}$$

则上述系统可以简单记为下列向量形式

$$\boldsymbol{u}(t+1) = \boldsymbol{A}(t)\boldsymbol{u}(t) + \boldsymbol{f}(t) \tag{6.1.1}$$

当 $\boldsymbol{f}(t)$ 不恒为零($t=0,1,2,\cdots$)时,称方程(6.1.1)为非齐次的线性差分方程组(差分系统);当 $\boldsymbol{f}(t)\equiv\boldsymbol{0}$ 时,亦即

$$\boldsymbol{u}(t+1) = \boldsymbol{A}(t)\boldsymbol{u}(t) \tag{6.1.2}$$

称(6.1.2)为方程组(6.1.1)对应的齐次方程组.

n 阶线性差分方程组的向量表达式(6.1.1)在形式上与5.2节的一阶线性差分方程(5.2.1)是相似的. 在本节中,我们将说明这种相似性不仅是形式上的,而且有关一阶线性差分方程或者说线性差分方程的一般理论对 n 阶线性差分方程组同样成立,例如一阶线性差分方程的常数变易公式、解的存在性定理等. 下面例子说明差分系统(6.1.1)包含了 n 阶纯量非齐次差分方程

$$p_n(t)y(t+n)+\cdots+p_0(t)y(t)=r(t) \tag{6.1.3}$$

事实上,假设 $y(t)$ 为方程(6.1.3)的解,对任意的 $1\leqslant i\leqslant n$,定义

$$u_i(t)=y(t+i-1)$$

$$\boldsymbol{A}(t)=\begin{pmatrix} 0 & 1 & 0 & \cdots & 0 \\ 0 & 0 & 1 & \cdots & 0 \\ \vdots & \vdots & \ddots & \ddots & \vdots \\ 0 & 0 & \cdots & 0 & 1 \\ -\dfrac{p_0(t)}{p_n(t)} & -\dfrac{p_1(t)}{p_n(t)} & -\dfrac{p_2(t)}{p_n(t)} & \cdots & -\dfrac{p_{n-1}(t)}{p_n(t)} \end{pmatrix} \tag{6.1.4}$$

$$\boldsymbol{f}(t)=\begin{pmatrix} 0 \\ 0 \\ \vdots \\ r(t) \end{pmatrix}$$

则由 $u_i(t)$ 构成的 n 维向量函数 $\boldsymbol{u}(t)$ 满足方程(6.1.1);反之,若 $u(t)$ 是方程(6.1.1)的解,这里在式(6.1.1)中 $\boldsymbol{A}(t)$ 和 $\boldsymbol{f}(t)$ 形如式(6.1.4)所取,则 $y(t)=u_1(t)$ 为方程(6.1.3)的解.

类似于定理5.1.1,对于某 $t_0\in\{0,1,2,\cdots\}$ 和任意给定的向量函数 $\boldsymbol{u}(t_0)=\boldsymbol{u}_0$,通过迭代可以求出方程(6.1.1)的解. 我们有如下解的存在与唯一性定理.

定理 6.1.1 对每一个 $t_0\in\{0,1,2,\cdots\}$ 和每一个 n 维向量 $\boldsymbol{u}_0$,方程组(6.1.1)在集合 $\{t_0,t_0+1,\cdots\}$ 上有唯一满足初值条件 $\boldsymbol{u}(t_0)=\boldsymbol{u}_0$ 的解.

若在方程组(6.1.2)中矩阵 $\boldsymbol{A}(t)\equiv\boldsymbol{A}$,则对每一个 $t_0\in\{0,1,2,\cdots\}$ 和每一个 n 维向量 $\boldsymbol{u}_0$,方程组(6.1.2)在集合 $\{t_0,t_0+1,\cdots\}$ 上有唯一满足初值条件 $\boldsymbol{u}(t_0)=\boldsymbol{u}_0$ 的解,且有 $\boldsymbol{u}(t)=\boldsymbol{A}^t\boldsymbol{u}_0$.

类似于纯量非齐次线性差分方程的求解,为了研究非齐次差分系统,我们首先研究齐次差分系统解的结构.

§6.1.2 线性差分方程组解的结构定理

定理 6.1.2(线性叠加原理) (1) 若 n 维向量函数 $\boldsymbol{u}_1(t)$ 和 $\boldsymbol{u}_2(t)$ 是系统(6.1.2)的任意解,则对任意常数 C 和 D,$C\boldsymbol{u}_1(t)+D\boldsymbol{u}_2(t)$ 也是系统(6.1.2)的解;

(2) 若 n 维向量函数 $\boldsymbol{u}(t)$ 是系统(6.1.2)的解,$\boldsymbol{y}(t)$ 是系统(6.1.1)的解,则 $\boldsymbol{u}(t)+\boldsymbol{y}(t)$ 是系统(6.1.1)的解;

(3) 若 n 维向量函数 $\boldsymbol{y}_1(t)$ 和 $\boldsymbol{y}_2(t)$ 是系统(6.1.1)的任意解,则 $\boldsymbol{y}_1(t)-\boldsymbol{y}_2(t)$ 是系统

(6.1.2)的解.

(4) 若 n 维向量函数 $\boldsymbol{y}^*(t)$ 是系统(6.1.1)的一个特解,则对于系统(6.1.1)的每一个解 $y(t)$,都存在系统(6.1.2)的某个解 $u(t)$ 使得 $\boldsymbol{y}(t)=\boldsymbol{y}^*(t)+\boldsymbol{u}(t)$.

定理 6.1.2 告诉我们,如果要求出系统(6.1.1)的所有解(通解),只需求出系统(6.1.1)的任一个解和系统(6.1.2)的所有解(通解). 有关线性差分方程组的求解在下节讲解.

习题 6.1

1. 证明定理 6.1.1.
2. 证明定理 6.1.2.
3. 证明:齐次方程组(6.1.2)的解构成一个 n 维向量空间(假设 $\boldsymbol{A}(t)\equiv\boldsymbol{A}$).
4. 设 $\boldsymbol{u}(t)$ 是初值问题 $\boldsymbol{u}(t+1)=\boldsymbol{A}\boldsymbol{u}(t)$, $u(t_0)=u_0$ 的解,且 $\boldsymbol{A}\boldsymbol{u}_0=\lambda\boldsymbol{u}_0$. 证明:对一切整数 t 都有 $\boldsymbol{A}\boldsymbol{u}(t)=\lambda\boldsymbol{u}(t)$.

§6.2　常系数线性差分方程组

我们知道,求解变系数的 n 阶纯量线性非齐次差分方程很困难,因而,变系数线性差分系统的求解更加困难,为此,我们只研究常系数的线性差分系统.

§6.2.1　常系数线性差分方程组

考虑系统(6.1.1)中系数矩阵 $\boldsymbol{A}$ 不依赖于 t 的情形,即常系数线性差分系统及其线性化系统:

$$\boldsymbol{u}(t+1)=\boldsymbol{A}\boldsymbol{u}(t)+\boldsymbol{f}(t) \tag{6.2.1}$$

$$\boldsymbol{u}(t+1)=\boldsymbol{A}\boldsymbol{u}(t) \tag{6.2.2}$$

其中 $\boldsymbol{u}(t)=(u_1(t),u_2(t),\cdots,u_n(t))^{\mathrm{T}}$, $\boldsymbol{A}=(a_{ij})_{n\times n}$, $\boldsymbol{f}(t)=(f_1(t),f_2(t),\cdots,f_n(t))^{\mathrm{T}}$.

我们的目的是求非齐次系统(6.2.1)满足一定初值条件的解. 为此,由定理 6.1.2 知,只需求出系统(6.2.1)任一解以及(6.2.2)的通解,然后代入初值条件,便可求出系统(6.2.1)的解. 因此首先研究齐次系统(6.2.2). 不妨取 $t=0,1,2,\cdots$,则通过迭代容易计算系统(6.2.2)满足初值条件 $\boldsymbol{u}(0)=\boldsymbol{u}_0$ 的解为 $\boldsymbol{u}(t)=\boldsymbol{A}^tu_0(t=0,1,\cdots)$. 所以,为了求得系统(6.2.2)的解,问题转化为计算 $\boldsymbol{A}^t$ 的值,线性代数中有关矩阵的基本性质将为其计算提供重要的工具.

回忆线性代数中的一些概念. 代数方程

$$\boldsymbol{A}\boldsymbol{u}=\lambda\boldsymbol{u} \tag{6.2.3}$$

总有平凡解 $\boldsymbol{u}=\boldsymbol{0}$. 若存在某个 λ 使得方程(6.2.3)有非平凡解 $\boldsymbol{u}$,则称 λ 为矩阵 $\boldsymbol{A}$ 的特征值,而 $\boldsymbol{u}$ 称为其对应的特征向量. 矩阵 $\boldsymbol{A}$ 的特征值满足特征方程

$$\det(\lambda \boldsymbol{I}-\boldsymbol{A})=0 \tag{6.2.4}$$

其中 $\boldsymbol{I}$ 为 $n\times n$ 单位矩阵．矩阵 $\boldsymbol{A}$ 的所有的特征值构成的集合，称为 $\boldsymbol{A}$ 的谱，记为$\sigma(\boldsymbol{A})$．同时矩阵 $\boldsymbol{A}$ 的谱半径 $r(\boldsymbol{A})$ 定义为

$$r(\boldsymbol{A})=\max\{|\lambda|:\lambda\in\sigma(\boldsymbol{A})\}$$

例 6.2.1 求矩阵 $\boldsymbol{A}$ 的特征值、特征向量和谱半径，其中 $\boldsymbol{A}=\begin{pmatrix}0 & 1\\ -2 & -3\end{pmatrix}$.

解 矩阵 $\boldsymbol{A}$ 的特征方程为 $\det\begin{pmatrix}\lambda & -1\\ 2 & \lambda+3\end{pmatrix}=0$，即 $\lambda^2+3\lambda+2=0$，所以 $\sigma(\boldsymbol{A})=\{-2,-1\}$. 为求特征值 $\lambda=-2$ 对应的特征向量，解代数方程$(-2\boldsymbol{I}-\boldsymbol{A})\boldsymbol{u}=0$，即

$$\begin{pmatrix}-2 & -1\\ 2 & 1\end{pmatrix}\begin{pmatrix}u_1\\ u_2\end{pmatrix}=\begin{pmatrix}0\\ 0\end{pmatrix}$$

因此可求得 $\lambda=-2$ 对应的特征向量为 $\boldsymbol{u}=\begin{pmatrix}1\\ -2\end{pmatrix}$. 同理可得特征值 $\lambda=-1$ 对应的特征向量 $\boldsymbol{v}=\begin{pmatrix}1\\ -1\end{pmatrix}$. 最后求矩阵 $\boldsymbol{A}$ 的谱半径 $r(\boldsymbol{A})=\max\{|-2|,|-1|\}=2$.

注意到，若 λ 为矩阵 $\boldsymbol{A}$ 的特征值，$\boldsymbol{u}$ 为相应的特征向量，假设 t 取 0,1,2,…，则有

$$\boldsymbol{A}^t\boldsymbol{u}=\lambda^t\boldsymbol{u}$$

因此 $\boldsymbol{u}(t)=\lambda^t\boldsymbol{u}$ 为系统(6.2.2)满足初值为特征向量 $\boldsymbol{u}$ 的解．事实上，有

$$\boldsymbol{u}(t+1)=\lambda^{t+1}\boldsymbol{u}=\lambda^t\cdot\lambda\boldsymbol{u}=\lambda^tA\boldsymbol{u}=\boldsymbol{A}\lambda^t\boldsymbol{u}=\boldsymbol{A}\boldsymbol{u}(t)$$

更一般地，若系统的初值 $\boldsymbol{u}_0$ 可以写成矩阵 $\boldsymbol{A}$ 的特征向量的线性组合，则我们用同样的方法可以求出系统(6.2.2)满足初值 $\boldsymbol{u}_0$ 的解.

定理 6.2.1 若 A 有 n 个不同的特征值 $\lambda_i(i=1,2,\cdots,n)$，$\gamma_i$ 为其对应的特征向量，则系统(6.2.2)的通解可表示为

$$u(t)=C_1\lambda_1^t\gamma_1+C_2\lambda_2^t\gamma_2+\cdots+C_n\lambda_n^t\gamma_n,$$

其中 $C_1,\cdots,C_n$ 为 n 个任意常数.

以下定理无需 A 有 n 个不同的特征根.

定理 6.2.1* 若 $\boldsymbol{u}_0=b_1\boldsymbol{u}^1+b_2\boldsymbol{u}^2+\cdots+b_k\boldsymbol{u}^k$，其中 $b_1,b_2,\cdots,b_k$ 为任意 k 个常数，$\boldsymbol{u}^i$ 为矩阵 $\boldsymbol{A}$ 的特征值 λ_i 所对应的特征向量，则系统(6.2.2)满足初值 $\boldsymbol{u}(0)=\boldsymbol{u}_0$ 的解为

$$\boldsymbol{u}(t)=b_1\lambda_1^t\boldsymbol{u}^1+b_2\lambda_2^t\boldsymbol{u}^2+\cdots+b_k\lambda_k^t\boldsymbol{u}^k \tag{6.2.5}$$

(1)若矩阵 $\boldsymbol{A}$ 具有 n 个线性无关的特征向量，则可以用这种方法求系统(6.2.2)的解. 特别地，对 $\boldsymbol{A}$ 有 n 个不同的特征值 $\lambda_i(i=1,2,\cdots,n)$的情形更是成立，此时(6.2.5)式可以写成如下矩阵形式

$$\begin{pmatrix}u_1(t)\\ u_2(t)\\ \vdots\\ u_n(t)\end{pmatrix}=\begin{pmatrix}u_1^1 & u_1^2 & \cdots & u_1^n\\ u_2^1 & u_2^2 & \cdots & u_2^n\\ \vdots & \vdots & \ddots & \vdots\\ u_n^1 & u_n^2 & \cdots & u_n^n\end{pmatrix}\cdot\begin{pmatrix}b_1 & 0 & \cdots & 0\\ 0 & b_2 & \cdots & 0\\ \vdots & \ddots & \ddots & \vdots\\ 0 & 0 & \cdots & b_n\end{pmatrix}\begin{pmatrix}\lambda_1^t\\ \lambda_2^t\\ \vdots\\ \lambda_n^t\end{pmatrix} \tag{6.2.6}$$

(2)式(6.2.6)所给的向量函数 $\boldsymbol{u}(t)$ 也是系统(6.2.2)的通解，其中 $b_1,b_2,\cdots,b_n$ 为

任意的 n 个常数.

例 6.2.2　求系统(6.2.2)满足初值 $\boldsymbol{u}_0=\begin{pmatrix}u_1\\u_2\end{pmatrix}$的解,其中 $\boldsymbol{A}=\begin{pmatrix}0&1\\-2&-3\end{pmatrix}$.

解　由例 6.2.1 知,矩阵 $\boldsymbol{A}$ 的两个特征值及其对应的特征向量分别为 -2, -1 和 $\begin{pmatrix}1\\-2\end{pmatrix}$, $\begin{pmatrix}1\\-1\end{pmatrix}$. 由于两个特征值不同(其对应的特征向量线性无关),可以根据定理 6.2.1* 进行求解. 不妨设

$$\boldsymbol{u}_0=\begin{pmatrix}u_1\\u_2\end{pmatrix}=b\begin{pmatrix}1\\-2\end{pmatrix}+c\begin{pmatrix}1\\-1\end{pmatrix}=\begin{pmatrix}1&1\\-2&-1\end{pmatrix}\begin{pmatrix}b\\c\end{pmatrix}$$

因此,

$$\begin{pmatrix}b\\c\end{pmatrix}=\begin{pmatrix}1&1\\-2&-1\end{pmatrix}^{-1}\begin{pmatrix}u_1\\u_2\end{pmatrix}=\begin{pmatrix}-1&-1\\2&1\end{pmatrix}\begin{pmatrix}u_1\\u_2\end{pmatrix}=\begin{pmatrix}-u_1-u_2\\2u_1+u_2\end{pmatrix}$$

由定理 6.2.1* 知,系统(6.2.2)满足初值 $\boldsymbol{u}(0)=\boldsymbol{u}_0$ 的解可表示为

$$\boldsymbol{u}(t)=-(u_1+u_2)(-2)^t\begin{pmatrix}1\\-2\end{pmatrix}+(2u_1+u_2)(-1)^t\begin{pmatrix}1\\-1\end{pmatrix}$$

例 6.2.3　求解差分方程组 $\boldsymbol{u}(t+1)=\begin{pmatrix}4&-2\\7&-5\end{pmatrix}\boldsymbol{u}(t)$.

解　系统的特征方程为

$$\begin{vmatrix}\lambda-4&2\\-7&\lambda+5\end{vmatrix}=(\lambda-4)(\lambda+5)+14=(\lambda-2)(\lambda+3)=0$$

因此,特征根为 2, -3. 它们对应的特征向量分别为$\begin{pmatrix}1\\1\end{pmatrix}$和$\begin{pmatrix}1\\\frac{7}{2}\end{pmatrix}$. 因此,由公式(6.2.6)可得原差分方程的通解为

$$\boldsymbol{u}(t)=\begin{pmatrix}1&1\\1&7/2\end{pmatrix}\begin{pmatrix}b_1&0\\0&b_2\end{pmatrix}\begin{pmatrix}2^t\\(-3)^t\end{pmatrix}=\begin{pmatrix}b_12^t+b_2(-3)^t\\b_12^t+\frac{7}{2}b_2(-3)^t\end{pmatrix}$$

其中, b_1, b_2 为任意常数.

我们不加证明地给出如下定理,读者可参考文献[11]第 156 ~ 157 页.

定理 6.2.2　系统(6.2.2)满足初值 $\boldsymbol{u}(0)=\boldsymbol{u}_0$ 的解可由下式给出

$$\boldsymbol{u}(t)=\sum_{i=0}^{n-1}c_{i+1}(t)\boldsymbol{M}_iu_0\tag{6.2.7}$$

其中矩阵 M_i 满足方程

$$\begin{cases}\boldsymbol{M}_0=\boldsymbol{E}\\\boldsymbol{M}_i=(\boldsymbol{A}-\lambda\boldsymbol{E})\boldsymbol{M}_{i-1}\quad(1\leqslant i\leqslant n)\end{cases}\tag{6.2.8}$$

函数 $c_i(t)$ 为齐次差分系统

$$\begin{pmatrix} c_1(t+1) \\ \vdots \\ c_n(t+1) \end{pmatrix} = \begin{pmatrix} \lambda_1 & 0 & 0 & \cdots & 0 \\ 1 & \lambda_2 & 0 & \cdots & 0 \\ 0 & 1 & \lambda_3 & \cdots & 0 \\ \vdots & \ddots & \ddots & \ddots & \vdots \\ 0 & \cdots & 0 & 1 & \lambda_n \end{pmatrix} \begin{pmatrix} c_1(t) \\ \vdots \\ c_n(t) \end{pmatrix} \tag{6.2.9}$$

满足初值

$$\begin{pmatrix} c_1(0) \\ c_2(0) \\ \vdots \\ c_n(0) \end{pmatrix} = \begin{pmatrix} 1 \\ 0 \\ \vdots \\ 0 \end{pmatrix} \tag{6.2.10}$$

的解，而 $\lambda_1, \lambda_2, \cdots, \lambda_n$ 为矩阵 $\boldsymbol{A}$ 的 n 个特征值(不必互不相同).

定理6.2.2 比定理6.2.1* 更具普遍性，因为定理6.2.1* 中要求初值 $\boldsymbol{u}_0$ 用系数矩阵 $\boldsymbol{A}$ 的若干个特征向量来表示，这里则没有此要求.

例 6.2.4 求初值问题 $\boldsymbol{u}(t+1) = \begin{pmatrix} 1 & 1 \\ -1 & 3 \end{pmatrix} \boldsymbol{u}(t), \boldsymbol{u}(0) = \begin{pmatrix} 1 \\ 0 \end{pmatrix}$ 的解.

解 计算系数矩阵的特征方程为 $\lambda^2 - 4\lambda + 4 = 0$. 因此，仅有特征根 $\lambda = 2$，且为二重的. 若要使用定理6.2.1，则需计算 $\lambda = 2$ 对应的特征向量. 事实上，其对应的特征向量为 $\begin{pmatrix} 0 \\ 0 \end{pmatrix}$，即系数矩阵仅有一个线性无关的特征向量，故不能使用定理6.2.1 对上述初值问题进行求解. 根据定理6.2.2，计算矩阵 $\boldsymbol{M}_{i-1}$ 和函数 $c_i(i=1,2)$. 由式(6.2.8)可得

$$\begin{cases} \boldsymbol{M}_0 = \boldsymbol{E} \\ \boldsymbol{M}_1 = (\boldsymbol{A} - 2\boldsymbol{E})\boldsymbol{M} = \boldsymbol{A} - 2\boldsymbol{E} = \begin{pmatrix} -1 & 1 \\ -1 & 1 \end{pmatrix} \end{cases}$$

由系统(6.2.9)和初值(6.2.10)可得

$$c_1(t+1) = 2c_1(t), \quad c(0) = 1$$

因此，$c_1(t) = 2^t$. 再由系统(6.2.9)和初值(6.2.10)以及 $c_1(t) = 2^t$，可得 $c_2(t)$，满足下面一阶线性非齐次差分方程的初值问题

$$c_2(t+1) = 2c_2(t) + 2^t, \quad c_2(0) = 0$$

利用定理 5.3.3 及表 5.1 容易算出上述初值问题的解为 $c_2(t) = t2^{t-1}$. 所以，由定理 6.2.2，原初值问题的解为

$$\begin{aligned} \boldsymbol{u}(t) &= [c_1(t)\boldsymbol{E} + c_2(t)\boldsymbol{M}_1] \begin{pmatrix} 1 \\ 0 \end{pmatrix} \\ &= \left[2^t \begin{pmatrix} 1 & 0 \\ 0 & 1 \end{pmatrix} + t2^{t-1} \begin{pmatrix} -1 & 1 \\ -1 & 1 \end{pmatrix} \right] \begin{pmatrix} 1 \\ 0 \end{pmatrix} \\ &= 2^t \begin{pmatrix} 1 - \dfrac{t}{2} \\ -\dfrac{t}{2} \end{pmatrix} \end{aligned}$$

下面给出非齐次线性差分系统(6.2.1)的解的表达式,我们称之为常数变易公式.

定理 6.2.3　线性差分系统(6.2.1)满足初值条件 $\boldsymbol{u}(0)=\boldsymbol{u}_0$ 的解可由下式给出:

$$\boldsymbol{u}(t)=\boldsymbol{A}^t u_0+\sum_{s=0}^{t-1}\boldsymbol{A}^{t-s-1}\boldsymbol{f}(s)\quad(t=0,1,2,\cdots)\tag{6.2.11}$$

其中假定 $\sum\limits_{s=0}^{-1}\boldsymbol{A}^{-s-1}\boldsymbol{f}(s)=0$.

证明　易知式(6.2.11)满足初值条件. 对 $t\geqslant1$,有

$$\begin{aligned}\boldsymbol{u}(t+1)&=\boldsymbol{A}^{t+1}u_0+\sum_{s=0}^{t}\boldsymbol{A}^{t-s}\boldsymbol{f}(s)=\boldsymbol{A}^{t+1}u_0+\sum_{s=0}^{t-1}\boldsymbol{A}^{t-s}\boldsymbol{f}(s)+\boldsymbol{f}(t)\\&=\boldsymbol{A}\left[\boldsymbol{A}^t u_0+\sum_{s=0}^{t-1}\boldsymbol{A}^{t-s-1}f(s)\right]+\boldsymbol{f}(t)\\&=\boldsymbol{A}u(t)+\boldsymbol{f}(t)\end{aligned}$$

证毕.

例 6.2.5　求初值问题 $\boldsymbol{u}(t+1)=\begin{pmatrix}1&0\\1&1\end{pmatrix}\boldsymbol{u}(t)+\begin{pmatrix}1\\t\end{pmatrix}$, $\boldsymbol{u}(0)=\begin{pmatrix}1\\0\end{pmatrix}$ 的解.

解　由常数变易公式(6.2.11),初值问题的解可表示为

$$\boldsymbol{u}(t)=\boldsymbol{A}^t\begin{pmatrix}1\\0\end{pmatrix}+\sum_{s=0}^{t-1}\boldsymbol{A}^{t-s-1}\begin{pmatrix}1\\s\end{pmatrix}$$

其中 $\boldsymbol{A}=\begin{pmatrix}1&0\\1&1\end{pmatrix}$. 因此为求出初值问题的解,关键是计算矩阵 $\boldsymbol{A}^t$. 注意到 $\boldsymbol{A}=\boldsymbol{E}+\begin{pmatrix}0&0\\1&0\end{pmatrix}$,且 $\begin{pmatrix}0&0\\1&0\end{pmatrix}$ 为幂零矩阵,因此根据二项式定理可得

$$\boldsymbol{A}^t=\left[\boldsymbol{E}+\begin{pmatrix}0&0\\1&0\end{pmatrix}\right]^t=\boldsymbol{E}+t\begin{pmatrix}0&0\\1&0\end{pmatrix}=\begin{pmatrix}1&0\\t&1\end{pmatrix}$$

因此

$$\begin{aligned}\boldsymbol{u}(t)&=\begin{pmatrix}1&0\\t&1\end{pmatrix}\begin{pmatrix}1\\0\end{pmatrix}+\sum_{s=0}^{t-1}\begin{pmatrix}1&0\\t-s-1&1\end{pmatrix}\begin{pmatrix}1\\s\end{pmatrix}\\&=\begin{pmatrix}1\\t\end{pmatrix}+\sum_{s=0}^{t-1}\begin{pmatrix}1\\t-1\end{pmatrix}\\&=\begin{pmatrix}1\\t\end{pmatrix}+\begin{pmatrix}t\\t(t-1)\end{pmatrix}\\&=\begin{pmatrix}t+1\\t^2\end{pmatrix}\end{aligned}$$

当矩阵 $\boldsymbol{A}$ 退化为常数时(1×1 阶矩阵),定理 6.2.3 就是定理 5.2.2,即一维一阶非齐次线性差分方程的常数变易公式.

显然公式(6.2.11)给我们提供了一种方程组(6.2.1)通解的求解公式,但 $\boldsymbol{f}(t)$ 的形式比较复杂时,利用公式(6.2.11)去求式(6.2.1)的通解是不现实的. 由线性系统解的结构,我们只需求出齐次系统(6.2.2)的通解和非齐次系统(6.2.1)的一个特解即可. 为

此,与常微分方程类似,对$\boldsymbol{f}(t)$的特殊情形利用待定系数法求系统(6.2.1)的一个特解.仅考虑如下三种情形,详细情形看参考文献[13].

定理 6.2.4 如果$\boldsymbol{f}(t)$满足下列三种情形时,线性差分系统(6.2.1)的特解形式如下:

情形 1 $\boldsymbol{f}(t)=\boldsymbol{f}$, $\boldsymbol{f}$为已知的常数向量,矩阵$\boldsymbol{E}-\boldsymbol{A}$非奇异.

特解形式:$\boldsymbol{u}^*(t)=\boldsymbol{a}$,$\boldsymbol{a}$为待定的常数向量.代入系统(6.2.1)可解得特解

$$\boldsymbol{u}^*(t)=(\boldsymbol{E}-\boldsymbol{A})^{-1}\boldsymbol{f}.$$

情形 2 $\boldsymbol{f}(t)=\boldsymbol{f}t+\boldsymbol{h}$, $\boldsymbol{f}$, $\boldsymbol{h}$为已知的常数向量,$\boldsymbol{E}-\boldsymbol{A}$非奇异.

特解形式:$\boldsymbol{u}^*(t)=\boldsymbol{a}t+\boldsymbol{b}$, $\boldsymbol{a}$, $\boldsymbol{b}$为待定的常数向量.同样方法可得特解

$$\boldsymbol{u}^*(t)=(\boldsymbol{E}-\boldsymbol{A})^{-1}[\boldsymbol{f}t+\boldsymbol{h}-(\boldsymbol{E}-\boldsymbol{A})^{-1}\boldsymbol{f}].$$

情形 3 $\boldsymbol{f}(t)=\boldsymbol{f}\lambda^t$,$\lambda$为非零常数且不是矩阵$\boldsymbol{A}$的特征根,$\boldsymbol{f}$为已知常数向量.

特解形式:$\boldsymbol{u}^*(t)=\boldsymbol{a}\lambda^t$.可得特解$\boldsymbol{u}^*(t)=(\lambda\boldsymbol{E}-\boldsymbol{A})^{-1}\lambda^t$.

虽然我们给出了求一般非齐次线性差分系统的求解公式,但由于$\boldsymbol{A}^t$计算起来非常复杂,很多情况下并不能求出,所以本书仅限二维常系数线性差分方程组求解.

§6.2.2 几个实际问题中的二维常系数线性差分方程组

例 6.2.6 (种群生态学中的食饵—捕食模型)设掠夺者(捕食者,比如鲨鱼)和被掠夺者(食饵,比如小杂鱼)在t时间单位的量分别为$x(t)$和$y(t)$,其自身的繁殖率分别为a和b.食饵量的增加会引起捕食者量的增加,设增加因子为c,捕食者数量的增加会导致食饵量的减少,设其减少因子为d,其中a,b,c,d均为正数.则食饵—捕食模型满足如下方程组:

$$\begin{cases}x(t+1)=ax(t)+cy(t)\\ y(t+1)=-dx(t)+by(t)\end{cases}$$

这是一个二维齐次线性差分系统,下面不妨取$a=0.9, b=0.6, c=0.2, d=0.1$以及初始时刻捕食者和食饵的量满足$x(0)=y(0)=5000$,对上述系统进行求解.令$\boldsymbol{A}=\begin{pmatrix}0.9 & 0.2\\ -0.1 & 0.6\end{pmatrix}$,则上述系统可以写成

$$\begin{pmatrix}x(t+1)\\ y(t+1)\end{pmatrix}=\boldsymbol{A}\begin{pmatrix}x(t)\\ y(t)\end{pmatrix}$$

利用定理6.2.1或定理6.2.2求解.矩阵$\boldsymbol{A}$的特征方程为$\lambda^2-1.5\lambda+0.56=0$,因此$\boldsymbol{A}$的特征根为0.7和0.8,对应的特征向量分别为$\begin{pmatrix}1\\ -1\end{pmatrix}$和$\begin{pmatrix}2\\ -1\end{pmatrix}$,且线性无关.因此可以用定理6.2.1进行求解.初值可以由两个特征向量线性表示,即

$$\begin{pmatrix}x(0)\\ y(0)\end{pmatrix}=\begin{pmatrix}5000\\ 5000\end{pmatrix}=C\begin{pmatrix}1\\ -1\end{pmatrix}+D\begin{pmatrix}2\\ -1\end{pmatrix}=-15\,000\begin{pmatrix}1\\ -1\end{pmatrix}+10\,000\begin{pmatrix}2\\ -1\end{pmatrix}$$

因此系统的解为

$$\begin{pmatrix}x(t)\\ y(t)\end{pmatrix}=-15\,000\begin{pmatrix}1\\ -1\end{pmatrix}(0.7)^t+10\,000\begin{pmatrix}2\\ -1\end{pmatrix}(0.8)^t$$

即

$$\begin{cases}x(t)=-15\,000(0.7)^t+20\,000(0.8)^t\\ y(t)=15\,000(0.7)^t-10\,000(0.8)^t\end{cases}$$

从上述解可以看出掠夺者 $x(t)$ 和被掠夺者 $y(t)$ 满足 $\lim_{t\to+\infty}x(t)=0$, $\lim_{t\to+\infty}y(t)=0$. 也就是说,若按此种情形发展,掠夺者 $x(t)$ 和被掠夺者 $y(t)$ 都将灭绝. 有趣的是,从图 6.1 可以看出,被掠夺者在有限时间内率先灭绝,由于掠夺者没了食物,掠夺者稍后也就全死亡了.

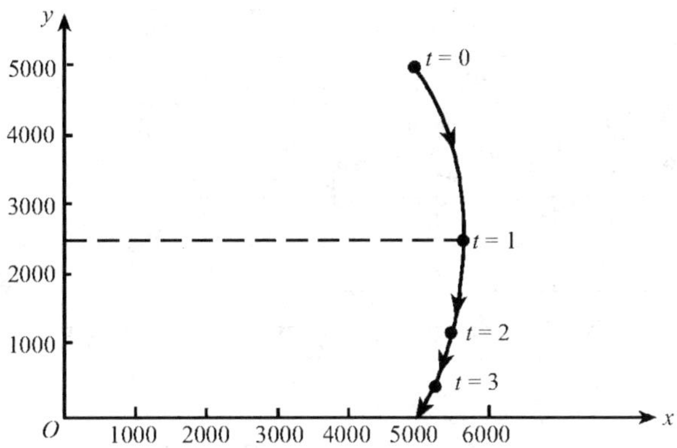

图 6.1　掠夺者和被掠夺者数目变化

例 6.2.7　(特拉法尔加战斗模型)回顾 1.2 节介绍的特拉法尔加战斗模型:在 1805 年的特拉法尔加战斗中,由拿破仑指挥的法国、西班牙海军联军和由海军上将纳尔逊指挥的英国海军作战. 一开始,法西联军有 33 艘战舰,而英军有 27 艘战舰,假设在一次遭遇战中双方的战舰损失都是对方战舰的 10%,分数值表示有一艘或多艘战舰不能全力以赴地参加战斗. 令 n 表示战斗过程中遭遇战的阶段,B_n 表示第 n 阶段英军的战舰数,F_n 表示第 n 阶段法西联军的战舰数,那么在第 n 阶段的遭遇战后,双方的剩余战舰数为

$$\begin{cases}B_{n+1}=B_n-0.1F_n\\ F_{n+1}=F_n-0.1B_n\end{cases}\tag{6.2.12}$$

下面对模型(6.2.12)进行分析. 将初始值 $B_0=27$, $F_0=33$ 分别代入模型(6.2.12)中,计算出 $B_1=27-0.1\times33=23.7$, $F_1=33-0.1\times27=30.3$,再将 $B_1=23.7$, $F_1=30.3$ 代入模型(6.2.12)中算得 $B_2=23.7-0.1\times30.3=20.67$, $F_2=27.93$,这样迭代下去, 得到战斗模型的数值解,$B_1,F_1,B_2,F_2,B_3,F_3,\cdots$, 见表 6.1.

从表 6.1 可以看出,对于全部军力投入的情形,我们看到英军将全面失败,只剩下 3 艘战舰且至少一艘战舰遭到严重破坏. 在战斗结束时,经历了 11 个阶段的战斗后,法西联军的舰队大约还有 18 艘战舰.

在战斗中,拿破仑军队的 33 艘战舰基本上分三个战斗编组, 沿一条直线一字排开,见图 6.2. 其中 $A=3$, $B=17$, $C=13$.

表 6.1 正面战斗的数值解

阶段	英军军力	法西联军军力
0	27.0000	33.0000
1	23.7000	30.3000
2	20.6700	27.9300
3	17.8770	25.8630
4	15.2907	24.0753
5	12.8832	22.5462
6	10.6285	21.2579
7	8.5028	20.1951
8	6.4832	19.3448
9	4.5488	18.6965
10	2.6791	18.2416

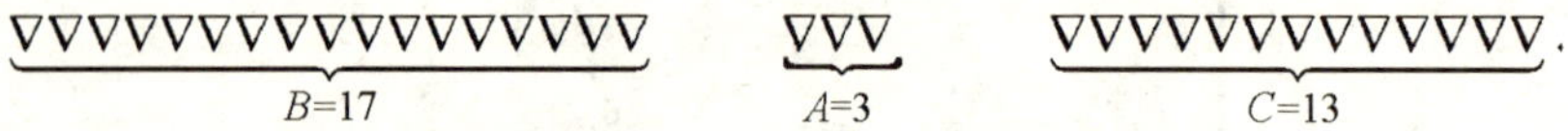

图 6.2 拿破仑的战斗编组和排列

表 6.2 战斗 A

阶段	英军军力	法西联军军力
0	13.0000	3.0000
1	12.8500	2.3500
2	12.7532	1.7075
3	12.6471	1.0709

为避免英军全军覆没,英军的主帅纳尔逊爵士采用“集中优势兵力,各个击破”的战斗策略,用 13 艘英军战舰迎战拿破仑的 A 组战舰(另外有 14 艘战舰备用),假设在三次战斗中,每次战斗中每方损失的双方战舰数都是对方参战战舰数的 5%. 利用式(6.2.12)可得

$$\begin{cases} B_{n+1} = B_n - 0.05F_n \\ F_{n+1} = F_n - 0.05B_n \end{cases} \tag{6.2.13}$$

令 $B_0 = 13, F_0 = 3$,代入式(6.2.13),求得 $B_1 = 13 - 0.05 \times 3 = 12.85, F_1 = 3 - 0.05 \times 13 = 2.35$,依次迭代,求出 $B_2, F_2, B_3, F_3, \cdots$,战斗结果见表 6.2 所示.

接下来,纳尔逊爵士用战斗后存留下来的战舰再加上备用的 14 艘战舰去迎战拿破仑的 B 组战舰,即 $B_0 = 26.6471, F_0 = 18.0709$,类似战斗 A 的分析,将新的初值代入式(6.2.13)中,其战斗结果见表 6.3.

最后,纳尔逊爵士将所有剩下的战舰全部去迎战 C 组战舰,战斗开始时两军新的战斗力即初始值为 $B_0 = 19.2734, F_0 = 14.4441$,类似战斗 B 的分析,将新的初值代入式

(6.2.13)中,其战斗结果见表6.4.

利用上述"分割作战、各个击败"战略模型进行预测,其结果与历史上真实战斗结果基本一致．历史上,纳尔逊爵士领导的英军舰队赢得了特拉法尔加战斗,使得法西联军没有参加第三次战斗,而是把约13艘战舰撤回了法国,虽然纳尔逊不幸在战斗中阵亡了,但他的战略是光辉的.

表6.3　战斗 B

阶段	英军军力	法西联军军力	阶段	英军军力	法西联军军力
0	26.6471	18.0709	8	21.1689	8.4979
1	25.7436	16.7385	9	20.7440	7.4395
2	24.9066	15.4513	10	20.3720	6.4023
3	24.1341	14.2060	11	20.0519	5.3837
4	23.4238	12.9993	12	19.7827	4.3811
5	22.7738	11.8281	13	19.5637	3.3919
6	22.1824	10.6894	14	19.3941	2.4138
7	21.6479	9.5803	15	19.2734	1.4441

表6.4　战斗 C

阶段	英军军力	法西联军军力	阶段	英军军力	法西联军军力
0	19.2734	14.4441	9	14.3711	6.8793
1	18.5512	13.4804	10	14.0272	6.6107
2	17.8772	12.5529	11	13.7191	5.4594
3	17.2495	11.6590	12	13.4462	4.7734
4	16.6666	10.7965	13	13.2075	4.1011
5	16.1268	9.9632	14	13.0024	3.4407
6	15.6286	9.1569	15	12.8304	2.7906
7	15.1707	8.3754	16	12.6909	2.1491
8	14.7520	7.6169	17	12.5834	1.5146

从上面的分析可以看出,差分方程的一组初值对应着一个战斗策略,在军事指挥上,也叫一个作战想定．研究"纳尔逊爵士分割并各个击破"的策略,实际上就是研究差分方程对不同初值的敏感性(稳定性问题)．下面我们将通过计算差分方程的解来验证上述数值结果．因为差分方程(6.2.12)的特征方程为 $\begin{vmatrix} \lambda-1 & 0.1 \\ -0.1 & \lambda+1 \end{vmatrix} = (\lambda-1.1)(\lambda-0.9)=0$,因此,特征根为1.1,0.9,它们对应的特征向量分别为 $\begin{pmatrix} 1 \\ -1 \end{pmatrix}$ 和 $\begin{pmatrix} 1 \\ 1 \end{pmatrix}$．由公式(6.2.6)可

得原差分方程的通解为

$$\begin{pmatrix} B_n \\ F_n \end{pmatrix} = \begin{pmatrix} 1 & 1 \\ -1 & 1 \end{pmatrix} \cdot \begin{pmatrix} b_1 & 0 \\ 0 & b_2 \end{pmatrix} \begin{pmatrix} 1.1^n \\ 0.9^n \end{pmatrix} = \begin{pmatrix} b_1 1.1^n + b_2 0.9^n \\ -b_1 1.1^n + b_2 0.9^n \end{pmatrix}$$

因此差分方程(6.2.12)满足初始条件 $B_0 = 27, F_0 = 33$ 的解为

$$\begin{pmatrix} B_n \\ F_n \end{pmatrix} = \begin{pmatrix} -3 \times 1.1^n + 30 \times 0.9^n \\ 3 \times 1.1^n + 30 \times 0.9^n \end{pmatrix}, \quad n = 0, 1, 2, \cdots$$

从上式可以看出 B_n, F_n 满足 $\lim\limits_{n\to\infty} B_n = -\infty$，$\lim\limits_{n\to\infty} F_n = +\infty$. 事实上无需战斗次数足够多，由图 6.3 知，经过 12 个阶段的战斗后英军的战舰数变为负值，$B_{12} = -0.942399$，即所有的战舰最终被击沉；而法军最终获得胜利且最终仍保留 17 艘完整的战舰，$F_{12} = 17.8882$（见图 6.4），这与前述数值结果是一致的，见表 6.1. 读者可利用同样的方法分析采用纳尔逊战术获得的结果.

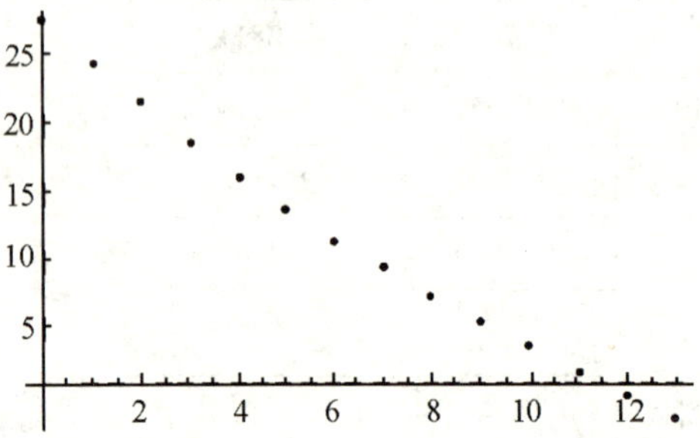

图 6.3

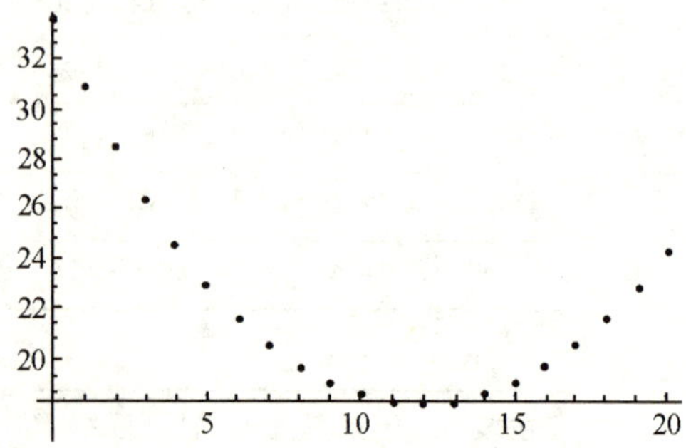

图 6.4

例 6.2.8 （分阶段军备竞赛模型）用 X 表示甲国家，用 Y 表示乙国家，由于政治原因和经济利益的冲突，两国都忙于军备竞赛，每个国家都认为需要拥有一定数量的现代化威慑武器，使得一旦开战，将给对手无法承受的战争伤害，并且随着对手的威慑武器的增加，本国会按照对手攻击武器数量的某个百分数来提高自己的军备投资.

如果乙国家认为需要 120 件现代化的武器威慑敌人，对于甲国家拥有 2 件武器，乙国家相信需要增添 1 件威力相当的武器，以保持威慑力相对平衡. 那么，乙国家需要的武器数量 y 件作为它相信甲国家拥有武器数量 x 件的关系式为

$$y = 120 + \frac{1}{2}x$$

如果甲国家认为需要 60 件现代化的武器威慑敌人，对于乙国家拥有 3 件武器，甲国家相信需要增添 1 件威力相当的武器，以保持威慑力相对平衡. 那么，甲国家需要的武器数量 x 件作为它相信甲国家拥有武器数量 y 件的关系式为

$$x = 60 + \frac{1}{3}y$$

由于在决定增添武器或制定下一阶段武器采购计划时，统计现阶段实际拥有的数量的时间是离散的，而不是连续变化的. 因此，设 n 为阶段（几年、财政周期）等，x_n 为在 n 阶段甲国家拥有的武器数量，y_n 为在 n 阶段乙国家拥有的武器数量，那么在 $n+1$ 阶段，

甲、乙两国家拥有的武器数量为

$$\begin{cases}x_{n+1}=60+\dfrac{1}{3}y_n\\ y_{n+1}=120+\dfrac{1}{2}x_n\end{cases}\tag{6.2.14}$$

下面求方程(6.2.14)的通解的表达式．首先求(6.2.14)的齐次系统的通解．为此，计算系数矩阵的特征根及相应的特征向量．特征方程为

$$\begin{vmatrix}\lambda & -\dfrac{1}{3}\\ -\dfrac{1}{2} & \lambda\end{vmatrix}=\lambda^2-\frac{1}{6}=0$$

因此，特征根为$\dfrac{\sqrt{6}}{6}$，$-\dfrac{\sqrt{6}}{6}$，它们对应的特征向量分别为$\begin{pmatrix}1\\ \dfrac{\sqrt{6}}{2}\end{pmatrix}$和$\begin{pmatrix}1\\ -\dfrac{\sqrt{6}}{2}\end{pmatrix}$．因此由公式(6.2.6)可得原差分方程的齐次系统的通解为

$$\begin{pmatrix}1 & 1\\ \dfrac{\sqrt{6}}{2} & -\dfrac{\sqrt{6}}{2}\end{pmatrix}\cdot\begin{pmatrix}b_1 & 0\\ 0 & b_2\end{pmatrix}\begin{pmatrix}\left(\dfrac{\sqrt{6}}{6}\right)^n\\ \left(-\dfrac{\sqrt{6}}{6}\right)^n\end{pmatrix}=\begin{pmatrix}b_1\left(\dfrac{\sqrt{6}}{6}\right)^n+b_2\left(-\dfrac{\sqrt{6}}{6}\right)^n\\ \dfrac{b_1\sqrt{6}}{2}\left(\dfrac{\sqrt{6}}{6}\right)^n-\dfrac{b_2\sqrt{6}}{2}\left(-\dfrac{\sqrt{6}}{6}\right)^n\end{pmatrix}$$

其中，b_1，b_2为任意常数．

接下来利用定理6.2.4求方程(6.2.14)的一个特解．由定理6.2.4知方程的一个特解为

$$(\boldsymbol{E}-\boldsymbol{A})^{-1}\boldsymbol{f}=\begin{pmatrix}1 & -\dfrac{1}{3}\\ -\dfrac{1}{2} & 1\end{pmatrix}^{-1}\begin{pmatrix}60\\ 120\end{pmatrix}=\begin{pmatrix}\dfrac{6}{5} & \dfrac{2}{5}\\ \dfrac{3}{5} & \dfrac{6}{5}\end{pmatrix}\begin{pmatrix}60\\ 120\end{pmatrix}=\begin{pmatrix}120\\ 180\end{pmatrix}$$

因此差分方程(6.2.14)的通解为

$$\begin{pmatrix}x_n\\ y_n\end{pmatrix}=\begin{pmatrix}b_1\left(\dfrac{\sqrt{6}}{6}\right)^n+b_2\left(-\dfrac{\sqrt{6}}{6}\right)^n\\ \dfrac{b_1\sqrt{6}}{2}\left(\dfrac{\sqrt{6}}{6}\right)^n-\dfrac{b_2\sqrt{6}}{2}\left(-\dfrac{\sqrt{6}}{6}\right)^n\end{pmatrix}+\begin{pmatrix}120\\ 180\end{pmatrix}\tag{6.2.15}$$

若假设在开始时，甲、乙两个国家都没有威慑武器，即

$$\begin{cases}x_0=0\\ y_0=0\end{cases}\tag{6.2.16}$$

则可以计算方程组(6.2.14)在初始条件(6.2.16)下的解为：

$$\begin{pmatrix}x_n\\ y_n\end{pmatrix}=\begin{pmatrix}(-60-30\sqrt{6})\left(\dfrac{\sqrt{6}}{6}\right)^n+(30\sqrt{6}-60)\left(-\dfrac{\sqrt{6}}{6}\right)^n\\ (-30\sqrt{6}-180)\left(\dfrac{\sqrt{6}}{6}\right)^n-(30\sqrt{6}+180)\left(-\dfrac{\sqrt{6}}{6}\right)^n\end{pmatrix}+\begin{pmatrix}120\\ 180\end{pmatrix}\tag{6.2.17}$$

从式子(6.2.17)可以看出 x_n, y_n 满足 $\lim\limits_{n\to\infty} x_n = 120, \lim\limits_{n\to\infty} y_n = 180$,这说明系统 (6.2.14)最终会达到某种平衡状态,不会造成失控的局面.

习题 6.2

1. 求下列齐次差分方程组的通解:

(1) $\boldsymbol{u}(t+1) = \begin{pmatrix} 1 & 1 \\ -1 & 3 \end{pmatrix} \boldsymbol{u}(t)$;

(2) $\boldsymbol{u}(t+1) = \begin{pmatrix} 4 & -2 \\ 7 & -5 \end{pmatrix} \boldsymbol{u}(t)$;

(3) $\boldsymbol{u}(t+1) = \begin{pmatrix} 3 & -1 \\ 4 & 7 \end{pmatrix} \boldsymbol{u}(t)$;

(4) $\boldsymbol{u}(t+1) = \begin{pmatrix} 0 & 1 & 0 \\ 0 & 0 & 1 \\ 1 & -3 & 3 \end{pmatrix} \boldsymbol{u}(t)$;

(5) $\boldsymbol{u}(t+1) = \begin{pmatrix} 2 & -2 & -4 \\ 2 & -3 & -2 \\ 4 & -2 & -6 \end{pmatrix} \boldsymbol{u}(t)$.

2. 求下列非齐次差分方程组的通解:

(1) $\boldsymbol{u}(t+1) = \begin{pmatrix} 1 & 1 \\ -1 & 3 \end{pmatrix} \boldsymbol{u}(t) + \begin{pmatrix} 24 \cdot 5^t \\ 0 \end{pmatrix}$;

(2) $\boldsymbol{u}(t+1) = \begin{pmatrix} 4 & -2 \\ 7 & -5 \end{pmatrix} \boldsymbol{u}(t) + \begin{pmatrix} 2 \\ 3 \end{pmatrix}$.

3. 在特拉法尔加战斗中,如果两军简单地正面交锋,英军大约要损失 24 艘战舰,法西联军损失约 15 艘战舰,纳尔逊爵士运用分割并各个击破的战术,以弱势兵力战胜优势兵力.

假设英军战舰装备了优良的武器,法西联军遭受的损失为英军战舰的 15%,英军遭受的损失为法西联军战舰的 5%.

(1)试建立一个差分方程组对双方的战舰进行建模. 假设开始时,英军战舰 27 艘,法西联军战舰 33 艘.

(2)建立数值解以确定在新的假设条件下正面会战,哪方会赢?

(3)利用纳尔逊爵士运用分割并各个击破的战术结合英军的优良装备,求出三次战斗的数值解.

4. 在分阶段军备竞赛模型中,如果甲国家认为需要 60 件现代化的武器威慑敌人,对于乙国家拥有 1 件武器,甲国家相信需要增添 1.2 件威力相当的武器,以保持威慑力相对平衡. 而乙国家认为需要 120 件现代化的武器威慑敌人,对于甲国家拥有 1 件武器,乙国家相信需要增添 1.1 件威力相当的武器,以保持威慑力相对平衡.

(1)以 n 为阶段(几年、财政周期),建立甲、乙两国家拥有的武器数量所满足的差分方程组;

(2)求上述差分方程组在初始条件 $\begin{cases}x_0=0\\y_0=0\end{cases}$ 和 $\begin{cases}x_0=100\\y_0=200\end{cases}$ 下的解;

(3) 如果两个国家从高于最低数量的导弹枚数开始,随着军备竞赛的发展,会出现什么样的结果?

(4) 该差分系统最终会达到某种平衡状态,还是出现失控的局面? 与初始条件是否有关?

5. $x(i)$ 表示第 i 天确诊病例人数;$y(i)$ 表示第 i 天疑似病例人数;a 表示每个确诊病例平均每天感染他人成确诊病例数(一般是小数);b 表示每个确诊病例平均每天感染他人成疑似病例数(一般是小数);α 表示每个疑似病例平均每天感染他人成确诊病例数(一般是小数);β 表示每个疑似病例平均每天感染他人成疑似病例数(一般是小数);d 表示确诊病例中平均每天的死亡率;h 表示确诊病例中平均每天的治愈率;p 表示疑似病例中平均每天被排除的健康者的比例;q 表示疑似病例中平均每天转变为确诊病例的比例. 做如下的基本假设:

(1)由于治疗水平较高的客观原因,可假设确诊病例每天的死亡率是很小的正常数;

(2)假设在同一地区只受同一种病原体侵袭以及感染者被治愈后不再被感染;

(3)假设政府部门的防御措施非常好,疑似病例均能进行隔离;

(4)假设在考虑的每一阶段,相应的 a,b,α,β,p,q,h 均为常数;

(5)假设演变过程中确诊病例感染他人成疑似病例的能力比疑似病例感染他人成确诊病例的能力强,具体地,假设 $\dfrac{bx(i)}{(\alpha+q)y(i)}>\dfrac{y(i)}{x(i)}$;

(6)假设:$a\beta=b\alpha$.

试根据以上假设条件建立该传染病模型.

6. 假设在某个生态环境中,仅仅考虑兔子、狐狸和草的关系,其中兔子以草为食,狐狸靠吃兔子生存. 因此,兔子数量增加,狐狸数量也会增加. 狐狸数量的增加,又会使兔子的数量减少. 而兔子数量减少,由于食物缺乏,狐狸的数量也会相应地减少. 显然,它们的数量关系是相互制约的. 如果没有狐狸,假设兔子每年增长 10%. 但是,狐狸的出现使兔子减少,假设兔子减少的数量和狐狸数量成正比,比例系数为 0.15. 另一方面,在没有兔子的情况下,假定狐狸数量每年减少 15%. 但是兔子的出现使狐狸数量增长,假设狐狸增加的数量和兔子数量成正比,比例系数为 0.1. 试利用上述假设建立“兔子—狐狸生态模型”.

§6.3　差分方程(组)解的稳定性

在实际问题中,干扰性因素总是不可避免的,而这些实际问题往往可以抽象为微分方程(组)或差分方程(组),研究干扰性因素对系统的影响,这属于稳定性理论研究的范畴.

考虑如下一阶常系数线性差分方程及其对应的齐次方程

$$y(t+1)-py(t)=r(t) \tag{6.3.1}$$

$$u(t+1)-pu(t)=0 \tag{6.3.2}$$

当 $r(t)\equiv r$ 时,由推论 5.2.1 知,式(6.3.1)的通解为

$$y(t)=\begin{cases}Cp^t+\dfrac{r}{r-p}, & p\neq 1\\ C+rt, & p=1\end{cases} \tag{6.3.3}$$

式(6.3.2)的通解为

$$y(t)=\begin{cases}Cp^t, & p\neq 1\\ C, & p=1\end{cases} \tag{6.3.4}$$

其中 C 为任意常数. 由式(6.3.3)和式(6.3.4)可知,

$$\lim_{t\to+\infty}y(t)=\begin{cases}\dfrac{r}{r-p}, & |p|<1\\ \infty, & |p|\geqslant 1\end{cases}$$

及

$$\lim_{t\to+\infty}u(t)=\begin{cases}0, & |p|<1\\ m, & |p|=1\\ \infty, & |p|>1\end{cases}$$

其中 m 为常数. 同时,由方程(6.3.1)和(6.3.2)可以看出,$y=\dfrac{r}{1-p}(p\neq 1)$ 和 $u=0$ 分别为其平凡解. 类似于常微分方程解的稳定性的概念,我们称,当 $|p|<1$ 时,$y=\dfrac{r}{1-p}$ 和 $u=0$ 为渐近稳定的. 因此,我们先给出差分方程解的稳定性概念.

§6.3.1 基本概念

考虑如下非线性差分方程组

$$\boldsymbol{y}(t+1)=\boldsymbol{A}\boldsymbol{y}(t)+\boldsymbol{f}(t,\boldsymbol{y}(t)) \tag{6.3.5}$$

其中 $\boldsymbol{A}$ 为 $n\times n$ 阶常系数矩阵,$\boldsymbol{f}(t,\boldsymbol{y}(t))$ 为 n 维向量函数,$t=\{0,1,2,\cdots\}$.

假设式(6.3.5)有一个解 $y=\varphi(t)$ 在集合 $\{0,1,2,\cdots\}$ 上有定义.

定义 6.3.1 (1) 如果对任意给定的 $\varepsilon>0$,存在 $\delta=\delta(\varepsilon)>0$,使得只要

$$|y_0-\varphi(0)|<\delta \tag{6.3.6}$$

且方程组(6.3.5)以 $y(0)=y_0$ 为初值的解 $y(t;0,y_0)$(假设存在)在集合 $\{0,1,2,\cdots\}$ 上有定义,且满足

$$|y(t;0,y_0)-\varphi(t)|<\varepsilon,\quad \forall t\in\{0,1,2,\cdots\} \tag{6.3.7}$$

则称方程(6.3.5)的解 $y=\varphi(t)$ 是稳定的.

(2) 假设 $y=\varphi(t)$ 是稳定的,且存在 $\delta_1(0<\delta_1\leqslant\delta)$,使得只要

$$|y_0-\varphi(0)|<\delta_1 \tag{6.3.8}$$

就有

$$\lim_{t\to+\infty}[y(t;0,y_0)-\varphi(t)]=0 \tag{6.3.9}$$

则称解 $y=\varphi(t)$ 是渐近稳定的.

(3) 若 $y=\varphi(t)$ 不是稳定的,则称其是不稳定的.

(4) 若对区域 G 中的任一点 y_0,都有式(6.3.9)成立,则称区域 G 为解 $y=\varphi(t)$ 的吸引域.

(5) 若 $y=\varphi(t)$ 的吸引域为全空间($G=\mathbf{R}^n$),则称解 $y=\varphi(t)$ 为全局渐近稳定的.

例如:方程(6.3.1)和(6.3.2)的常数解 $y=\dfrac{r}{1-p}(p\neq 1)$ 和 $u=0$ 在 $|p|<1$ 时都是全局渐近稳定的,但 $|p|>1$ 时是不稳定的.

在研究差分方程组(6.3.5)解的稳定性时,可把解 $y=\varphi(t)$ 的稳定性研究转化为 $y=0$(零解)的稳定性研究. 事实上,令 $x(t)=y(t)-\varphi(t)$,则 $x(t)$ 满足

$$x(t+1)=Ax(t)+f(t,y(t))-f(t,\varphi(t))=Ax(t)+f(t,x(t)+\varphi(t))-f(t,\varphi(t)) \tag{6.3.10}$$

容易看出,$x=0$ 为方程(6.3.10)的常数解. 因此,我们可以只讨论差分系统零解的稳定性.

图 6.5 和图 6.6 给出差分系统零解的稳定性和渐近稳定性的几何描述.

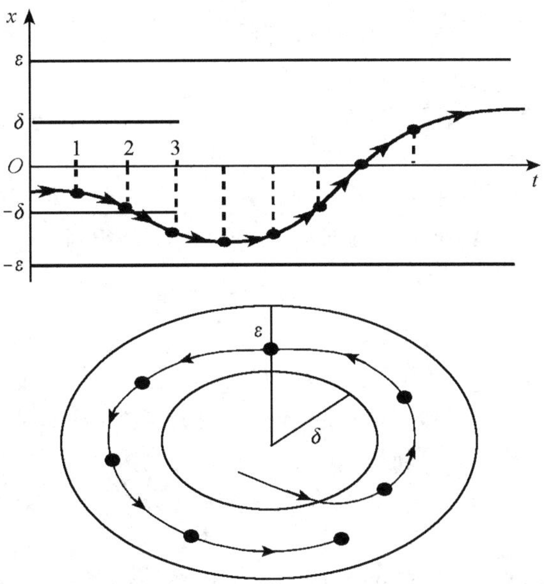

图 6.5　从以 $\delta(\varepsilon)$ 为半径的圆中出发的解不会跑出以 O 为圆心、ε 为半径的圆

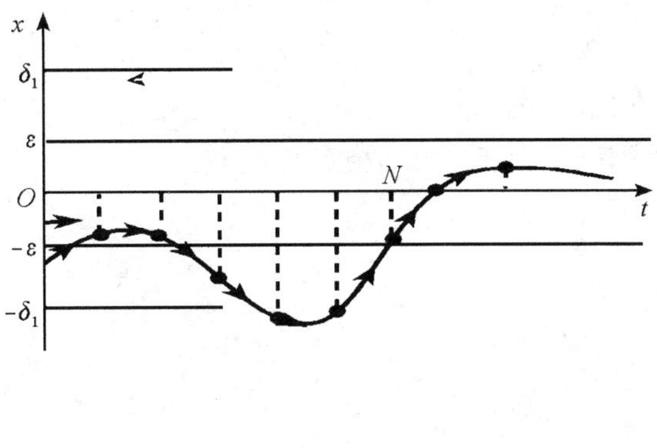

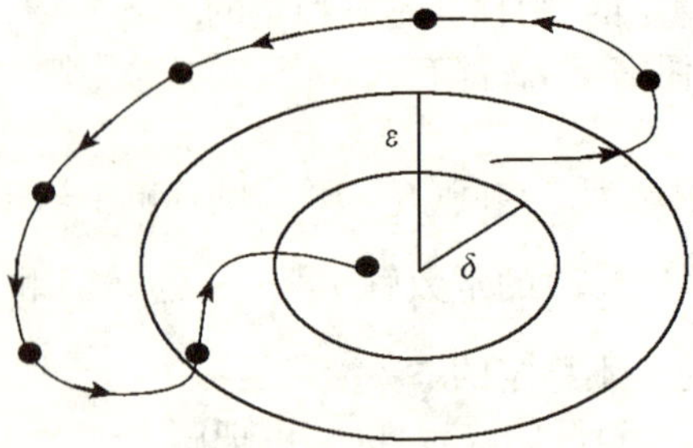

图 6.6　从以 δ_1 为半径的圆内出发的解不会跑出以 O 为圆心、ε 为半径的圆,并最终跑向圆心

§6.3.2　齐次线性差分系统的稳定性及其判定

考虑如下齐次线性差分系统

$$\boldsymbol{y}(t+1)=\boldsymbol{A}\boldsymbol{y}(t) \tag{6.3.11}$$

显然,系统(6.3.2)有定常解 $y=0$. 由解的存在唯一性定理可知,对任意的 $t_0\in\{0,1,2,\cdots\}$,满足初始条件 $y(t_0)=y_0$ 的解是唯一的,不失一般性,令 $t_0=0$.

下面给出系统(6.3.11)解的稳定性定理,该定理的证明可参阅文献[12]第 160 ~ 161 页定理 4.4 的证明.

定理 6.3.1　若 $n\times n$ 矩阵 $\boldsymbol{A}$ 的谱半径 r 满足 $r(\boldsymbol{A})<1$,则系统(6.3.11)的解 $y(t)$ 满足 $\lim\limits_{t\to\infty}y(t)=0$. 此外,若 $r(\boldsymbol{A})\leqslant\delta<1$,则存在常数 $C>0$,使得对任意解 $y(t)$ 都有

$$|y(t)|\leqslant C\delta^t|y_0|,\quad t\geqslant 0 \tag{6.3.12}$$

其中 $y_0\in\mathbf{R}^n$,$y(t)$ 是以 y_0 为初值的解.

定理 6.3.1 表明,矩阵的谱半径的大小决定了常系数线性或非线性差分方程解的稳定性与否. 只要 $r(\boldsymbol{A})<1$,则齐次线性系统(6.3.11)的零解是全局渐近稳定的. 例如,考虑一阶线性差分方程(6.3.2),其中 $|p|<1$. 容易证明,系统(6.3.2)的谱半径为 $r=|p|<1$. 因此,由定理 6.3.1 可知,其零解是全局渐近稳定的. 这与 §6.2 节中的结论是一致的.

定理 6.3.2　若系统(6.3.11)的系数矩阵 $\boldsymbol{A}$ 的谱半径 $r(\boldsymbol{A})>1$,则其零解是不稳定的,且 $\lim\limits_{t\to\infty}|y(t)|=\infty$.

由谱半径的定义可知,只要矩阵 $\boldsymbol{A}$ 的一个特征值的绝对值大于 1,不妨假设 $|\lambda|>1$,则 $r(\boldsymbol{A})\geqslant|\lambda|>1$. 因此,判断系统(6.3.11)是不稳定的,只需要计算出或找出其系数矩阵存在一个绝对值大于 1 的特征值即可.

例 6.3.1　判断下列齐次系统零解的稳定性

(1) $\boldsymbol{y}(t+1)=\begin{pmatrix}1 & 2\\ 1 & 1\end{pmatrix}\boldsymbol{y}(t)$;

(2) $\boldsymbol{y}(t+1)=\begin{pmatrix}9 & 2\\ -1 & 6\end{pmatrix}\boldsymbol{y}(t)$;

$$(3)\boldsymbol{y}(t+1)=\begin{pmatrix}0&\frac{1}{2}&0\\0&0&0\\1&3&\frac{4}{5}\end{pmatrix}\boldsymbol{y}(t).$$

解　(1) 由于矩阵 $\boldsymbol{A}=\begin{pmatrix}1&2\\1&1\end{pmatrix}$,其特征值为 $\lambda_1=1+\sqrt{2},\lambda_2=1-\sqrt{2}$,而 $\lambda_1>1$,故系统(1)的零解是不稳定的.

(2) 由于矩阵 $\boldsymbol{A}=\begin{pmatrix}9&2\\-1&6\end{pmatrix}$,其特征值为 $\lambda_1=7>1,\lambda_2=8>1$,因此,系统(2)的零解是不稳定的.

(3) 由于矩阵 $\boldsymbol{A}=\begin{pmatrix}0&\frac{1}{2}&0\\0&0&0\\1&3&\frac{4}{5}\end{pmatrix}$,其特征值分别为 $\lambda_1=0,\lambda_2=\frac{1}{2},\lambda_3=\frac{4}{5},r(A)=\frac{4}{5}$,故该系统的零解是全局渐近稳定的.

§6.3.3　非线性差分系统的稳定性及其判定

在常微分方程理论中,可以利用 Lyapunov 第二方法来判定非线性系统零解的稳定性.类似地,对于非线性差分系统,我们也可以定义类似的 Lyapunov 函数,并给出相应的判据.

下面先给出 Lyapunov 函数(以下简称 V 函数)的定义.

假设 $V:B_M\to\mathbf{R}$ 是连续函数,其中,M 为任一正常数,$B_M=\{x\in\mathbf{R}\,|\,|x|\leqslant M\}$.

定义 6.3.2　(1)若 V 函数在集合 B_M 上满足 $V(0)=0,V(x)>0(x\neq0)$,则称 V 为定正函数;

(2) 若 V 函数在集合 B_M 上满足 $V(0)=0,V(x)<0(x\neq0)$,则称 V 为定负函数;

(3) 若 V 函数在集合 B_M 上满足 $V(x)\geqslant0(V(x)\leqslant0)$,则称其在 B_M 上为常正(负)函数.

对下述非线性差分系统

$$\boldsymbol{y}(t+1)=A\boldsymbol{y}(t)+\boldsymbol{f}(t,\boldsymbol{y}(t))\tag{6.3.13}$$

其中,$\boldsymbol{f}(t,0)=0,t\in\{0,1,2,\cdots\}$,给出如下判据:

定理 6.3.3　假设 V 在 B_M 上为一定正函数,

(1)若 $\Delta_tV|_{(6.3.13)}<0$,则式(6.3.13)的零解是渐近稳定的;

(2)若 $\Delta_tV|_{(6.3.13)}\leqslant0$,则式(6.3.13)的零解是稳定的;

(3)若 $\Delta_tV|_{(6.3.13)}>0$,则式(6.3.13)的零解是不稳定的,

其中 $\Delta_tV|_{(6.3.13)}$ 表示函数 V 沿系统(6.3.13)的解求差分,即 $\Delta_tV|_{(6.3.13)}=V(y(t+1))-V(y(t))$.

例 6.3.2 判定系统 $u(t+1)=\begin{pmatrix}\cos\theta & \sin\theta\\ -\sin\theta & \cos\theta\end{pmatrix}u(t)$ 解的稳定性.

分析:容易计算 $\boldsymbol{A}=\begin{pmatrix}\cos\theta & \sin\theta\\ -\sin\theta & \cos\theta\end{pmatrix}$ 的特征根为 $\lambda_{1,2}=\cos\theta\pm\mathrm{i}\sin\theta$,故其谱半径为 $r(\boldsymbol{A})=\max\{|\lambda_{1,2}|\}=1$. 因此,利用定理 6.3.2 无法判断零解的稳定性.

解 我们先构造 V 函数. 令 $V(u_1,u_2)=u_1^2+u_2^2$,则 $V(0,0)=0$,对于任意非零向量 $\boldsymbol{u}\in\mathbf{R}^2$,都有 $V(\boldsymbol{u})>0$,因此,V 为定正函数,且

$$\begin{aligned}\Delta_t V(u_1,u_2)&=V(\boldsymbol{u}(t+1))-V(\boldsymbol{u}(t))\\&=V\begin{pmatrix}u_1(t)\cos\theta+u_2(t)\sin\theta\\ -u_1(t)\sin\theta+u_2(t)\cos\theta\end{pmatrix}-V\begin{pmatrix}u_1(t)\\ u_2(t)\end{pmatrix}\\&=[u_1(t)\cos\theta+u_2(t)\sin\theta]^2+[-u_1(t)\sin\theta+u_2(t)\cos\theta]^2-u_1^2(t)-u_2^2(t)\\&=0.\end{aligned}$$

因此,由定理 6.3.3 可知,该系统的零解是稳定的.

例 6.3.3 判断下面系统零解的稳定性

$$\boldsymbol{u}(t+1)=\begin{pmatrix}u_2(t)-u_2(t)(u_1^2(t)+u_2^2(t))\\ u_1(t)-u_1(t)(u_1^2(t)+u_2^2(t))\end{pmatrix}\tag{6.3.14}$$

解 定义 V 函数 $V(u_1,u_2)=u_1^2+u_2^2$,则 V 为定正函数. 经计算可得

$$\begin{aligned}\Delta_t V(u_1,u_2)&=[u_2(1-(u_1^2+u_2^2)]^2+[u_1(1-(u_1^2+u_2^2)]^2-u_1^2-u_2^2\\&=(u_1^2+u_2^2)^2(-2+(u_1^2+u_2^2))\end{aligned}$$

考虑在原点的充分小邻域内,由上面计算可知,当 $|u|^2=u_1^2+u_2^2<2$ 时,$\Delta_t V(u_1,u_2)<0$. 因此,$\Delta_t V(u_1,u_2)$ 在 B_M 上为定负的,由定理 6.3.3 可知,系统的零解是渐近稳定的.

由于判断零解的稳定性,仅需要考虑解在原点的附近的变化情况,因此例 6.3.3 可选取原点充分小的邻域进行研究.

例 6.3.4 判断系统

$$u(t+1)=au(t)+u^3(t)\tag{6.3.15}$$

零解的稳定性,其中 $|a|<1$.

解 令 $V(u)=|u(t)|$,易知 $V(u)$ 为一定正函数,经计算可得

$$\begin{aligned}\Delta_t V&=V(u(t+1))-V(u(t))=|au(t)+u^3(t)|-|u(t)|\\&\leqslant-(1-|a|)|u(t)|+|u^3(t)|\\&=-(1-|a|)|u(t)|\left[1-\frac{1}{1-|a|}|u^2(t)|\right]\end{aligned}$$

因此,当 $|u^2(t)|<1-|a|$ 时,$\Delta_t V$ 为定负函数,故系统(6.3.15)的零解是渐近稳定的.

由例 6.3.3 可以看出,系统(6.3.15)的齐次线性化系统为

$$u(t+1)=au(t)\tag{6.3.16}$$

系统(6.3.16)相对于矩阵而言,其谱半径为 $r=|a|<1$. 故式(6.3.16)的零解是渐近稳定的. 同时,系统(6.3.16)也是系统(6.3.15)的线性化系统. 类似于常微分方程的线性近似理论,我们可以把例 6.3.4 的结果推广到一般情形.

定理 6.3.4　考虑非线性差分系统

$$\boldsymbol{u}(t+1)=\boldsymbol{A}\boldsymbol{u}(t)+\boldsymbol{f}(\boldsymbol{u}) \tag{6.3.17}$$

其中 $\boldsymbol{f}(0)=\boldsymbol{0}$. 若 $\boldsymbol{f}$ 满足 $\lim\limits_{|u|\to 0}\dfrac{|\boldsymbol{f}(\boldsymbol{u})|}{|\boldsymbol{u}|}=0$,则

(1)若 $r(\boldsymbol{A})<1$,则系统(6.3.17)的零解是渐近稳定的;

(2)若 $r(\boldsymbol{A})>1$,则系统(6.3.17)的零解是不稳定的.

在例 6.3.2 中,容易求得 $r(\boldsymbol{A})=1$. 因此,我们不能利用定理 6.3.4 来判断,这说明式(6.3.4)仅仅是零解稳定的充分条件. 而在例 6.3.4 中,$r(\boldsymbol{A})=|a|<1$, $\lim\limits_{|\boldsymbol{u}|\to 0}\dfrac{|\boldsymbol{f}(\boldsymbol{u})|}{|\boldsymbol{u}|}=\lim\limits_{|\boldsymbol{u}|\to 0}\boldsymbol{u}^2=0$,故由定理 6.3.4 可知,其零解是渐近稳定的.

例 6.3.5　判断系统 $u(t+1)=au(t)-u^2(t)$ 所有常数解的稳定性,其中 $|a|<1$.

解　令 $u(t+1)=u(t)$,容易计算出系统的常数解为 $u=0,u=a-1$. 由定理 6.3.4 可知,$u=0$ 是渐近稳定的. 下面讨论 $u=a-1$ 的稳定性. 令 $y(t)=u(t)-(a-1)$,则 $y(t)$ 满足

$$y(t+1)=(2-a)y(t)-y^2(t) \tag{6.3.18}$$

由于 $|a|<1$,故 $|2-a|>2-|a|>1$. 因此系统(6.3.18)的零解不稳定. 由定理 6.3.4 定理可知,$u=a-1$ 是不稳定的.

习题 6.3

1. 判断下列系统的零解的稳定性,若是稳定的,判断是否渐近稳定.

(1) $\boldsymbol{u}(t+1)=\begin{pmatrix}9 & 2\\ -1 & 6\end{pmatrix}\boldsymbol{u}(t)$;

(2) $\boldsymbol{u}(t+1)=\begin{pmatrix}0 & 1 & 0\\ 0 & 0 & 0\\ 1 & -3 & 3\end{pmatrix}\boldsymbol{u}(t)$;

(3) $\boldsymbol{u}(t+1)=\begin{pmatrix}0 & 1 & 0\\ 0 & 0 & 0\\ -\dfrac{3}{8} & -1 & -1\end{pmatrix}\boldsymbol{u}(t)$;

(4) $\boldsymbol{u}(t+1)=\begin{pmatrix}0.8 & -0.4\\ 1.2 & 0.2\end{pmatrix}\boldsymbol{u}(t)$.

2. 证明:若 $\alpha^2,\beta^2<1$,则系统 $\begin{pmatrix}u_1(t+1)\\ u_2(t+1)\end{pmatrix}=\begin{pmatrix}\dfrac{\alpha u_2(t)}{1+u_1^2(t)}\\ \dfrac{\beta u_1(t)}{1+u_2^2(t)}\end{pmatrix}$ 的零解是渐近稳定的.

3. 判断下列系统的所有常数解的稳定性:

(1) $\begin{pmatrix} u_1(t+1) \\ u_2(t+1) \end{pmatrix} = \begin{pmatrix} 2u_1(t) - \dfrac{2u_1(t)u_2(t)}{1+u_1(t)} \\ \dfrac{2u_1(t)u_2(t)}{1+u_1(t)} \end{pmatrix}$;

(2) $u(t+1) = au(t) - u^2(t), a \in \mathbf{R}$;

(3) $\begin{pmatrix} u_1(t+1) \\ u_2(t+1) \end{pmatrix} = \begin{pmatrix} \dfrac{au_2(t)}{1+u_1^2(t)} \\ \dfrac{bu_1(t)}{1+u_2^2(t)} \end{pmatrix}$,其中 $a^2 < 1, b^2 < 1$.

4. 在市场经济的基本模型中,某一商品的价格 P_n 与供应 S_n 的关系式为 $P_n = a - bS_n$,其中 $a > 0, b > 0$. 由于在特定年份,若供过于求,则价格会降低. 假设价格与供应量成正比,即 $kP_n = S_{n+1}(k > 0)$.

(1)证明:P_n 满足关系式 $P_{n+1} + bkP_n = a$;

(2)求解 P_n 的表达式;

(3)证明:若 $bk < 1$,则价格 P_n 会趋于稳定.

5. 设市场供给量对价格变动的反应是滞后的,市场需求量对价格的变动的反应是及时的,市场供需平衡,并具有模型

$$\begin{cases} S(t) = -a + bp(t-1), & (a > 0, b > 0) \\ D(t) = \alpha - \beta p(t), & (\alpha > 0, \beta > 0) \\ S(t) = D(t) \end{cases}$$

其中 $S(t)$ 为 t 时期供给量,$D(t)$ 为 t 时期需求量,$p(t)$ 及 $p(t-1)$ 分别为 $t, t-1$ 时期的价格. 试求满足初值条件 $p(0) = p_0$ 的价格函数,并讨论价格函数的变化情况.

6. 设某鱼池一开始有某种鱼 y_0 条,鱼的平均净繁殖率为 r,每年捕捞 S 条,要使 n 年后鱼池仍有鱼可捞,应满足什么条件?

第七章　分数阶微分方程

分数阶微分方程是一类允许非整数阶导数和积分的数学模型. 近年来,在粘弹性和粘塑性力学理论、生物化学中的聚合物和蛋白质的建模、电子工程中的超声波传输以及控制论中分数阶控制器等领域涌现出的一类重要时间演化系统,可以用分数阶微分方程加以建模和分析. 本章主要介绍分数阶微积分的基础知识及分数阶微分方程初、边值问题解的存在性和唯一性.

§7.1　分数阶微积分基础

分数阶微积分是通常的导数和积分向任意非整数阶的拓广. 这是个古老的问题,最早可以追溯到 Leibniz 和 Newton 创立微积分的时代. L' Hôospital 1695 年 9 月 30 日在给 Leibniz 的一封信中问到:当 $n=\frac{1}{2}$时,$\frac{\mathrm{d}^n y}{\mathrm{d}x^n}$代表什么意思? 这可视为分数阶微积分的诞生日. 分数阶微积分经过三百多年的发展,在许多领域中有重要应用,并成为一个重要研究领域. 分数阶微分方程、分数阶偏微分方程及分数阶差分方程的基本理论已日渐成熟并得到广泛应用. 目前常用的分数阶微积分主要有 Riemann-Liouville 型分数阶微积分、Caputo 型分数阶微积分、Weyl 型分数阶微积分、Grünwald-Letnikov 型分数阶微积分、Riesz 型分数阶微积分和 Marchaud-Hadamard 型分数阶微积分等等,更多的概念可参见文献[22 -24].

这一节主要介绍四种常用的分数阶微积分的定义:Grünwald-Letnikov 型分数阶微积分、Riemann-Liouville 型分数阶微积分、Caputo 型分数阶微积分以及 Wely 型分数阶微积分.

§7.1.1　Grünwald-Letnikov 分数阶导数及模型

Grünwald-Letnikov 分数阶导数是将连续函数经典的整数阶微分的阶数从整数推广到非整数, 通过对原微分的差分近似递推式求极限推演而得. 设 p 为整数,函数 $f(t)$ 在区间 $[a,b]$ 上存在 $p+1$ 阶连续导数. 当 $q>0$,$p\geq[q]$时,函数 $f(t)$ 的 q 阶导数定义为

$$
{}_a^G D_t^q f(t) = \lim_{\substack{h\to 0\\ nh=t-a}} h^{-q}\sum_{r=0}^{n}\begin{bmatrix}-q\\ r\end{bmatrix} f(t-rh)
$$

其中$[q]$表示不超过 q 的最大整数. $\begin{bmatrix}-q\\ r\end{bmatrix}=\frac{(-q)(-q+1)\cdots(-q+r-1)}{r!}$. 规定$\begin{bmatrix}0\\ r\end{bmatrix}=0$,

$\begin{bmatrix}0\\0\end{bmatrix}=1$，则有${}_a^GD_t^0f(t)=f(t)$. 当$q<0$时，$q$阶导数转化为$-q$阶积分. 令$n=[-q]$，用数学归纳法和分部积分法，可以推知：

$$ {}_a^GD_t^qf(t)=\sum_{k=0}^{n}\frac{f^{(k)}(a)(t-a)^{k-q}}{\Gamma(k+1-q)}+\frac{1}{\Gamma(n+1-q)}\int_a^t(t-s)^{n-q}f^{(n+1)}(s)\mathrm{d}s $$

其中$\Gamma(x)$为 Gamma 函数，定义为

$$ \Gamma(x)=\int_0^{+\infty}r^{x-1}e^{-r}\mathrm{d}r(x>0) $$

Beta 函数与 Gamma 函数密切相关，其定义为

$$ B(x,y)=\int_0^1(1-r)^{x-1}r^{y-1}\mathrm{d}r(x,y>0) $$

并且有$B(x,y)=\dfrac{\Gamma(x)\Gamma(y)}{\Gamma(x+y)}$.

由 Grünwald-Letnikov 分数阶导数定义可知，幂函数$t^m(m>0)$的$-\dfrac{1}{2}$阶导数为

$$ \begin{aligned} {}_0^GD_t^{-1/2}(t^m)&=\frac{1}{\Gamma(1+\frac{1}{2})}\int_0^t(t-s)^{\frac{1}{2}}ms^{m-1}\mathrm{d}s=\frac{mt^{m+\frac{1}{2}}}{\Gamma(1+\frac{1}{2})}\int_0^1(1-r)^{\frac{1}{2}}r^{m-1}\mathrm{d}r\\ &=\frac{mt^{m+\frac{1}{2}}}{\Gamma(1+\frac{1}{2})}\int_0^1(1-r)^{\frac{3}{2}-1}r^{m-1}\mathrm{d}r=\frac{mt^{m+\frac{1}{2}}}{\Gamma(1+\frac{1}{2})}B(\frac{3}{2},m)\\ &=\frac{\Gamma(m+1)}{\Gamma(m+\frac{3}{2})}t^{m+\frac{1}{2}} \end{aligned} $$

现代信号分析中的 Grünwald-Letnikov 导数模型

对于一个给定的时域无限的能量性信号$f(t)$，通过截断的办法，可得到分布在主要能量分布区间内时域有限的能量性信号. 假设信号时间为$[-l,l]$，则该信号$f(t)$的 Fourier 级数展开式为

$$ f(t)=\frac{a_0}{2}+\sum_{k=1}^{\infty}(a_k\cos\frac{k\pi}{l}t+b_k\sin\frac{k\pi}{l}t) $$

其中$a_0=\dfrac{1}{l}\displaystyle\int_{-l}^{l}f(t)\mathrm{d}t$，$a_k=\dfrac{1}{l}\displaystyle\int_{-l}^{l}f(t)\cos\frac{k\pi}{l}t\mathrm{d}t$，$b_k=\dfrac{1}{l}\displaystyle\int_{-l}^{l}f(t)\sin\frac{k\pi}{l}t\mathrm{d}t$，$k=1,2,\cdots$.

从而信号$f(t)$的q阶 Grünwald-Letnikov 导数为

$$ {}_a^GD_t^qf(t)=f^{(q)}(t)=\sum_{k=1}^{\infty}(\frac{k\pi}{l})^q[a_k\cos(\frac{k\pi}{l}t+\frac{q\pi}{2})+b_k\sin(\frac{k\pi}{l}t+\frac{q\pi}{2})] $$

特别地，当$l=\pi$时，信号$f(t)$的q阶导数为

$$ {}_a^GD_t^qf(t)=\sum_{k=1}^{\infty}k^q[a_k\cos(kt+\frac{q\pi}{2})+b_k\sin(kt+\frac{q\pi}{2})] $$

如果能量性信号为区间$[-l,l]$上的奇信号，即信号函数$f(t)$为奇函数，利用 Fourier 级数奇展开式可知：奇信号$f(t)$的q阶 Grünwald-Letnikov 导数为

$$ {}_a^G D_t^q f(t) = \sum_{k=1}^{\infty} \left(\frac{k\pi}{l}\right)^q b_k \sin\left(\frac{k\pi}{l}t + \frac{q\pi}{2}\right) $$

类似的，偶信号 $f(t)$ 的 q 阶 Grünwald-Letnikov 导数为

$$ {}_a^G D_t^q f(t) = \sum_{k=1}^{\infty} \left(\frac{k\pi}{l}\right)^q b_k \cos\left(\frac{k\pi}{l}t + \frac{q\pi}{2}\right) $$

§7.1.2　Riemann-Liouville 分数阶微积分及模型

对于给定实数 a 及 $\alpha>0$，定义左侧 Riemann-Liouville 型分数阶积分为

$$ I_{a+}^{\alpha} f(t) = \frac{1}{\Gamma(\alpha)} \int_a^t (t-\tau)^{\alpha-1} f(\tau)\mathrm{d}\tau \,(t>a) $$

其中 $\Gamma(\cdot)$ 是 Gamma 函数. 相应的右侧 Riemann-Liouville 型分数阶积分为

$$ I_{b-}^{\alpha} f(t) = \frac{1}{\Gamma(\alpha)} \int_t^b (\tau-t)^{\alpha-1} f(\tau)\mathrm{d}\tau \,(t<b) $$

当 $\alpha=n$ 为整数时，上述定义与整数阶积分的定义式一致的，即

$$ I_{a+}^{n} f(t) = \int_a^t \mathrm{d}\tau_1 \cdots \int_a^{\tau_{n-1}} f(\tau_n)\mathrm{d}\tau_n = \frac{1}{(n-1)!}\int_a^t (t-\tau)^{n-1} f(\tau)\mathrm{d}\tau, n\in N $$

下面定义 Riemann-Liouville 型分数阶左导数为：

当 $\alpha<0$ 时，

$$ {}_a^{RL} D_t^{\alpha} f(t) = \frac{1}{\Gamma(-\alpha)} \int_a^t \tau^{-\alpha-1} f(t-\tau)\mathrm{d}\tau $$

当 $n-1<\alpha\leqslant n$ 时，

$$ \begin{aligned} {}_a^{RL} D_t^{\alpha} f(t) &= \left(\frac{\mathrm{d}}{\mathrm{d}t}\right)^n I_{a+}^{n-\alpha} f(t) \\ &= \frac{1}{\Gamma(n-\alpha)} \left(\frac{\mathrm{d}}{\mathrm{d}t}\right)^n \int_a^t (t-\tau)^{n-\alpha-1} f(\tau)\mathrm{d}\tau \\ &= \sum_{n=0}^{n-1} \frac{f^{(k)}(a)\,(t-a)^{-\alpha+k}}{\Gamma(k+1-\alpha)} + \frac{1}{\Gamma(n-\alpha)} \int_a^t (t-\tau)^{n-\alpha-1} f^{(n)}(\tau)\mathrm{d}\tau \end{aligned} $$

下面用 Riemann-Liouville 型分数阶导数逼近整数阶导数，即令 $\alpha\to n-1$，则有

$$ \begin{aligned} \lim_{\alpha\to(n-1)} {}_a^{RL} D_t^{\alpha} f(t) &= \lim_{\alpha\to(n-1)} \left[\sum_{n=0}^{n-1} \frac{f^{(k)}(a)\,(t-a)^{-\alpha+k}}{\Gamma(k+1-\alpha)} + \frac{1}{\Gamma(n-\alpha)} \int_a^t (t-\tau)^{n-\alpha-1} f^{(n)}(\tau)\mathrm{d}\tau \right] \\ &= f^{(n-1)}(a) + \int_a^t f^{(n)}(\tau)\mathrm{d}\tau = \frac{d^{n-1}f(t)}{\mathrm{d}t^{n-1}} \end{aligned} $$

当 $0<\alpha<1$ 时，则 Riemann-Liouville 型分数阶左导数可定义为：

$$ {}_a^{RL} D_t^{\alpha} f(t) = \frac{1}{\Gamma(1-\alpha)} \frac{\mathrm{d}}{\mathrm{d}t} \int_a^t (t-\tau)^{-\alpha} f(\tau)\mathrm{d}\tau $$

由 Riemann-Liouville 型分数阶导数定义可知，幂函数 $t^m\,(m>0)$ 的 $\frac{1}{2}$ 阶导数为

$$ {}_0^{RL} D_t^{\frac{1}{2}}(t^m) = \frac{1}{\Gamma(\frac{1}{2})} \frac{\mathrm{d}}{\mathrm{d}t} \int_0^t (t-s)^{-\frac{1}{2}} s^m \mathrm{d}s = \frac{1}{\Gamma(\frac{1}{2})} \frac{\mathrm{d}}{\mathrm{d}t}(t^{m+\frac{1}{2}}) \int_0^1 (1-r)^{-\frac{1}{2}} r^m \mathrm{d}r $$

$$= \frac{(m+\frac{1}{2})t^{m-\frac{1}{2}}}{\Gamma(\frac{1}{2})} B(\frac{1}{2}, m+1) = (m+\frac{1}{2}) \frac{\Gamma(m+1)}{\Gamma(m+\frac{3}{2})} t^{m-\frac{1}{2}}$$

Riemann-Liouville 型分数阶导数模型

在描述分数阶回馈离散控制系统中,其时域模型可由下式描述:

$$D^{\alpha_n}y(t) + a_{n-1}D^{\alpha_{n-1}}y(t) + \cdots + a_0 y(t) = b_m D^{\alpha_m}u(t) + \cdots + b_0 u(t), \quad (7.1.1)$$

其中 $m<n$, $y(t)$ 为系统特性函数, $u(t)$ 为系统输入函数, $D^{\alpha_n} = {}_0^C D_t^{\alpha_n}$. 则该系统为同元次系统,即阶次均为某一有理数的倍数. 特别的,记 $D^q = Q$,假设 $\alpha_k = kq, k=0,1,\cdots,n-1$,则系统(7.1.1)可以改写成

$$D^{nq}y(t) + a_{n-1}D^{q(n-1)}y(t) + \cdots + a_0 y(t) = b_m D^{mq}u(t) + \cdots + b_0 u(t)$$

若算子 $Q^n + a_{n-1}Q^{n-1} + \cdots + a_0$ 可逆,则有

$$y(t) = \frac{b_m Q^m + b_{m-1}Q^{m-1} + \cdots + b_0}{Q^n + a_{n-1}Q^{n-1} + \cdots + a_0} u(t)$$

设 $z(t) = \frac{1}{Q^n + a_{n-1}Q^{n-1} + \cdots + a_0} u(t)$,则 $y(t) = (b_m Q^m + b_{m-1}Q^{m-1} + \cdots + b_0) z(t)$.

记 $x_i(t) = D^{q(i-1)}z(t), i=1,\cdots,n, X(t) = (x_1(t), x_2(t), \cdots, x_n(t))$,则有

$$\begin{cases} X^{(q)}(t) = AX(t) + Bu(t), \\ y(t) = CX(t) \end{cases} \quad t \geq 0 \quad (7.1.2)$$

其中

$$A = \begin{bmatrix} 0 & 1 & 0 & \cdots & 0 \\ \vdots & \vdots & \vdots & \cdots & \vdots \\ 0 & 0 & 0 & \cdots & 1 \\ -a_0 & -a_1 & -a_2 & \cdots & -a_{n-1} \end{bmatrix}, \quad B = \begin{bmatrix} 0 \\ 0 \\ \vdots \\ 1 \end{bmatrix}, \quad C = \begin{bmatrix} b_0 \\ \vdots \\ b_m \\ \vdots \\ 0 \end{bmatrix}^{\mathrm{T}}$$

系统(7.1.2)就是控制系统中的通用的分数阶微分方程.

附注 7.1.1　注意到 Riemann-Liouville 型分数阶导数对 Grünwald-Letnikov 分数阶导数进行了改进,使计算得到了简化. 但是 Riemann-Liouville 型分数阶导数具有奇异性(本身具有不连续点或其导数与积分有不连续点),不便于在工程与物理中广泛应用. 下面介绍由意大利物理学家 Caputo 在 20 世纪 60 年代末提出的所谓的"Caputo"分数阶微分的概念,采用它来解决 R－L 型分数阶微积分中的分数阶方程的初值问题.

§7.1.3　Caputo 型分数阶微积分及模型

定义 7.1.1 设$[\alpha]$是不超过 α 的最大整数,定义函数 $f(t)$ 的左侧 Caputo 型 α 阶导数为

$${}_a^C D_t^{\alpha} f(t) = I_{a+}^{n-\alpha} f^{(n)}(t) = \frac{1}{\Gamma(n-\alpha)} \int_a^t (t-\tau)^{n-\alpha-1} f^{(n)}(\tau) \mathrm{d}\tau$$

其中 $n = [\alpha]+1, n-1 < \alpha \leq n, t > a$.

下面利用分部积分法,使得 Caputo 型分数阶导数的定义更加方便使用,即当 $n=[\alpha]+1, n-1<\alpha\leqslant n, t>a$ 时,

$$
\begin{aligned}
{}_a^CD_t^{\alpha}f(t) &= \frac{1}{\Gamma(n-\alpha)}\int_a^t (t-\tau)^{n-\alpha-1}f^{(n)}(\tau)\mathrm{d}\tau \\
&= \frac{f^{(n)}(a)(t-a)^{n-\alpha}}{\Gamma(n-\alpha+1)} + \frac{1}{\Gamma(n-\alpha+1)}\int_a^t (t-\tau)^{n-\alpha}f^{(n+1)}(\tau)\mathrm{d}\tau
\end{aligned}
$$

令 $\alpha\to n$,则 Caputo 型分数阶导数逼近整数阶导数,即有

$$
\begin{aligned}
\lim_{\alpha\to n}{}_a^CD_t^{\alpha}f(t) &= \lim_{\alpha\to n}\left[\frac{f^{(n)}(a)(t-a)^{n-\alpha}}{\Gamma(n-\alpha+1)} + \frac{1}{\Gamma(n-\alpha+1)}\int_a^t (t-\tau)^{n-\alpha}f^{(n+1)}(\tau)\mathrm{d}\tau\right] \\
&= f^{(n)}(a) + \int_a^t f^{(n+1)}(\tau)\mathrm{d}\tau = f^{(n)}(t)
\end{aligned}
$$

当 $0<\alpha<1$ 时,则 $n=1$ 且 Caputo 型分数阶左导数为

$$
{}_a^CD_t^{\alpha}f(t) = I_{a+}^{1-\alpha}f'(t) = \frac{1}{\Gamma(1-\alpha)}\int_a^t (t-\tau)^{-\alpha}f'(\tau)\mathrm{d}\tau
$$

由 Caputo 型分数阶导数定义可知,幂函数 $t^m(m>0)$ 的 $\frac{1}{2}$ 阶导数为

$$
\begin{aligned}
{}_0^CD_t^{\frac{1}{2}}(t^m) &= \frac{1}{\Gamma(\frac{1}{2})}\int_0^t (t-s)^{-\frac{1}{2}}ms^{m-1}\mathrm{d}s = \frac{mt^{m-\frac{1}{2}}}{\Gamma(\frac{1}{2})}\int_0^1 (1-r)^{-\frac{1}{2}}r^{m-1}\mathrm{d}r \\
&= \frac{mt^{m-\frac{1}{2}}}{\Gamma(\frac{1}{2})}B(\frac{1}{2},m) = \frac{\Gamma(m+1)}{\Gamma(m+\frac{1}{2})}t^{m-\frac{1}{2}}
\end{aligned}
$$

附注 7.1.2　当 α 是正整数,α 阶 Caputo 型分数阶导数就是通常意义下的整数阶导数.

命题 7.1.1　如果 $n-1<\alpha\leqslant n, u\in C^n[0,1]$,则

$$
I_{0+}^{\alpha}D_t^{\alpha}u(t) = u(t) - c_1 - c_2t - \cdots - c_nt^{n-1}
$$

其中 $c_i\in\mathbb{R}, i=1,2,\cdots,n$.

命题 7.1.2　如果 $\mathrm{Re}\beta>0, \mathrm{Re}(\alpha+\beta)>0, u(t)\in L^1(a,b)$,则 $I_{0+}^{\alpha}I_{0+}^{\beta}u(t) = I_{0+}^{\alpha+\beta}u(t)$.

Caputo 型分数阶导数模型

在核子感应的理论建模过程中,F. Bloch 于 1946 年给出了如下形式的 Bloch 方程[3]:

$$
\begin{cases}
\dfrac{\mathrm{d}M_z(t)}{\mathrm{d}t} = \gamma(M_xH_y - M_yH_x) - \dfrac{1}{T_1}M_z + \dfrac{1}{T_1}M_0 \\
\dfrac{\mathrm{d}M_x(t)}{\mathrm{d}t} = \gamma(M_yH_z - M_zH_y) - \dfrac{1}{T_2}M_x \\
\dfrac{\mathrm{d}M_y(t)}{\mathrm{d}t} = \gamma(M_zH_x - M_xH_z) - \dfrac{1}{T_2}M_y
\end{cases}
$$

其中 M_x, M_y, M_z 表示系统磁化强度沿三个坐标轴的分量,M_0 表示平衡磁化强度,H_x, H_y, H_z 表示外部磁化强度沿三个坐标轴的分量,T_1, T_2 表示弛豫时间,$\gamma/2\pi$ 表示磁旋比.

由于分数阶导数在粘弹性材料,随机游走,控制与量子力学等工程领域发挥重要作

用，因此分数阶导数也是研究 Bloch 方程的重要工具. 引入 Caputo 分数阶微分，并选取合适的外部磁化强度，分数阶的 Bloch 方程有如下形式：

$$\begin{cases} {}_0^CD_t^{\alpha_1}M_z(t) = -\beta M_y + \dfrac{M_0 - M_z}{T_1} \\ {}_0^CD_t^{\alpha_2}M_x(t) = \gamma M_y - \dfrac{1}{T_2}M_x \\ {}_0^CD_t^{\alpha_3}M_y(t) = \beta M_z - \gamma M_x - \dfrac{1}{T_2}M_y \end{cases}$$

其中 $\alpha_1,\alpha_2,\alpha_3 \in (0,1]$，$\beta,\gamma$ 为常数. 若不考虑弛豫时间，令 $T_1,T_2 \to \infty$，则有

$$\begin{cases} {}_0^CD_t^{\alpha_1}M_z(t) = -\beta M_y \\ {}_0^CD_t^{\alpha_2}M_x(t) = \gamma M_y \\ {}_0^CD_t^{\alpha_3}M_y(t) = \beta M_z - \gamma M_x \end{cases}$$

§7.1.4 Weyl 型分数阶微积分

定义 7.1.2 如果 f 在无穷远处速降（指数衰减），且 $\mathrm{Re}(\mu) > 0$，则函数 f 的 μ 阶 Weyl 型积分定义为

$$W^{-\mu}f(t) = \frac{1}{\Gamma(\mu)}\int_t^\infty (\tau - t)^{\mu-1} f(\tau)\,\mathrm{d}\tau \tag{7.1.3}$$

易见，对于 Weyl 型分数阶积分，指数函数 $e^{-mt}(m > 0)$ 的 $\frac{1}{2}$ 阶积分为

$$W^{-\frac{1}{2}}(e^{-mt}) = \frac{1}{\Gamma(\frac{1}{2})}\int_t^{+\infty}(s-t)^{-\frac{1}{2}}e^{-ms}\mathrm{d}s = \frac{e^{-mt}}{\sqrt{m}\Gamma(\frac{1}{2})}\int_0^{+\infty}r^{-\frac{1}{2}}e^{-r}\mathrm{d}r = \frac{e^{-mt}}{\sqrt{m}}$$

利用变量代换 $\tau = t + \xi$，则

$$W^{-\mu}f(t) = \frac{1}{\Gamma(\mu)}\int_0^\infty \xi^{\mu-1}f(t+\xi)\mathrm{d}\xi$$

令 $D = \dfrac{\mathrm{d}}{\mathrm{d}t}$，从而

$$W^{-\mu}[Df(t)] = \frac{1}{\Gamma(\mu)}\int_0^\infty \xi^{\mu-1}Df(t+\xi)\mathrm{d}\xi$$

更一般地，可以得到 Wely 分数阶积分的指数性质，即如果 f 是速降的，则有

$$W^{-\mu}[W^{-\nu}f(t)] = W^{-(\mu+\nu)}f(t)$$

注意到当 $\mu = 0$ 时，等式(7.1.3) 不一定是收敛的，但当 $\mu > 0$ 时，$W^{-\mu}$ 是有意义的，且

$$W^0W^{-\mu} = W^{-\mu}$$

由此可定义恒同算子

$$W^0 = I$$

令 $E = D^{-1}$，下面给出 Weyl 分数阶导数的定义.

定义 7.1.3 令 $\mu > 0, n = [\mu] + 1, \nu = n - \mu$. 假设对函数 f，其 $-\nu$ 阶 Weyl 积分 $W^{-\nu}f(t)$ 存在且具有 n 阶连续导数，则 f 的 μ 阶 Weyl 阶导数的定义为

$$W^{\mu}f(t) = E^{n}[W^{-v}f(t)] = E^{n}[W^{-(n-\mu)}f(t)]$$

附注 7.1.3　注意到当 f 是速降函数时，对任意的 $\mu > 0$，其 μ 阶 Weyl 分数阶导数存在，且仍属于速降函数类.

下面给出 Weyl 分数阶积分和 Weyl 分数阶导数之间的关系.

命题 7.1.3　对任意的 μ 都有

$$W^{-\mu}W^{\mu} = I = W^{\mu}W^{-\mu}$$

命题 7.1.4　设 $\mu > 0, \nu > 0$，则 Weyl 分数阶导数满足指数性质，即

$$W^{\mu}W^{\nu} = W^{\mu+\nu}, W^{0} = I$$

命题 7.1.5　设 f, g 都是速降函数，且 g 为无穷次可微函数，则对任意的 $\nu > 0$

$$W^{-\mu}[f(t)g(t)] = \sum_{k=0}^{\infty} C_{-v}^{k}[E^{k}g(t)][W^{-v-k}f(t)]$$

习题 7.1

1. 计算下列分数阶积分：

(1) $I_{0+}^{\frac{1}{2}}(t^{k}), k \in \mathbb{N}$；(2) $I_{0+}^{\frac{1}{2}}(\sqrt{t})$；(3) $I_{0+}^{\alpha}(t^{\beta}), \alpha, \beta \in (0,1)$；(4) $I_{0+}^{\frac{1}{3}}(\sin t)$；

(5) $I_{0+}^{\alpha}(e^{t}), \alpha > 0$；(6) $I_{0+}^{\alpha}(\Gamma(t)), \alpha \in (0,1)$.

2. 计算下列分数阶导数：

(1) ${}_{0}^{RL}D_{t}^{\frac{1}{3}}(t^{k}), k \in \mathbb{N}$；(2) ${}_{0}^{RL}D_{t}^{\alpha}(\sqrt{t}), \alpha \in (0,1)$；(3) ${}_{a}^{C}D_{t}^{\frac{1}{4}}(t^{k}), k \in \mathbb{N}, a \in \mathbb{R}$；

(4) ${}_{0}^{C}D_{t}^{\alpha}(\sqrt{t}), \alpha \in (0,1)$.

3. 判断下列式子是否正确：

(1) ${}_{0}^{RL}D_{t}^{\alpha}[I_{0+}^{\alpha}(t^{k})] = t^{k}, k \in \mathbb{N}$；(2) $I_{0+}^{\alpha}[{}_{0}^{C}D_{t}^{\alpha}(t^{k})] = t^{k}, k \in \mathbb{N}$.

§7.2　分数阶常微分方程初值问题

本节主要介绍几类分数阶微分方程初值问题的存在性和唯一性结论.

考虑分数阶常微分方程

$$\begin{cases} {}_{0}^{C}D^{\alpha}y(t) = f(t, y(t)), 0 < \alpha < 1, t \in [0,T] \\ y(0) = y_{0}, \end{cases} \tag{7.2.1}$$

其中 $f \in C(G, \mathbb{R}), G = [0,T] \times D, D \subset \mathbb{R}$. 假设 $f(t,y)$ 满足下列条件：

(F) 存在常数 $L > 0, \beta \in (0,1]$，使得对所有 $t \in [0,T], y_{1}, y_{2} \in D$，有

$$|f(t,y_{1}) - f(t,y_{2})| \leqslant L\,|y_{1} - y_{2}|^{\beta} \text{成立}.$$

(F_{1}) 存在常数 $L_{1} > 0, l_{1} > 0$ 及 $p \in [0,\alpha)$，使得对所有 $t \in [0,T]$ 及 $y \in D$，有

$$|f(t,y)| \leqslant L_{1}t^{-p}|y| + l_{1} \text{成立}.$$

(F_{2}) 存在常数 $L_{2} > 0, l_{2} > 0$ 以及 $p > 0$，使得对所有 $t \in [0,T], y \in D$，有

$$|f(t,y)|\leqslant L_2\ |y|^p + l_2\text{成立}.$$

在介绍存在性和唯一性结论之前,先给出两个不动点定理:

引理7.2.1(Banach压缩映射原理) 设(X,ρ)是一个完备的距离空间,T是(X,ρ)到其自身的压缩映射,则T在X上存在唯一的不动点.

引理7.2.2(Schauder不动点定理) 设C是线性赋范空间X中的一个闭凸子集,T是C到其自身的连续映射,且$T(C)$为列紧集,则T在C上必有一个不动点.

定理7.2.1 如果$f(t,y)$是定义在区域G上的实值连续函数,并且条件(F)成立,则(1)当$\beta=1$时,存在常数$h>0$使初值问题(7.2.1)在$[0,h]$上存在唯一的连续解;(2)当$\beta\in(0,1)$时,初值问题(7.2.1)在区域G内至少存在一个连续解.

证明 (1)记$M_0=\max\{|f(t,0)|:t\in[0,T]\}$,选取常数$h>0$,使得

$Lh^\alpha<\Gamma(\alpha+1)$. 令$\Omega=\{u\in C[0,h]:\|u\|\leqslant M\}$,其中$M=\dfrac{|y_0|+\dfrac{M_0h^\alpha}{\Gamma(\alpha+1)}}{1-\dfrac{Lh^\alpha}{\Gamma(\alpha+1)}}$.

考虑算子$F:\Omega\mapsto C[0,h]$,对任意$y\in\Omega$,定义

$$Fy(t)=y_0+\frac{1}{\Gamma(\alpha)}\int_0^t(t-s)^{\alpha-1}f(s,y(s))\mathrm{d}s$$

直接计算可知:

$$\begin{aligned}|Fy(t)|&\leqslant|y_0|+\frac{1}{\Gamma(\alpha)}\int_0^t|(t-s)^{\alpha-1}f(s,y(s))|\mathrm{d}s\\&=|y_0|+\frac{1}{\Gamma(\alpha)}\int_0^t(t-s)^{\alpha-1}|f(s,y(s))-f(s,0)+f(s,0)|\mathrm{d}s\\&\leqslant|y_0|+\frac{L}{\Gamma(\alpha)}\int_0^t(t-s)^{\alpha-1}|y(s)|\mathrm{d}s+\frac{M_0}{\Gamma(\alpha)}\int_0^t(t-s)^{\alpha-1}\mathrm{d}s\\&\leqslant|y_0|+\frac{Lh^\alpha}{\Gamma(\alpha+1)}\|y\|+\frac{M_0h^\alpha}{\Gamma(\alpha)}\leqslant M\end{aligned}$$

因此$Fy\in\Omega$,即F是Ω上的自映射.

另一方面,对于$y_1,y_2\in\Omega$,有

$$\begin{aligned}|Fy_1(t)-Fy_2(t)|&\leqslant\frac{1}{\Gamma(\alpha)}\int_0^t(t-s)^{\alpha-1}|f(s,y_1(s))-f(s,y_2(s))|\mathrm{d}s\\&\leqslant\frac{L}{\Gamma(\alpha)}\int_0^t(t-s)^{\alpha-1}|y_1(s)-y_2(s)|\mathrm{d}s\\&\leqslant\frac{L}{\Gamma(\alpha)}\int_0^t(t-s)^{\alpha-1}\mathrm{d}s\|y_1-y_2\|\\&\leqslant\frac{Lh^\alpha}{\Gamma(\alpha+1)}\|y_1-y_2\|\end{aligned}$$

从而$\|Fy_1-Fy_2\|\leqslant\dfrac{Lh^\alpha}{\Gamma(\alpha+1)}\|y_1-y_2\|$. 因为$\dfrac{Lh^\alpha}{\Gamma(\alpha+1)}<1$,所以$F$是$\Omega$上的压缩映射. 由Banach压缩映射原理可知:$F$在$\Omega$上存在唯一不动点,记为$y$. 从而

$$y(t) = Fy(t) = y_0 + \frac{1}{\Gamma(\alpha)}\int_0^t (t-s)^{\alpha-1} f(s,y(s))\,\mathrm{d}s$$

因此 $y = y(t), t \in [0,h]$ 是初值问题(7.2.1)在 $[0,h]$ 上的唯一连续解(见习题7.2.1).

(2) 选取正整数 k_0,使得

$$\frac{L}{k_0^{\alpha}} < \frac{2}{\left(|y_0| + \frac{M_0 T^{\alpha}}{\Gamma(\alpha+1)} + 2\right)^{\alpha}} \text{成立.}$$

定义 $C[0,T]$ 上的新范数

$$\|u\|_{k_0} = \max\{e^{-k_0 t} | u(t) | : t \in [0,T]\}, u \in C[0,T]$$

则范数 $\|\cdot\|_{k_0}$ 与上确界范数 $\|\cdot\|$ 等价. 记

$$B_Q = \{u \in C[0,T] : \|u\|_{k_0} \leqslant Q\}, Q = |y_0| + \frac{M_0 T^{\alpha}}{\Gamma(\alpha+1)} + 2$$

引入 B_Q 上的算子 $F: B_Q \mapsto C[0,T]$,且对于 $y \in B_Q$,定义

$$Fy(t) = y_0 + \frac{1}{\Gamma(\alpha)}\int_0^t (t-s)^{\alpha-1} f(s,y(s))\,\mathrm{d}s$$

当 $y \in B_Q$ 时,

$$\begin{aligned}
|Fy(t)| &\leqslant |y_0| + \frac{1}{\Gamma(\alpha)}\int_0^t |(t-s)^{\alpha-1} f(s,y(s))|\,\mathrm{d}s \\
&= |y_0| + \frac{1}{\Gamma(\alpha)}\int_0^t (t-s)^{\alpha-1} |f(s,y(s)) - f(s,0) + f(s,0)|\,\mathrm{d}s \\
&\leqslant |y_0| + \frac{L}{\Gamma(\alpha)}\int_0^t (t-s)^{\alpha-1} |y(s)|^{\beta}\mathrm{d}s + \frac{M_0 T^{\alpha}}{\Gamma(\alpha)}
\end{aligned}$$

注意到

$$\begin{aligned}
\frac{L}{\Gamma(\alpha)}\int_0^t (t-s)^{\alpha-1} |y(s)|^{\beta}\mathrm{d}s &\leqslant \frac{L}{\Gamma(\alpha)}\int_0^t (t-s)^{\alpha-1} \sup_{r\in[0,s]} | y(r) |^{\beta}\mathrm{d}s \\
&\leqslant \frac{L}{\Gamma(\alpha)}\int_0^t (t-s)^{\alpha-1} e^{\beta k_0 s}\mathrm{d}s \|y\|_{k_0}^{\beta} \\
&\leqslant \frac{L}{\Gamma(\alpha)}\int_0^t (t-s)^{\alpha-1} e^{k_0 s}\mathrm{d}s \|y\|_{k_0}^{\beta} \\
&\leqslant \frac{L}{k_0^{\alpha}}\frac{1}{\Gamma(\alpha)}\int_0^{nt} z^{\alpha-1} e^{-z}\mathrm{d}z \|y\|_{k_0}^{\beta} e^{k_0 t} \\
&\leqslant \frac{L}{k_0^{\alpha}}\|y\|_{k_0}^{\beta} e^{k_0 t}
\end{aligned}$$

因此

$$\|Fy\|_{k_0} \leqslant |y_0| + \frac{L}{k_0^{\alpha}}\|y\|_{k_0}^{\beta} + \frac{M_0 T^{\alpha}}{\Gamma(\alpha)} \leqslant |y_0| + \frac{L}{k_0^{\alpha}} Q^{\beta} + \frac{M_0 T^{\alpha}}{\Gamma(\alpha)} \leqslant Q$$

从而 $F(B_Q) \subset B_Q$,即 F 是 B_Q 上的自映射.

另一方面,对于 $u \in B_Q, t_1, t_2 \in [0,T] (t_2 > t_1)$,则有

$$\begin{aligned}|Fu(t_2)-Fu(t_1)| &\leqslant \frac{1}{\Gamma(\alpha)}\left|\int_0^{t_2}(t_2-s)^{\alpha-1}f(s,u(s))\mathrm{d}s-\int_0^{t_1}(t_1-s)^{\alpha-1}f(s,u(s))\mathrm{d}s\right| \\ &\leqslant \frac{\widetilde{M}}{\Gamma(\alpha)}\left(\int_0^{t_1}|(t_2-s)^{\alpha-1}-(t_1-s)^{\alpha-1}|\mathrm{d}s+\int_{t_1}^{t_2}(t_2-s)^{\alpha-1}\mathrm{d}s\right) \\ &\leqslant \frac{\widetilde{M}}{\Gamma(\alpha+1)}(t_2^{\alpha}-t_1^{\alpha})\end{aligned}$$

其中 $\widetilde{M}=\max\{|f(t,x)|:(t,x)\in[0,T]\times B_Q\}$. 从而 $F(B_Q)$ 为等度连续集. 由 Ascoli-Arzela 引理易知,$F(B_Q)$ 为相对紧集. 另外,由 f 的连续性可知 F 是全连续的. 因此由 Schauder 不动点定理可知,F 在 B_Q 上至少存在一个不动点,即初值问题(7.2.1)在区域 G 内至少存在一个连续解. 证毕.

定理 7.2.2 如果 $f(t,y)$ 是定义在区域 G 上的实值连续函数,并且满足条件(F_1),则在区域 G 内方程(7.2.1)至少存在一个连续解.

证明 首先,选取正数 η 使得

$$\delta:=\frac{L_1\eta^{\alpha-p}(B(\alpha,1-p)+\Gamma(\alpha))}{\Gamma(\alpha)}<1$$

其中 $B(\cdot,\cdot)$ 是 Beta 函数. 定义单调增函数 $b:[0,T]\mapsto R^+$

$$b(t)=\begin{cases}1, & t\in[0,\eta) \\ e^{\frac{t-\eta}{\eta}}, & t\in[\eta,T]\end{cases}$$

则有下式成立:

$$\frac{L_1}{\Gamma(\alpha)}\int_0^t(t-s)^{\alpha-1}s^{-p}b(s)\mathrm{d}s\leqslant\delta b(t)$$

事实上,当 $t\in[0,\eta)$ 时,注意到 $B(x,y)=\int_0^1(1-s)^{x-1}s^{y-1}\mathrm{d}s$,从而有

$$\begin{aligned}\frac{L_1}{\Gamma(\alpha)}\int_0^t(t-s)^{\alpha-1}s^{-p}1\mathrm{d}s &= \frac{L_1}{\Gamma(\alpha)}t^{\alpha-p}\int_0^1(1-z)^{\alpha-1}z^{1-p-1}\mathrm{d}z \\ &= \frac{L_1B(\alpha,1-p)}{\Gamma(\alpha)}t^{\alpha-p}\leqslant\frac{L_1B(\alpha,1-p)}{\Gamma(\alpha)}\eta^{\alpha-p} \\ &< \delta b(t)\end{aligned}$$

当 $t\in[\eta,T]$ 时,有

$$\begin{aligned}\frac{L_1}{\Gamma(\alpha)}\int_0^t(t-s)^{\alpha-1}s^{-p}b(s)\mathrm{d}s &= \frac{L_1}{\Gamma(\alpha)}\left(\int_0^{\eta}(t-s)^{\alpha-1}s^{-p}\mathrm{d}s+\int_{\eta}^t(t-s)^{\alpha-1}s^{-p}e^{\frac{s-\eta}{\eta}}\mathrm{d}s\right) \\ &\leqslant \frac{L_1}{\Gamma(\alpha)}\left(\int_0^{\eta}(\eta-s)^{\alpha-1}s^{-p}\mathrm{d}s+\int_{\eta}^t(t-s)^{\alpha-1}s^{-p}e^{\frac{s-\eta}{\eta}}\mathrm{d}s\right) \\ &\leqslant \frac{L_1B(\alpha,1-p)}{\Gamma(\alpha)}\eta^{\alpha-p}+\frac{L_1}{\Gamma(\alpha)}\int_{\eta}^t(t-s)^{\alpha-1}s^{-p}e^{-\frac{t-s}{\eta}}\mathrm{d}se^{\frac{t-\eta}{\eta}} \\ &\leqslant \left[\frac{L_1B(\alpha,1-p)}{\Gamma(\alpha)}\eta^{\alpha-p}+\frac{L_1\eta^{\alpha-p}}{\Gamma(\alpha)}\int_0^{\frac{t}{\eta}}z^{\alpha-1}e^{-z}\mathrm{d}z\right]e^{\frac{t-\eta}{\eta}} \\ &\leqslant \left[\frac{L_1B(\alpha,1-p)}{\Gamma(\alpha)}\eta^{\alpha-p}+L_1\eta^{\alpha-p}\right]b(t)\end{aligned}$$

$$< \delta b(t)$$

定义 $C[0,T]$ 上的新范数 $\|u\|_b = \max\{\frac{|u(t)|}{b(t)}: t \in [0,T]\}, u \in C[0,T]$，则范数 $\|\cdot\|_b$ 与上确界范数 $\|\cdot\|$ 等价. 记

$$B_Q = \{u \in C[0,T]: \|u\|_b \leqslant Q\}, Q = \frac{|y_0| + \frac{l_1 T^\alpha}{\Gamma(\alpha+1)}}{1-\delta}$$

类似定理 7.2.1 的证明可知：$F(B_Q) \subset B_Q$ 以及 F 是全连续映射. 由 Schauder 不动点定理可知：F 在 B_Q 上至少存在一个不动点，即初值问题(7.2.1) 在区域 G 内至少存在一个连续解. 证毕.

定理 7.2.3　如果 $f(t,y)$ 是定义在区域 G 上的实值连续函数，并且满足条件(F_2)，则在区域 G 内方程(7.2.1) 至少存在一个连续解.

当 $f(t,y)$ 关于第二个变量满足 Lipschitz 条件时，初值问题(7.2.1) 存在唯一的连续解(见定理 7.2.1). 除此之外，是否存在其他的唯一性条件呢？为此，下面给出三个有关 Krasnoselskii-Krein 型限制的唯一性结论：

定理 7.2.4　如果 $f(t,y)$ 是定义在区域 G 上的实值连续函数，并且下列条件成立：

(F_3) $|f(t,y_1) - f(t,y_2)| \leqslant Kt^{-\alpha}|y_1 - y_2|, K > 0$;

(F_4) $|f(t,y_1) - f(t,y_2)| \leqslant l\,|y_1 - y_2|^\beta, \beta \in (0,1)$;

(F_5) $K\beta\Gamma(\frac{\alpha\beta}{1-\beta}) < \Gamma(\frac{\alpha}{1-\beta})$.

则初值问题(7.2.1) 在 $[0,T]$ 上存在唯一的连续解 $\varphi(t)$，并且迭代序列 $\{\varphi_n(t)\}$：

$$\varphi_0(t) = y_0, \varphi_{n+1}(t) = y_0 + \frac{1}{\Gamma(\alpha)}\int_0^t (t-s)^{\alpha-1} f(s,\varphi_n(s))\,\mathrm{d}s, n = 0,1,\cdots$$

一致收敛到唯一解 $\varphi(t)$，即 $\lim\limits_{n\to\infty}\|\varphi_n - \varphi\|_\alpha = 0$，其中

$$\|u\|_\alpha = \|u\| + \sup\{|\frac{u(t_1) - u(t_2)}{|t_1 - t_2|^\alpha}|: t_1, t_2 \in [0,T], t_1 \neq t_2\}$$

证明　由假设(F_4) 和定理 7.2.1 知，初值问题(7.2.1) 在 $[0,T]$ 上存在连续解 $\varphi(t)$. 下面证明唯一性. 设 $\phi(t)$ 为初值问题(7.2.1) 的另一连续解. 根据假设(F_3) 可知：

$$\begin{aligned}|\varphi(t) - \phi(t)| &= |F\varphi(t) - F\phi(t)| \\ &= \frac{1}{\Gamma(\alpha)}\left|\int_0^t (t-s)^{\alpha-1}[f(s,\varphi(s)) - f(s,\phi(s))]\,\mathrm{d}s\right| \\ &\leqslant \frac{K}{\Gamma(\alpha)}\int_0^t (t-s)^{\alpha-1}s^{-\alpha}|\varphi(s) - \phi(s)|\,\mathrm{d}s \end{aligned} \tag{7.2.2}$$

类似地，由假设(F_4) 可知：

$$|\varphi(t) - \phi(t)| \leqslant \frac{l}{\Gamma(\alpha)}\int_0^t (t-s)^{\alpha-1}|\varphi(s) - \phi(s)|^\beta\,\mathrm{d}s \tag{7.2.3}$$

记 $M_1 = \max\{|f(t,\varphi(t)) - f(t,\phi(t))|: t \in [0,T]\}$，则有

$$|\varphi(t) - \phi(t)| \leqslant \frac{1}{\Gamma(\alpha)}\int_0^t (t-s)^{\alpha-1}|f(s,\varphi(s)) - f(s,\phi(s))|\,\mathrm{d}s \leqslant \frac{M_1}{\Gamma(\alpha+1)}t^\alpha.$$

代入(7.2.3)式可知:

$$|\varphi(t)-\phi(t)|\leqslant\frac{lM_1^\beta}{\Gamma(\alpha+1)^{1+\beta}}t^{\alpha+\alpha\beta}$$

再次代入(7.2.3)式,重复上述过程 n 次可得

$$|\varphi(t)-\phi(t)|\leqslant\frac{l^{\sum_{i=0}^{n-1}\beta^i}M_1\beta^n}{\Gamma(\alpha+1)^{\sum_{i=0}^{n}\beta^i}}t^{\alpha\sum_{i=0}^{n}\beta^i}$$

令 $n\to\infty$,则有

$$|\varphi(t)-\phi(t)|\leqslant\left(\frac{l}{\Gamma(\alpha+1)}\right)^{\frac{1}{1-\beta}}t^{\frac{\alpha}{1-\beta}},t\in[0,T]$$

另一方面,反复迭代(7.2.2)式 n 次,可得:

$$|\varphi(t)-\phi(t)|\leqslant\left(\frac{K}{\Gamma(\alpha)}\right)^n\int_0^t(t-s)^{\alpha-1}s^{-\alpha}\cdots\int_0^s(s-r)^{\alpha-1}r^{-\alpha}|\varphi(r)-\phi(r)|\mathrm{d}r\cdots\mathrm{d}s$$

注意到

$$\int_0^t(t-s)^{\alpha-1}s^{-\alpha}s^{\frac{\alpha}{1-\beta}}\mathrm{d}s=B\left(\alpha,1+\frac{\alpha\beta}{1-\beta}\right)t^{\frac{\alpha}{1-\beta}}$$

可得

$$|\varphi(t)-\phi(t)|\leqslant\left[\frac{K}{\Gamma(\alpha)}B\left(\alpha,1+\frac{\alpha\beta}{1-\beta}\right)\right]^n\left(\frac{l}{\Gamma(\alpha+1)}\right)^{\frac{1}{1-\beta}}T^{\frac{\alpha}{1-\beta}}\tag{7.2.4}$$

由假设(F_5)可知

$$\frac{K}{\Gamma(\alpha)}B\left(\alpha,1+\frac{\alpha\beta}{1-\beta}\right)=\frac{K}{\Gamma(\alpha)}\frac{\Gamma(\alpha)\Gamma\left(1+\frac{\alpha\beta}{1-\beta}\right)}{\Gamma\left(1+\frac{\alpha}{1-\beta}\right)}=K\beta\frac{\Gamma\left(\frac{\alpha\beta}{1-\beta}\right)}{\Gamma\left(\frac{\alpha}{1-\beta}\right)}<1$$

在(7.2.4)式中,令 $n\to\infty$,可得:$\varphi(t)\equiv\phi(t),t\in[0,T]$.

其次,记 $\psi_n(t)=\varphi_n(t)-\varphi(t),k_n(t)=f(t,\varphi_n(t))-f(t,\varphi(t)),t\in[0,T]$,对于 t_1, $t_2\in[0,T](t_2>t_1)$,我们有

$$\begin{aligned}|\psi_n(t_2)-\psi_n(t_1)|&=\frac{1}{\Gamma(\alpha)}\left|\int_0^{t_2}(t_2-s)^{\alpha-1}k_n(s)\mathrm{d}s-\int_0^{t_1}(t_1-s)^{\alpha-1}k_n(s)\mathrm{d}s\right|\\&\leqslant\frac{l}{\Gamma(\alpha)}\left(\int_0^{t_1}(t_2-s)^{\alpha-1}-(t_1-s)^{\alpha-1}\mathrm{d}s+\int_{t_1}^{t_2}(t_2-s)^{\alpha-1}\mathrm{d}s\right)\|\varphi_n-\varphi\|^\beta\\&\leqslant\frac{2l}{\Gamma(\alpha+1)}(t_2-t_1)^\alpha\|\varphi_n-\varphi\|^\beta\end{aligned}$$

从而

$$\sup\left\{\left|\frac{\psi_n(t_1)-\psi_n(t_2)}{|t_1-t_2|^\alpha}\right|:t_1,t_2\in[0,T],t_1\neq t_2\right\}\leqslant\frac{2l}{\Gamma(\alpha+1)}\|\varphi_n-\varphi\|^\beta$$

因此

$$\|\varphi_n-\varphi\|_\alpha\leqslant\|\varphi_n-\varphi\|+\frac{2l}{\Gamma(\alpha+1)}\|\varphi_n-\varphi\|^\beta$$

另一方面,类似(7.2.4)式的推导,我们有

$$|\varphi_{n+1}(t)-\varphi(t)|\leqslant\left[\frac{K}{\Gamma(\alpha)}B(\alpha,1+\frac{\alpha\beta}{1-\beta})\right]^n\bar{M}$$

其中 $\bar{M}=\max\{|y_0-\varphi(t)|:t\in[0,T]\}$. 因此 $\lim\limits_{n\to\infty}\|\varphi_n-\varphi\|_\alpha=0$. 证毕.

定理 7.2.5　如果 $f(t,y)$ 是定义在区域 G 上的实值连续函数,并且满足:

$$|f(t,y_1)-f(t,y_2)|\leqslant l\,|y_1-y_2|^\beta,\ \beta\geq 1,l>0$$

则初值问题(7.2.1)在 $[0,T]$ 上存在唯一的连续解 $\varphi(t)$,并且有 $\lim\limits_{n\to\infty}\|\varphi_n-\varphi\|_\alpha=0$

证明　令 $M_0=\max\{|f(t,y_0)|:t\in[0,T]\}+1$,选取 $\eta\in(0,T]$ 使得

$$\frac{l\eta^\alpha}{\Gamma(\alpha+1)}+\frac{lT^{\frac{\alpha}{2\beta}}\eta^{\alpha-\frac{\alpha}{2\beta}}}{\Gamma(\alpha+1)}+\frac{lB(\alpha,1-\frac{\alpha}{2})T^{\frac{\alpha}{2}+\frac{\alpha}{2\beta}}\eta^{\frac{\alpha}{2}-\frac{\alpha}{2\beta}}}{\Gamma(\alpha)}<\min\{1,(\frac{\Gamma(\alpha+1)}{M_0T^\alpha})^{\frac{\beta-1}{\beta}}\}$$

令

$$\gamma=\frac{l\eta^\alpha}{\Gamma(\alpha+1)}+\frac{lT^{\frac{\alpha}{2\beta}}\eta^{\alpha-\frac{\alpha}{2\beta}}}{\Gamma(\alpha+1)}+\frac{lB(\alpha,1-\frac{\alpha}{2})T^{\frac{\alpha}{2}+\frac{\alpha}{2\beta}}\eta^{\frac{\alpha}{2}-\frac{\alpha}{2\beta}}}{\Gamma(\alpha)}$$

以及 $a(t)=\begin{cases}1, & t\in[0,\eta),\\ (\frac{t}{\eta})^{-\frac{\alpha}{2\beta}}, & t\in[\eta,T].\end{cases}$ 直接计算可得

$$\frac{l}{\Gamma(\alpha)}\int_0^t(t-s)^{\alpha-1}a^\beta(s)\mathrm{d}s\leqslant\gamma a(t)\tag{7.2.5}$$

定义范数 $\|u\|_a=\max\{\frac{|u(t)|}{a(t)}:t\in[0,T]\},u\in C[0,T]$,则范数 $\|\cdot\|_a$ 与上确界范数 $\|\cdot\|$ 等价. 从而对任意 $y_1,y_2\in C[0,T]$,有

$$\begin{aligned}|Fy_1(t)-Fy_2(t)|&\leqslant\frac{1}{\Gamma(\alpha)}\int_0^t(t-s)^{\alpha-1}|f(s,y_1(s))-f(s,y_2(s))|\mathrm{d}s\\&\leqslant\frac{l}{\Gamma(\alpha)}\int_0^t(t-s)^{\alpha-1}|y_1(s)-y_2(s)|\mathrm{d}s\\&\leqslant\frac{l}{\Gamma(\alpha)}\int_0^t(t-s)^{\alpha-1}a(s)\mathrm{d}s\|y_1-y_2\|_a\\&\leqslant\gamma a(t)\|y_1-y_2\|_a\end{aligned}$$

因而　$\|Fy_1-Fy_2\|_a\leqslant\gamma\|y_1-y_2\|_a^\beta$. 下面分两种情形证明:

情形 1:$\beta=1$.

$$\begin{aligned}\|\varphi_{n+1}-\varphi_n\|_a&=\|F\varphi_n-F\varphi_{n-1}\|_a\leqslant\gamma\|\varphi_n-\varphi_{n-1}\|_a\\&\leqslant\cdots\leqslant\gamma^n\|\varphi_1-y_0\|_a\\&\leqslant\frac{M_0T^\alpha}{\Gamma(\alpha+1)}\gamma^n\end{aligned}$$

因此迭代序列 $\{\varphi_n(t)\}$ 是范数 $\|\cdot\|_a$ 意义下的柯西序列. 从而存在 $\varphi(t)$ 使得 $\lim\limits_{n\to\infty}\|\varphi_n-\varphi\|_\alpha=0$. 即初值问题(7.2.1)在 $[0,T]$ 上存在唯一的连续解 $\varphi(t)$.

情形 2:$\beta>1$.

$$\begin{aligned}\|\varphi_{n+1}-\varphi_n\|_a &= \|F\varphi_n - F\varphi_{n-1}\|_a \leqslant \gamma\|\varphi_n-\varphi_{n-1}\|_a^\beta \\ &\leqslant \cdots \leqslant \gamma^{\sum_{i=0}^{n-1}\beta^i}\|\varphi_1 - y_0\|_a\beta^n \\ &\leqslant \gamma^{\frac{\beta n+1-1}{\beta-1}}\left(\frac{M_0T^\alpha}{\Gamma(\alpha+1)}\right)\beta^n \\ &= \gamma^{-\frac{1}{\beta-1}}\left(\gamma^{\frac{\beta}{\beta-1}}\frac{M_0T^\alpha}{\Gamma(\alpha+1)}\right)^{\beta^n}\end{aligned}$$

注意到$\gamma^{\frac{\beta}{\beta-1}}\dfrac{M_0T^\alpha}{\Gamma(\alpha+1)}<1$以及$\lim\limits_{n\to\infty}\beta^n=\infty$,因此迭代序列$\{\varphi_n(t)\}$也是范数$\|\cdot\|_a$意义下的柯西序列.从而存在$\varphi(t)$使得$\lim\limits_{n\to\infty}\|\varphi_n-\varphi\|_\alpha=0$,即初值问题(7.2.1)在$[0,T]$上存在唯一的连续解$\varphi(t)$,证毕.

定理 7.2.6 如果$f(t,y)$是定义在区域G上的实值连续函数,并且满足:

$$|f(t,y_1)-f(t,y_2)|\leqslant Kt^{-p}|y_1-y_2|,K>0,p\in[0,\alpha)$$

则初值问题(7.2.1)在$[0,T]$上存在唯一的连续解$\varphi(t)$,并且有$\lim\limits_{n\to\infty}\|\varphi_n-\varphi\|_\alpha=0$.

证明 如定理7.2.2的证明中所述,选取正数η使得

$$\delta=\frac{K\eta^{\alpha-p}(B(\alpha,1-p)+\Gamma(\alpha))}{\Gamma(\alpha)}<1$$

并类似定义B_Q以及$b(t)$,对于$y_1,y_2\in B_Q$,则有$F(B_Q)\subset B_Q$且

$$\begin{aligned}|Fy_1(t)-Fy_2(t)| &\leqslant \frac{1}{\Gamma(\alpha)}\int_0^t(t-s)^{\alpha-1}|f(s,y_1(s))-f(s,y_2(s))|\mathrm{d}s \\ &\leqslant \frac{K}{\Gamma(\alpha)}\int_0^t(t-s)^{\alpha-1}s^{-p}|y_1(s)-y_2(s)|\mathrm{d}s \\ &\leqslant \frac{K}{\Gamma(\alpha)}\int_0^t(t-s)^{\alpha-1}s^{-p}b(s)\mathrm{d}s\|y_1-y_2\|_b \\ &\leqslant \left[\frac{KB(\alpha,1-p)}{\Gamma(\alpha)}\eta^{\alpha-p}+K\eta^{\alpha-p}\right]b(t)\|y_1-y_2\|_b \\ &= \delta b(t)\|y_1-y_2\|_b\end{aligned}$$

因此$\|Fy_1-Fy_2\|_b\leqslant\delta\|y_1-y_2\|_b$.故映射$F$是范数$\|\cdot\|_b$意义下的压缩映射.从而$F$在$B_Q$内有唯一不动点,即初值问题(7.2.1)在$[0,T]$上存在唯一的连续解$\varphi(t)$.由于范数$\|\cdot\|_b$与上确界范数$\|\cdot\|$等价,因此$\lim\limits_{n\to\infty}\|\varphi_n-\varphi\|_\alpha=0$.证毕.

习题 7.2

1. 证明分数阶微分方程(7.2.1)的解与如下积分方程的解等价.

$$y(t)=y_0+\frac{1}{\Gamma(\alpha)}\int_0^t(t-s)^{\alpha-1}f(s,y(s))\mathrm{d}s$$

2. 证明定理7.2.3(提示:考虑$p\in(0,1]$以及$p>1$两种情形).

3. 证明不等式$\frac{l}{\Gamma(\alpha)}\int_0^t (t-s)^{\alpha-1}a^{\beta}(s)\mathrm{d}s \leqslant \gamma a(t)$(见不等式(7.2.5)).

4. 讨论如下分数阶初值问题存在唯一连续解的充分性条件

$$\begin{cases} {}_0^C D^{\alpha} y(t) = f(t,y), 1 < \alpha \leqslant 2, t \in (0,1) \\ y(0) = a, y'(0) = b \end{cases}$$

§7.3　分数阶微分方程的边值问题

分数阶微分方程的边值问题广泛出现在各类应用工程领域中. 本节主要介绍几类常见的边值问题解的表达式,并给出两类分数阶微分方程边值问题解的存在唯一性条件.

7.3.1　边值问题解的表达式

考虑分数阶常微分方程的边值问题

$$\begin{cases} {}_0^C D^{\alpha} y(t) = g(t), 1 < \alpha \leqslant 2, t \in (0,T) \\ y(0) = y'(T) = 0 \end{cases} \tag{7.3.1}$$

的解的表示,其中 $g \in L^1[0,T]$

事实上,由命题 7.1.1 及命题 7.1.2 可知:

$$y(t) = I_{0^+}^{\alpha} g(t) + c_1 + c_2 t, \text{其中 } c_1, c_2 \in R \text{ 待定.}$$

因此

$$D^1 y(t) = D^1 I_{0^+}^{\alpha} g(t) + c_2 = D^1 I_{0^+}^1 I_{0^+}^{\alpha-1} g(t) + c_2$$

即

$$y'(t) = I_{0^+}^{\alpha-1} g(t) + c_2$$

由边值条件 $y(0) = y'(T) = 0$, 可知

$$c_1 = 0, c_2 = -I_{0^+}^{\alpha-1} g(T) = -\frac{1}{\Gamma(\alpha-1)}\int_0^T (T-s)^{\alpha-2} g(s)\mathrm{d}s$$

令

$$G(t,s) = \begin{cases} \frac{(t-s)^{\alpha-1}}{\Gamma(\alpha)} - \frac{t(T-s)^{\alpha-2}}{\Gamma(\alpha-1)}, & 0 \leqslant s < t \\ -\frac{t(T-s)^{\alpha-2}}{\Gamma(\alpha-1)}, & t \leqslant s < T \end{cases}$$

则有

$$\begin{aligned} y(t) &= I_{0^+}^{\alpha} g(t) + c_2 t \\ &= \frac{1}{\Gamma(\alpha)}\int_0^t (t-s)^{\alpha-1} g(s)\mathrm{d}s - \frac{1}{\Gamma(\alpha-1)}\int_0^T t(T-s)^{\alpha-2} g(s)\mathrm{d}s \\ &= \int_0^t \left[\frac{(t-s)^{\alpha-1}}{\Gamma(\alpha)} - \frac{t(T-s)^{\alpha-2}}{\Gamma(\alpha-1)}\right] g(s)\mathrm{d}s - \int_t^T \frac{t(T-s)^{\alpha-2}}{\Gamma(\alpha-1)} g(s)\mathrm{d}s \\ &= \int_0^T G(t,s) g(s)\mathrm{d}s \end{aligned}$$

因此边值问题(7.3.1)的解可表示为

$$y(t) = \int_0^T G(t,s)g(s)\mathrm{d}s$$

考虑分数阶常微分方程的三点边值问题

$$\begin{cases} {}_0^C D^\alpha y(t) = g(t), 2 < \alpha \leqslant 3, t \in (0,T) \\ y(0) = y''(0) = 0, y'(T) = \gamma y'(\eta) \end{cases} \tag{7.3.2}$$

的解的表示,其中 $\gamma,\eta \in (0,T), g \in L^1[0,T]$.

事实上,由命题7.1.1以及命题7.1.2可知:

$$y(t) = I_{0+}^\alpha g(t) + c_1 + c_2 t + c_3 t^2, \text{其中 } c_1, c_2, c_3 \in R \text{ 待定.}$$

因此

$$D^1 y(t) = D^1 I_{0+}^\alpha g(t) + c_2 + 2c_3 t = D^1 I_{0+}^1 I_{0+}^{\alpha-1} g(t) + c_2 + 2c_3 t$$

从而有

$$y'(t) = I_{0+}^{\alpha-1} g(t) + c_2 + 2c_3 t$$

以及

$$y''(t) = I_{0+}^{\alpha-2} g(t) + 2c_3$$

注意到 $y(0) = y''(0) = 0$,因此有 $c_1 = c_3 = 0$.

另一方面,由边值条件以及 $y'(T) = I_{0+}^{\alpha-1} g(T) + c_2, \gamma y'(\eta) = \gamma I_{0+}^{\alpha-1} g(\eta) + \gamma c_2$ 可知:$I_{0+}^{\alpha-1} g(T) + c_2 = \gamma I_{0+}^{\alpha-1} g(\eta) + \gamma c_2$. 从而

$$\begin{aligned} c_2 = & \frac{\gamma}{(1-\gamma)\Gamma(\alpha-1)} \int_0^\eta (\eta - s)^{\alpha-2} g(s)\mathrm{d}s \\ & - \frac{1}{(1-\gamma)\Gamma(\alpha-1)} \int_0^T (T-s)^{\alpha-2} g(s)\mathrm{d}s \end{aligned}$$

因此

$$\begin{aligned} y(t) = & \frac{1}{\Gamma(\alpha)} \int_0^t (t-s)^{\alpha-1} g(s)\mathrm{d}s + \frac{\gamma t}{(1-\gamma)\Gamma(\alpha-1)} \int_0^\eta (\eta-s)^{\alpha-2} g(s)\mathrm{d}s \\ & - \frac{t}{(1-\gamma)\Gamma(\alpha-1)} \int_0^T (T-s)^{\alpha-2} g(s)\mathrm{d}s \\ = & \int_0^T G_1(t,s) g(s)\mathrm{d}s + \frac{\gamma t}{(1-\gamma)} \int_0^T G_2(\eta,s) g(s)\mathrm{d}s \end{aligned}$$

其中

$$G_1(t,s) = \begin{cases} \dfrac{(t-s)^{\alpha-1} - (\alpha-1)t(t-s)^{\alpha-2}}{\Gamma(\alpha)}, & 0 \leqslant s \leqslant t \leqslant T \\ -\dfrac{(\alpha-1)t(t-s)^{\alpha-2}}{\Gamma(\alpha-1)}, & 0 \leqslant t \leqslant s \leqslant T \end{cases}$$

以及

$$G_2(\eta,s) = \begin{cases} \dfrac{(\alpha-1)(\eta-s)^{\alpha-2} - (\alpha-1)(T-s)^{\alpha-2}}{\Gamma(\alpha)}, & 0 \leqslant s \leqslant \eta \leqslant T \\ -\dfrac{(\alpha-1)(T-s)^{\alpha-2}}{\Gamma(\alpha)}, & 0 \leqslant \eta \leqslant s \leqslant T \end{cases}$$

因此边值问题(7.3.1)的解可表示为

$$y(t) = \int_0^T G_1(t,s)g(s)\mathrm{d}s + \frac{\gamma t}{(1-\gamma)}\int_0^T G_2(\eta,s)g(s)\mathrm{d}s$$

例 7.3.1　写出如下分数阶常微分方程的边值问题的解的表达式:

$$\begin{cases} {}_0^C D^\alpha y(t) = g(t), 0 < \alpha < 1, t \in (0,T) \\ ay(0) + by(T) = c, a + b \neq 0 \end{cases}$$

解　注意到 $y(t) = \frac{1}{\Gamma(\alpha)}\int_0^t (t-s)^{\alpha-1}g(s)\mathrm{d}s + c_1$,其中 $c_1 \in \mathbb{R}$ 待定. 因此

$$\frac{b}{\Gamma(\alpha)}\int_0^T (T-s)^{\alpha-1}g(s)\mathrm{d}s + bc_1 + ac_1 = c$$

从而

$$c_1 = -\frac{1}{a+b}\left[\frac{b}{\Gamma(\alpha)}\int_0^T (T-s)^{\alpha-1}g(s)\mathrm{d}s - c\right]$$

故所求边值问题的解的表达式为

$$y(t) = \frac{1}{\Gamma(\alpha)}\int_0^t (t-s)^{\alpha-1}g(s)\mathrm{d}s - \frac{1}{a+b}\left[\frac{b}{\Gamma(\alpha)}\int_0^T (T-s)^{\alpha-1}g(s)\mathrm{d}s - c\right]$$

例 7.3.2　写出如下分数阶常微分方程的边值问题的解的表达式:

$$\begin{cases} {}_0^C D^\alpha y(t) = g(t), 2 < \alpha \leqslant 3, t \in (0,1), \\ y(0) = y_0, y'(0) = y_0^*, y''(1) = y_1. \end{cases}$$

解　由命题 7.1.1 以及命题 7.1.2 可知:

$$y(t) = I_{0+}^\alpha g(t) + c_1 + c_2 t + c_3 t^2,\text{其中 } c_1, c_2, c_3 \in R \text{ 待定.}$$

因此

$$D^1 y(t) = D^1 I_{0+}^\alpha g(t) + c_2 + 2c_3 t = D^1 I_{0+}^1 I_{0+}^{\alpha-1} g(t) + c_2 + 2c_3 t$$

从而有

$$y'(t) = I_{0+}^{\alpha-1} g(t) + c_2 + 2c_3 t$$

类似有

$$y''(t) = I_{0+}^{\alpha-2} g(t) + 2c_3$$

注意到 $y(0) = y_0, y'(0) = y_0^*, y''(T) = y_T$,因此有 $c_1 = y_0, c_2 = y_0^*$ 以及

$$y''(1) = I_{0+}^{\alpha-2} g(1) + 2c_3 = \frac{1}{\Gamma(\alpha-2)}\int_0^1 (1-s)^{\alpha-3}g(s)\mathrm{d}s + 2c_3 = y_1$$

由所求边值问题的解的表达式为

$$y(t) = \frac{1}{\Gamma(\alpha)}\int_0^t (t-s)^{\alpha-1}g(s)\mathrm{d}s - \frac{t^2}{2\Gamma(\alpha-2)}\int_0^1 (1-s)^{\alpha-3}g(s)\mathrm{d}s + y_0 + y_0{}^* t + \frac{y_1}{2}t^2$$

7.3.2　分数阶边值问题解的存在唯一性

考虑如下分数阶微分方程的边值问题解的存在唯一性:

$$\begin{cases} {}_0^C D^\alpha y(t) = f(t,y), 1 < \alpha \leqslant 2, t \in (0,1) \\ y(0) = a, y(1) = b \end{cases} \tag{7.3.3}$$

首先,对于给定的连续函数 $g(t)$,考虑如下分数阶微分方程的边值问题解的表示式:

$$\begin{cases} {}_0^C D^\alpha y(t) = g(t), 1 < \alpha \leqslant 2, t \in (0,1) \\ y(0) = a, y(1) = b \end{cases} \tag{7.3.4}$$

事实上,解的一般表达式为 $y(t) = I_{0+}^\alpha g(t) + c_1 + c_2 t$,其中 $c_1, c_2 \in \mathbb{R}$ 待定. 注意到边值条件 $y(0) = a, y(1) = b$,可得

$$c_1 = a, c_2 = b - a - \frac{1}{\Gamma(\alpha)}\int_0^1 (1-s)^{\alpha-1} g(s)\,ds$$

因此

$$\begin{aligned} y(t) &= \frac{1}{\Gamma(\alpha)}\int_0^t (t-s)^{\alpha-1} g(s)\,ds - \frac{t}{\Gamma(\alpha)}\int_0^1 (1-s)^{\alpha-1} g(s)\,ds + a + (b-a)t \\ &= \int_0^t \frac{(t-s)^{\alpha-1} - t(1-s)^{\alpha-1}}{\Gamma(\alpha)} g(s)\,ds - \int_t^1 \frac{t(1-s)^{\alpha-1}}{\Gamma(\alpha)} g(s)\,ds + a + (b-a)t \end{aligned}$$

记

$$G(t,s) = \begin{cases} \dfrac{(t-s)^{\alpha-1} - t(1-s)^{\alpha-1}}{\Gamma(\alpha)}, 0 \leqslant s \leqslant t \leqslant 1 \\ -\dfrac{t(1-s)^{\alpha-1}}{\Gamma(\alpha)}, 0 \leqslant t \leqslant s \leqslant 1 \end{cases}$$

则边值问题(7.3.4)的解的表达式为

$$y(t) = \int_0^1 G(t,s) g(s)\,ds + a + (b-a)t$$

定义算子 $F: C[0,1] \mapsto C[0,1]$,且对于 $y \in C[0,1]$ 有

$$Fy(t) = \int_0^1 G(t,s) f(s, y(s))\,ds + a + (b-a)t$$

因此可将边值问题(7.3.3)在$[0,1]$上的连续解的存在性转化为算子 F 在 $C[0,1]$ 上的不动点的存在性问题. 假设 $f(t,y)$ 满足条件

(F_6) 存在常数 $L > 0$ 使得,对所有 $t \in [0,1], y_1, y_2 \in R$,有

$$|f(t,y_1) - f(t,y_2)| \leqslant L|y_1 - y_2|$$

则直接计算可知,对于 $y_1, y_2 \in C[0,1]$,有

$$\begin{aligned} |Fy_1(t) - Fy_2(t)| &\leqslant \int_0^1 G(t,s)\,|f(s,y_1(s)) - f(s,y_2(s))|\,ds \\ &\leqslant L\int_0^1 |G(t,s)|\,|y_1(s) - y_2(s)|\,ds \\ &\leqslant \frac{2L}{\Gamma(\alpha+1)}\|y_1 - y_2\| \end{aligned}$$

终上所述,由 Banach 压缩映射原理可得:

定理7.3.1 假设 $f(t,y)$ 满足条件(F_6),并且 $\dfrac{2L}{\Gamma(1+\alpha)} < 1$. 则边值问题(7.3.3)在$[0,1]$上存在唯一的连续解.

考虑如下具有非局部影响的分数阶微分方程:

$$\begin{cases} {}_0^C D^\alpha y(t) = f(t,y), 0 < \alpha < 1, t \in [0,1] \\ y(0) + h(y) = y_0 \end{cases} \tag{7.3.5}$$

其中 $h \in C(R)$，$h(y)$ 表示非局部项，$f \in C([0,1] \times R)$，通常 $h(y) = \sum_{i=1}^{p} c_i y(t_i)$，$t_i \in [0,1]$. 特别地，当 $h(y) = y_0 - y(1)$ 时，非局部条件退化为周期边值条件；当 $h(y) = 0$，非局部条件退化为初值条件；当 $h(y) = y_0 + y(1)$ 时，非局部条件退化为反周期边值条件.

定理 7.3.2　假设 $f(t,y)$ 满足条件 (F_6)，并且：

(H) 存在常数 $b > 0$ 使得，$y_1, y_2 \in R$，有 $|h(y_1) - h(y_2)| \leqslant b|y_1 - y_2|$.

则当 $b + \dfrac{L}{\Gamma(1+\alpha)} < 1$ 时，非局部问题(7.3.5)在 $[0,1]$ 上存在唯一的连续解.

证明　考虑算子 $F: C[0,1] \mapsto C[0,1]$，且对于 $y \in C[0,1]$ 定义

$$Fy(t) = y_0 - h(y) + \frac{1}{\Gamma(\alpha)} \int_0^t (t-s)^{\alpha-1} f(s, y(s)) \mathrm{d}s$$

从而可将非局部问题(7.3.5)在 $[0,1]$ 上的连续解转化为算子 F 在 $C[0,1]$ 上的不动点问题. 直接计算可知，对于 $y_1, y_2 \in C[0,1]$，有

$$\begin{aligned} |Fy_1(t) - Fy_2(t)| &\leqslant \frac{1}{\Gamma(\alpha)} \int_0^t (t-s)^{\alpha-1} |f(s, y_1(s)) - f(s, y_2(s))| \mathrm{d}s \\ &\quad + |h(y_1) - h(y_2)| \\ &\leqslant \frac{L}{\Gamma(\alpha)} \int_0^t (t-s)^{\alpha-1} |y_1(s) - y_2(s)| \mathrm{d}s + b\|y_1 - y_2\| \\ &\leqslant \frac{L}{\Gamma(\alpha)} \int_0^t (t-s)^{\alpha-1} \mathrm{d}s \|y_1 - y_2\| + b\|y_1 - y_2\| \\ &\leqslant \left(\frac{L}{\Gamma(\alpha+1)} + b\right) \|y_1 - y_2\| \end{aligned}$$

从而 $\|Fy_1 - Fy_2\| \leqslant \left(\dfrac{L}{\Gamma(\alpha+1)} + b\right)\|y_1 - y_2\|$. 因为 $\left(\dfrac{L}{\Gamma(\alpha+1)} + b\right) < 1$，因此 F 是 $C[0,1]$ 上的压缩映射. 由 Banach 压缩映射原理可知：F 在 $C[0,1]$ 上存在唯一不动点，记为 y. 从而

$$y(t) = Fy(t) = y_0 - h(y) + \frac{1}{\Gamma(\alpha)} \int_0^t (t-s)^{\alpha-1} f(s, y(s)) \mathrm{d}s$$

因此 $y = y(t)$，$t \in [0,1]$ 是非局部问题(7.3.5)在 $[0,1]$ 上的唯一连续解.

习题 7.3

1. 写出如下分数阶常微分方程的边值问题的解的表达式：

$$\begin{cases} {}_0^C D^\alpha y(t) = g(t), 1 < \alpha \leqslant 2, t \in [0,1] \\ y(0) = y_0, y(1) = y_1 \end{cases}$$

2. 写出如下分数阶常微分方程的边值问题的解的表达式：

$$\begin{cases} {}_0^C D^\alpha y(t) = g(t), 2 < \alpha \leqslant 3, t \in [0,1] \\ y'(0) = \gamma y(\eta), y(1) = y''(1) = 0 \end{cases}$$

其中 $\gamma,\eta\in(0,1)$.

3. 写出与如下分数阶边值问题等价的分数阶积分方程的表达式：

(1) $\begin{cases} {}_0^C D^\alpha y(t) = f(t,y), 2<\alpha\leqslant 3, t\in[0,T] \\ y(0)=y_0, y'(0)=y_0^*, y''(T)=y_T \end{cases}$

(2) $\begin{cases} {}_0^C D^\alpha y(t) = f(t,y), 0<\alpha<1, t\in[0,T] \\ ay(0)+by(T)=c, a+b\neq 0 \end{cases}$

4. 讨论如下分数阶边值问题存在唯一连续解的条件：

$$\begin{cases} {}_0^C D^\alpha y(t) = f(t,y), 1<\alpha\leqslant 2, t\in(0,T) \\ y(0)=a, y'(T)=b \end{cases}$$

第八章　用 Mathematica 解常微分方程

随着数学软件符号处理能力的增强，在数学促进计算机发展的同时，反过来，计算机也为数学的发展、应用和理解数学提供了现代化的工具. 在日常的课程教学和学习过程中融入数学实验，对加强理解和实践课程内容具有十分重要的意义. 要有效开展数学实验，数学软件平台选择非常重要. 在众多的通用数学软件中，Mathematica 以其简单易学的交互式操作方式、精确的数值计算、超强的符号计算能力、直观的描述形式、优美的图形与动画表现效果、内置快捷方便的结构化程序设计语言、丰富的内置函数、海量的可访问数据等特点和高效的工作方式，使其成为目前使用最为广泛的可靠、易用的数学软件之一.

在这一章中，根据前面章节的内容，我们将有针对性地介绍 Mathematica 的基本操作，使用 Mathematica 求解、分析常微分方程、差分方程的方法和过程.

§8.1　Mathematica 基本操作提示

要使用 Mathematica 软件求解、分析常微分、差分方程，首先必须掌握其基本的使用方法. 本节主要介绍 Mathematica 9 英文版的基本操作方法和对于求解微分、差分方程通用的函数与命令使用格式，对于完成具体实验内容牵涉到的相关选项或命令的使用方式，将在完成实验任务的过程中以提示的方式穿插进行介绍.

§8.1.1　Mathematica 工作界面

安装好 Mathematica 软件后，启动，默认状态下会出现“欢迎对话框”. 单击左上角的“Notebook”(笔记本)选项，或者直接按下【Enter】键，进入 Mathematica 系统，并新建一包含空白区域供进行实验操作的 NoteBook(笔记本)文件，如图 8.1 所示.

Mathematica 工作窗口一般经常用到的有三个部分：最上面是菜单栏，在标题栏中显示了当前活动的笔记本文件名称. 下面一块空白区域为笔记本(NoteBook)实验区域，使用 Mathematica 完成实验任务的输入和输出一般都在这里完成和显示. 一个笔记本对应着一个 Mathematica 文件，可以同时建立并打开多个笔记本. 图 8.1 的右侧显示为符号输入辅助面板，经常用到的是“数学助手”面板，可以通过菜单“Palettes”下的“Basic Math Assistant”选项打开. 常用的数学符号、函数及相关的操作命令可以通过相应的按钮实现快捷、直观的符号输入方式.

笔记本实验区域由多个单元(Cell)组成. 每个单元在右侧对应着一个方括号，方括号

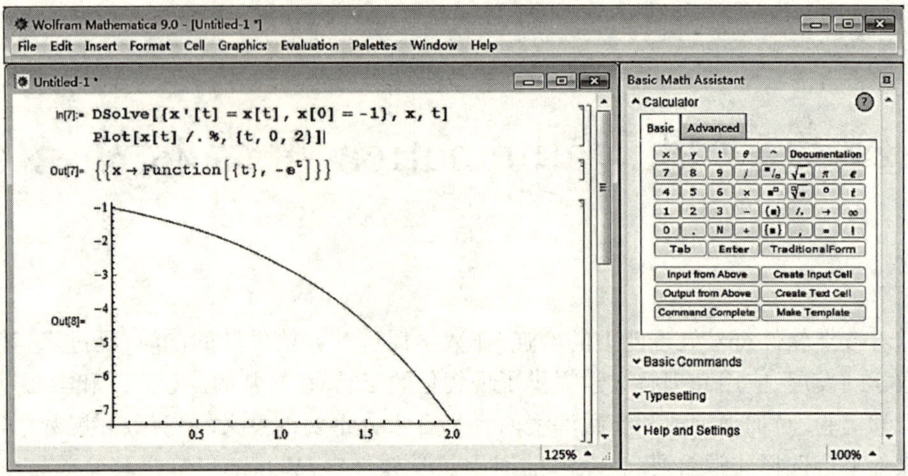

图 8.1 Mathematica 工作窗口

的嵌套关系表示了各单元之间的级联关系. 双击外侧方括号可以折叠和展开当前单元包含的多个单元. 在每个单元中可以像一般的文字编辑器(比如 Word)一样编写 Mathematica 表达式. 对于鼠标指针(插入点)所在的单元称为活动单元,单击任意单元的任何位置可以使其成为活动单元. 在笔记本中,当鼠标指针变成横向指针"⤙"时,单击鼠标左键,并输入内容可以创建新的单元.

在单元中输入的内容一般称之为表达式. 如果需要计算活动单元中的表达式,只要按下主键盘区的【Shift】+【Enter】组合键(或小键盘区的【Enter】键),就可以计算当前活动单元中的表达式,并以独立单元显示计算结果. 同时在输入单元前面出现"In[n]: ="标识,在输出单元前面出现相应"Out[n] ="标识. 如借助于"数学助手"输入面板输入四则运算表达式后,计算后显示的结构如图 8.2 所示.

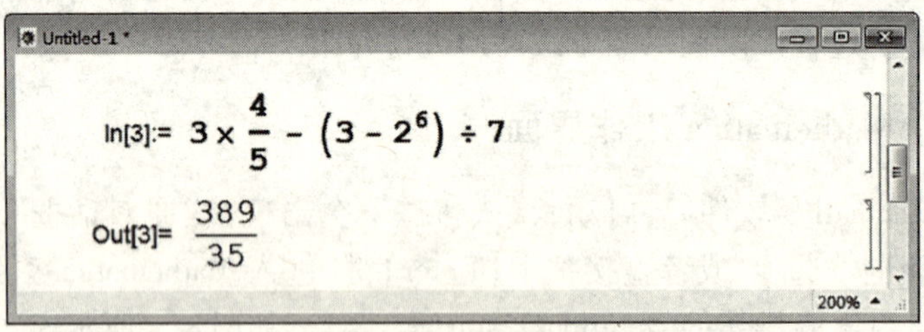

图 8.2 Mathematica 输入输出显示结构

提示:如果不借助于符号输入辅助面板,图 8.2 中四则运算式的字符输入表达式为:

$$3*4/5-(3-2\hat{}6)/7$$

执行后得到相同的结果. 有关表达式计算执行的相关操作可以通过"Evaluation"(计算)菜单中的选项实施,对于有快捷键操作的选项一般在选项名称的右侧有快捷键操作提示.

§8.1.2　Mathematica 中的四则运算

Mathematica 中的四则运算与传统的描述形式基本相同,进行四则运算的符号及使用方法如表 8.1 所示.

表 8.1　Mathematica 四则运算输入方式

键盘输入	+	-	* 或空格	/	^
使用方式	$a+b$	$a-b$ 或 $-a$	$a * b$ 或 $a\ b$	a/b	a^b
相当于运算	加法	减法或负号	乘法(×)	除法(÷)或分数	乘方

四则运算的先后顺序由低到高为:加(减),乘(除),乘方(按住【Shift】的同时按一下【6】键输入乘方运算符"^").连续几个同级运算(乘方除外)从左到右进行,需要说明的是 Mathematica 只用小括号来改变运算次序.

例 8.1.1　计算 $2-\left(\frac{1}{2}\right)^3\times\left\{1-\frac{1}{2}\times[1-(1-18)]\right\}+27^{\frac{1}{3}}$.

实验步骤:在笔记本实验区域单击鼠标左键,新建实验单元,输入表达式:

```
2-(1/2)^3*(1-(1/2)*(1-(1-18)))+27^(1/3)
```

计算得到结果为:6.借助"数学助手"符号输入辅助面板,其相应的符号输入形式为:

$$2-\left(\frac{1}{2}\right)^3\left(1-\frac{1}{2}(1-(1-18))\right)+27^{1/3}$$

Mathematica 中的数设置有整数(Integer)、有理数(Rational),实数(Real)、复数类型(Complex).除一些特定常数外,其他数的表示与传统描述的方式基本相同.常用的数学常数有:

- 圆周率:用 Pi 或用符号 π 表示;
- 角度 1 度:直接用单词 Degree 或符号°表示,如 30Degree 表示 30°,也可以借助符号面板直观输入 30°;
- 自然常数:用大写字符 E 或符号**e** 表示,E 表示 2.71828…;
- 无穷大:直接用单词 Infinity 或用符号∞表示,默认状态下∞表示 +∞,负无穷大在前面添加负号,即 -Infinity 或 -∞;
- 虚数单位:用大写字符 I 或符号**i** 表示,如 2+3I,表示实部为 2,虚部为 3 的复数.

提示:这些常数的符号输入,可以通过"数学助手"辅助面板 Calculator(计算器)栏中的 Basic(基本)面板右上角的五个按钮单击输入.此外,当鼠标指针移动到输入辅助面板相应按钮上时,一般会出现一个信息提示框,分为两行:上面一行说明按钮的功能,下面一行提示该按钮对应的快捷键输入方式.如将鼠标指针移动到按钮 π 上时,提示该按钮功能为 Pi(圆周率),快捷键为"ESC p ESC".在实验区域输入表达式时,按一下【Esc】键,再按一下【p】键,然后按一下【Esc】键,就可以在 Mathematica 的实验区域输入圆周率的符号形式 π.

§8.1.3 Mathematica 中的列表与函数

Mathematica 中常用的一种结构为列表,可以认为就是"集合". 常用来描述集合、数列、向量、矩阵等对象. 列表以"{ }"形式描述,如列表{1,2,4,8}表示包含 1,2,4,8 四个元素的集合,也表示一个向量. 对于列表常用的操作命令如表 8.2 所示.

表 8.2 常用列表操作命令

Mathematica 表达式	功能说明
Table[f[n],{n,n_{min},n_{max}}]	创建包含 $n_{max}-n_{min}+1$ 个元素 $f(n)$ 的列表
Table[f[n],{n,n_{min},n_{max}, d}]	以增量 d 递增从 n_{min} 到 n_{max} 创建元素为 $f(n)$ 的列表
Table[f[m,n], {m, m_{min}, m_{max}}, {n,n_{min},n_{max}}]	创建 $m_{max}-m_{min}+1$ 行,$n_{max}-n_{min}+1$ 列,元素为 f[m,n]的矩阵
Part[*list*,i]或 *list*[[i]]	引用指定列表 *list* 索引为 i 位置的列表元素,或通过赋值更改列表 *list* 中 i 位置的元素值
list[[i, j,…]]	对于多层列表,获取 *list* 的第 i 个元素中的第 j 个元素,等价于 *list*[[i]][[j]]…
TreeForm[*list*]	查看列表组成的树形结构,以便获得正确的元素位置
Prepend[*list*, x]、Append[*list*, x]	在列表 *list* 前或者最后增加元素 x
Thread[{x_1, x_2, …,x_n} == {y_1, y_2, …,y_n}]	将列表(向量)方程转换为方程列表,直观显示方程组
Det[(a_{ij})$_{n\times n}$]	计算方阵(a_{ij})$_{n\times n}$所对应的行列式值

如下面 Mathematica 表达式的功能为:Table 创建一个包含四个方程的微分方程组,Prepend 在方程组列表之前添加一个方程,Append 在方程组列表之后添加一个方程.

```
Append[Prepend[
    Table[y'n[x] ==fn[x,yn-1[x],yn+1[x]],{n,1,4}],
    y'0[x] ==f0[x]],
  y'5[x] ==f5[x]]
```

(其中 y'_n、f_n、y_{n-1}、y_{n+1}、y'_0、f_0、y'_5、f_5 为下标形式.)

计算得到结果显示为:

$$\{y'_0[x]==f_0[x],$$
$$y'_1[x]==f_1[x,y_0[x],y_2[x]],$$
$$y'_2[x]==f_2[x,y_1[x],y_3[x]],$$
$$y'_3[x]==f_3[x,y_2[x],y_4[x]],$$
$$y'_4[x]==f_4[x,y_3[x],y_5[x]],$$
$$y'_5[x]==f_5[x]\}$$

提示:(1)一般一个长的表达式 Mathematica 会自动根据窗口大小自动换行显示. 如

果在一个单元中需要完成几个的任务,并都有输出结果,一般用回车键【Enter】强制换行,则变成两个独立表达式分别执行并计算得到相应结果.

(2)Mathematica 中的列表索引值从 1 开始,列表的树形结构图可以了解各元素在列表中所处的位置,提供直观的引用提示. 如输入

list = {{{1,2},{3,4},3}}

TreeForm[list]

{list[[1]],list[[1,2]],list[[1,2,2]],list[[1,3]]}

计算后得到如图 8.3 所示的列表树形结构图,并得到如下所示的列表项引用结果.

{{{1,2},{3,4},3},{3,4},4,3}

返回四个值,即表示列表 list 的第一项为{{1, 2}, {3, 4}, 3};第一项的第二个元素也为一个列表,即{3, 4};第一项的第二个元素列表的第二个元素为 4;第一项的第三个元素为 3. 从图 8.3 中可以非常直观地看到列表各元素的组成和位置信息. 当鼠标指针移动到对应的框图上时,会出现该位置对应的列表元素信息.

(3)Mathematica 中的表达式也可以当做是一个列表结构,通过列表元素提取的方式可以获得表达式的各组成部分. 如输入表达式

$a = x^2 + y(x-4) - 5$

TreeForm[a]

{a[[1]],a[[2]],a[[3,1,1]]}

计算后得到表达式 a 的树形结构图,如图 8.4 所示,并有如下的列表引用计算结果:

$\{-5,\ x^2,\ -4\}$

从表达式的结构图可以看到表达式的构成与最原始的基本输入方式. 如根据结构图,我们可以输入如下表达式:

Plus[-5,Power[x,2], Times[Plus[-4,x], y]]

计算后得到与 a 相同输入的表达式结果. 各框图分支线下多个项之间用逗号隔开,共同作为该框图的参数输入.

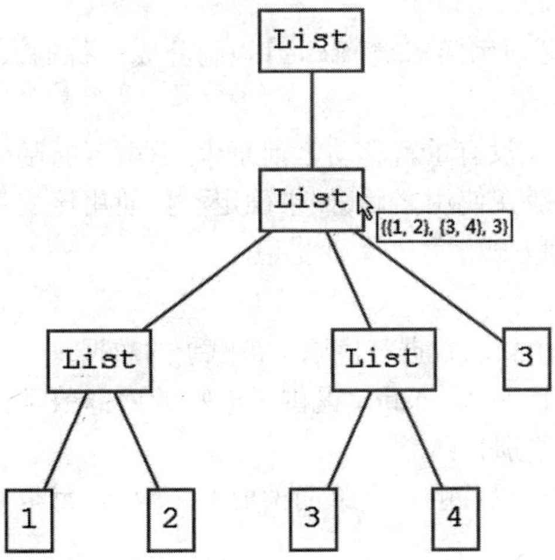

图 8.3　列表树形结构

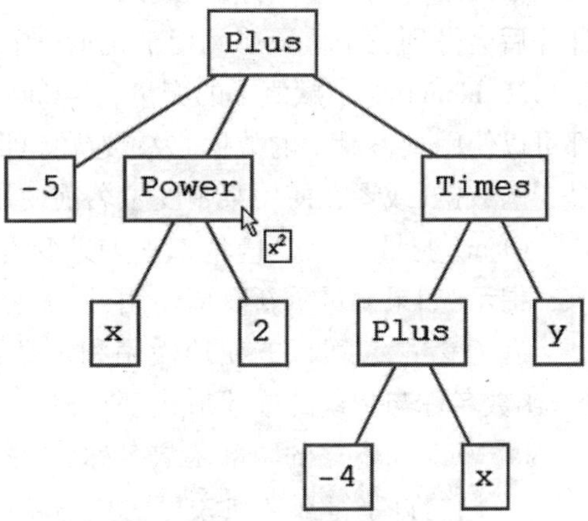

图 8.4　表达式树形结构

上面的表达式看起来比较复杂.我们知道,复杂的运算一般都由简单的运算过程构成.为了让这些简单的计算引用方便,Mathematica 提供了多种引用中间结果的方式.常用的引用方式如表 8.3 所示.

表 8.3 Mathematica 中间结果的引用

Mathematica 表达式	功能说明
%,%%,%%…%	引用倒数第 1 个、第 2 个、倒数第 *n*(百分号个数)个计算结果
In[*n*],Out[*n*]	引用第 *n* 次输入表达式和第 *n* 次输出的结果,Out[*n*]等同于%[*n*]
x = *expr*	赋值变量引用.Mathematica 中变量一般以小写英文字母或以小写英文字母开头后跟若干字母或数字表示的字符串,不需要预先指定类型

如上面创建方程组的表达式可以更改为:

eqs = Table[$y'_n[x]==f_n[x,y_{n-1}[x],y_{n+1}[x]],\{n,1,4\}$]

Prepend[%,$y'_0[x]==f_0[x]$]

Append[%,$y'_5[x]==f_5[x]$]

相对于前面的表达式,这个表达式结构相对要更清晰.其中第一行用于创建包含 4 个方程的方程组,第二行在方程组列表前面添加一个方程,第三行在第二行结果的基础上,在方程组列表后面添加一个方程,三行之间用回车键【Enter】换行.执行以上表达式会得到三个结果,从结果可以分析其执行过程和命令的功能.

提示:为了减少中间不必要的输出,可以在不需要显示输出,只希望计算得到结果的表达式后面加上分号";",这样分号前面的这个表达式只计算不显示输出结果.通过分号可以将多个表达式连续输入构成一个复合表达式,如一行中可以输入多个表达式.如输入下面表达式:

$$a=3.1;\ b=7.0;\ a^2+b^2$$

计算后仅显示最后一个结果 58.61.

如果不使用分号隔开,完成以上计算过程必须用回车键【Enter】强制分成三行输入,计算后会得到三个显示单元用来显示三个结果.

Mathematica 中赋值了的变量,在 Mathematica 没有重新启动之前是永久存在的,随时都可以使用其被赋予的数据.为了避免错误,一般在使用之后,如果确定不再使用该变量赋予的数据,或者在使用某个变量名前使用下列方式清除一次变量值.

Clear[变量名 1,变量名 2,…]或 变量名 =.

提示:如果变量重新赋值使用,系统会自动用新的数据替换原来被赋予的数据.

有了变量,就可以方便地使用和定义函数了.Mathematica 提供了丰富的内部数学函数,函数名称与传统的描述形式基本相同,主要差别为:

- Mathematica 的内部函数名称首字符必须大写,由几个单词构成的函数名,每个单词的首字符都必须大写;
- 变量或者参数表达式放在方括号内.

例 8.1.2　计算 sin3.0 - ln5 + cosπ.

实验步骤:在笔记本实验区域单击鼠标左键,新建实验单元,输入表达式:

Sin[3.0] - Log[5] + Cos[Pi]

计算得到结果为 -2.46832.

提示:在进行数值计算时,如果所有参与计算的数为整数、有理数或者内部数学常数,则 Mathematica 计算得到的结果一般为精确结果;如果参与计算的数中有一个为小数描述形式,则计算过程为近似计算,并且得到的结果为近似结果.如果希望 Mathematica 以无穷精度精确计算,应该将参与计算的数描述为整数或者有理数描述形式参与计算.

一些常用的数学函数在 Mathematica 内部的描述形式如表 8.4 所示.

表 8.4　常用数学函数的 Mathematica 表示

函数名称	Mathematica 表达式		
自然常数为底的指数、对数函数	Exp[x]或 E^x,Log[x]	以 a 为底的指数、对数函数	a^x,Log[a,b]
三角函数	Sin[x],Cos[x],Tan[x],Cot[x],Sec[x],Csc[x]		
反三角函数	ArcSin[x],ArcCos[x],ArcTan[x],ArcCot[x],ArcSec[x],ArcCsc[x]		
双曲函数	Sinh[x],Cosh[x],Tanh[x],Coth[x],Sech[x],Csch[x]		
反双曲函数	ArcSinh[x],ArcCosh[x],ArcTanh[x],ArcCoth[x],ArcSech[x],ArcCsch[x]		
其他函数	阶乘与双阶乘:n!,n!!;绝对值函数:Abs[x];取整函数:Round[x] 求余:Mod[n,m];符号函数:Sign[x]		

提示:函数中的参数可以是单个的数、符号或者表达式.在后面我们统一称 Mathematica 中的数学函数为"函数",执行操作性的函数称为"命令".

Mathematica 自定义函数非常简单,常用的定义方式有如下三种:

- *f* [*x*_]: = *expr* 或 *f* [*x*_, *y*_]: = *expr*

用于定义一元或二元函数,三元以上函数可类似定义. *expr* 是关于变量 x 或者 x,y 的表达式,该定义是将 *expr* 表达式一成不变定义函数 *f* [x].其中函数名 *f* 取名规则与变量取名规则一样.

- *f* [*x*_] = *expr* 或 *f* [*x*_, *y*_] = *expr*

与第一种类型基本相同.不同在于这种定义方式先计算 *expr*,然后将结果赋值给 *f*[x].如果 x 变量事先赋值,则将会得到一个关于 x 变量为常值的函数.

- *f* = Function[{x_1, x_2, …}, *expr*]

该种定义称为纯函数定义形式,也认为是没有函数名称的函数定义形式.微分方程的解通常以纯函数的方式返回,该定义可以直接在定义后加"[$expr_1$, $expr_2$, …]"计算函数值.纯函数的描述形式给函数灵活运用带来一种方便、快捷的方式.在定义纯函数时更多的是使用其缩写形式,即用 & 代替 Function,函数表达式一般放在 & 前的"( )"内.用#代替变量,如果多个变量用#n 表示不同变量,##表示所有参数,在 & 后加上/@ *list* 则把纯函数映射到列表 *list* 上的每个元素,分别计算列表中各元素的函数值.

例 8.1.3 用四种定义形式分别定义函数 $f(x)=x+\sin x$, $g(x,y)=x^2+y^3$,并使用纯函数映射方式计算 $f(1)$, $f(a)$, $f(-1)$.

实验步骤:在笔记本实验区域单击鼠标左键,新建实验单元,输入表达式:

$f_1[x\_]:=x+\mathrm{Sin}[x]$; $f_2[x\_]=x+\mathrm{Sin}[x]$;

$f_3=\mathrm{Function}[x,x+\mathrm{Sin}[x]]$; $f_4=(\#+\mathrm{Sin}[\#])\&$;

$g_1[x\_,y\_]:=x^2+y^3$; $g_2[x\_,y\_]=x^2+y^3$;

$g_3=\mathrm{Function}[\{x,y\},x^2+y^3]$; $g_4=(\#1^2+\#2^3)\&$;

$(\#+\mathrm{Sin}[\#])\&/@\{1,a,-1\}$

执行计算后则分别以不同形式定义了相同的两个函数. 定义以后的函数就可以像内部函数一样使用了. 如果 x 和 y 变量事先已经定义,则 f_2 和 g_2 定义的函数是先代入 x 和 y 变量的值后再定义函数,所以结果各与其余三种不同.

表达式最后一行输出得到的结果为:

$$\{1+\mathrm{Sin}[1],a+\mathrm{Sin}[a],-1-\mathrm{Sin}[1]\}$$

当然这个结果也可以通过 Table 方式获得. 如输入表达式

$$\mathrm{Table}[f_1[x],\{x,\{1,a,-1\}\}]$$

计算后得到相同的输出结果. 但是有时候纯函数的使用方式相对更快捷、有效.

提示:函数的使用一般形式为"函数名[*expr*]",对于可以只使用一个参数的函数或者命令,则可以使用"*expr*//函数名"或"函数名@ *expr*"方式执行函数计算. 如经常使用的将数值结果以近似数形式显示的命令"N"和化简表达式的"Simplify"或"FullSimplify". 如输入表达式

$\{N[\mathrm{e}^2-\pi],\ \mathrm{Simplify}[a\,x-b\,x-a\,y+b\,y]\}$

$\{\mathrm{e}^2-\pi//N,a\,x-b\,x-a\,y+b\,y//\mathrm{Simplify}\}$

$\{N@(\mathrm{e}^2-\pi),\mathrm{Simplify}@(a\,x-b\,x-a\,y+b\,y)\}$

计算后,三个表达式得到的结果都为

$$\{4.24746,(a-b)(x-y)\}$$

即 N 将精确的数值描述以系统默认的有效数字位数近似显示,Simplify 将多项式以系统默认的最简形式显示.

§8.1.4 用 Mathematica 绘制图形

为了分析常微分方程解的特性,图形有时候让分析更加直观和具有说服力. 以下是微分方程实验中常用到的几种绘图命令及其基本使用格式,如表 8.5 所示.

表 8.5　Mathematica 中的绘图命令及基本格式

Mathematica 表达式	功能说明
Plot[f[x],{x, x_{min}, x_{max}}]	在 $x\in[x_{min},x_{max}]$范围内绘制显函数 $y=f(x)$的图形
ParametricPlot[{x[t],y[t]}, {t, t_{min}, t_{max}}]	在 $t\in[t_{min}, t_{max}]$范围内绘制参数方程确定的平面曲线
ContourPlot[f(x, y) ==0, {x,x_{min}, x_{max}},{y, x_{min}, x_{max}}]	绘制在$(x,y)\in[x_{min}, x_{max}]\times[y_{min}, y_{max}]$区域内隐函数$f(x,y)$ =0 确定的曲线
ListPlot[*list*]	绘制列表 *list* 确定的点列图
Show[p_1, p_2, …]	将多个图形 p_1,p_2,…显示在一个坐标系中
ParametricPlot3D[{x[t], y[t], z[t]}, {t,t_{min}, t_{max}}]	在 $t\in[t_{min}, t_{max}]$范围内绘制参数方程确定的空间曲线

提示：以上绘图命令的第一个参数一般都可用同性质的函数构成的列表作为参数，从而可以在同一坐标系相同范围内绘制多个图形.

例 8.1.4　在同一坐标系中绘制隐函数 $x^2+y^2=1$,$2x^2-3y^2=1$ 在区域$[-2,2]\times[-2,2]$内确定的曲线图形.

实验步骤：在笔记本实验区域单击鼠标左键，新建实验单元，输入表达式：

ContourPlot[{x^2+y^2 == 1 ,$2x^2-3y^2$ == 1},
{x, -2,2},{y, -2,2}]

计算得到的结果如图 8.5 所示. 即绘制在同一范围内，两个不同的方程确定的隐函数所对应的曲线图形.

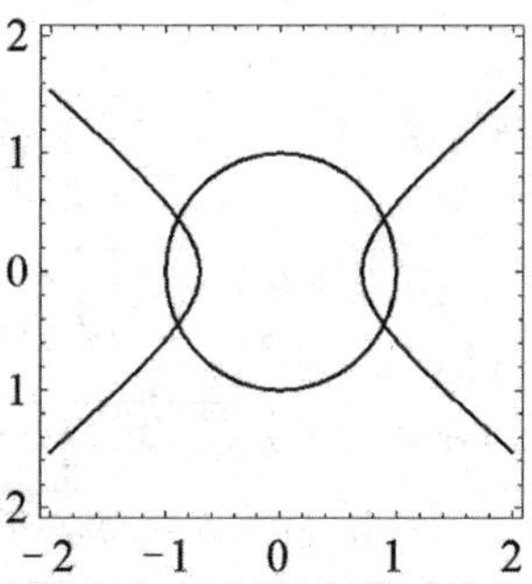

图 8.5　隐函数图形

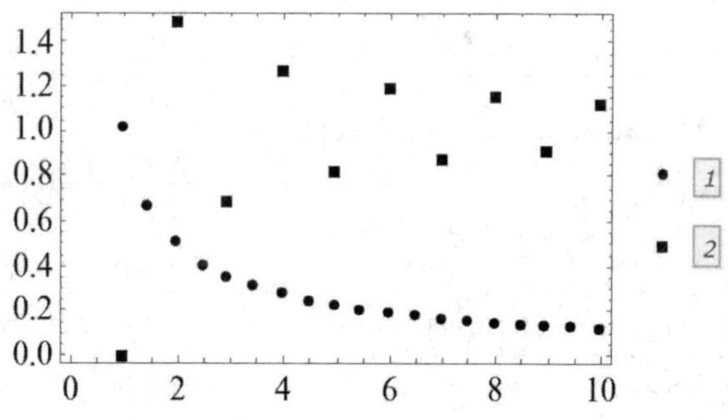

图 8.6　点列图

例 8.1.5　在同一坐标系中绘制数列

$$\left\{x,\frac{1}{x}\right\}(x=1,0.5,1,1.5,\cdots,10)\text{和}\left\{1+\frac{(-1)^n}{n}\right\}(n=1,2,3,\cdots,10)$$

所确定的点列图.

实验步骤：在笔记本实验区域单击鼠标左键，新建实验单元，输入表达式：

ListPlot[{Table[{x, $\frac{1}{x}$}, {x,1,10,0.5}],

Table[1 + $\frac{(-1)^n}{n}$, {n,1,10}]}, PlotMarkers→Automatic,

PlotLegends→Automatic, Frame→True]

计算得到的结果如图 8.6 所示. 即在同一范围内绘制两个不同点列确定的点列图形,其中圆点表示第一个数列对应的点列,方点表示第二个数列对应的点列.

提示:点列图绘制命令 ListPlot 中输入的点列如果只是单个数值构成的数列,则点的横坐标为项所在的数列位置;如果数列是{{x_1,y_1},{x_2,y_2},…}构成的点列,则点的坐标为数列的项确定的位置. 其中选项 PlotMarkers 用来设置不同点列显示的样式,PlotLegends 设置显示样例图,Frame 设置是否显示图形区域边框.

§8.1.5 微分和差分方程求解命令简介

在后面的内容中我们重点介绍如何使用 Mathematica 求解和分析具体的微分、差分方程问题,在这里统一介绍相关的求解和分析命令的基本使用格式,如表 8.6 所示.

表 8.6 Mathematica 中微分、差分方程相关命令及基本使用格式

Mathematica 表达式	功能说明
Solve[*eqn*, *x*]	求解关于变量 *x* 的一元方程
Solve[{eqn_1,eqn_2,…}, {x_1,x_2,…}]	求解关于变量 x_1,x_2,…构成的方程组
D[*y*[*x*],{*x*,*n*}]或 *y*′[*x*],*y*″[*x*], …	函数 *y*[*x*]关于变量 *x* 求导数,其中第一个为求 *n* 阶导数
Integrate[*f*[*x*], *x*]	对被积函数 *f*[*x*],积分变量 *x*, 求 *f*[*x*]的一个原函数
Integrate[*f*[*x*],{*x*,x_{min},x_{max}}]	在积分区间[x_{min},x_{max}]上求 *f*[*x*]关于积分变量 *x* 的定积分
DSolve[*eqn*, *y*[*x*], *x*]	对函数 *y* 关于变量 *x* 求解一个微分方程
DSolve[{eqn_1,eqn_2,…}, {y_1[*x*],y_2[*x*],…}, *x*]	对函数 y_1, y_2, …关于变量 *x* 求解一个由微分方程列表构成的常微分方程组
NDSolve[*eqn*, *y*[*x*], {*x*,x_{min},x_{max}}]	对函数 *y* 关于变量 *x*,利用数值方法在 $x\in[x_{min},x_{max}]$范围内求解一个微分方程
NDSolve[{eqn_1,eqn_2,…}, {y_1[*x*],y_2[*x*],…},{*x*,x_{min},x_{max}}]	对函数 y_1,y_2, …关于变量 *x*,利用数值方法在 $x\in[x_{min},x_{max}]$范围内求解一个微分方程组
RSolve[*eqn*, *y*[*n*], *n*]	对递推关系式 *eqn* 关于变量 *n* 求解一个差分方程(通项)
RSolve[{eqn_1,eqn_2,…}, {y_1[*n*],y_2[*n*],…}, *n*]	对递推关系 eqn_1,eqn_2,…关于变量 *n* 求解一个由差分方程列表构成的差分方程组
VectorPlot[{*f*(*x*,*y*),*g*(*x*,*y*)}, {*x*,x_{min},x_{max}},{*y*,y_{min},y_{max}}]	绘制由(*f*(*x*,*y*),*g*(*x*,*y*))确定的向量场,在微分方程中可用于绘制线素场
StreamPlot[{*f*(*x*,*y*),*g*(*x*,*y*)}, {*x*,x_{min},x_{max}},{*y*,y_{min},y_{max}}]	绘制由(*f*(*x*,*y*),*g*(*x*,*y*))确定的流线场,在微分方程中可用于绘制相轨线
expr/. {*x* - > x_0,*y* - > y_0,…}	表达式 *expr* 中的 *x*,*y*,…符号分别用 x_0,y_0,…替换
expr/. {{*x* - > x_0,*y* - > y_0,…}, {*x* - > x_1,*y* - > y_1,…}, …}	表达式中的 *x*,*y*,…符号分别用 x_0,y_0,…和 x_1,y_1,…替换,得到表达式 *expr* 的多个结果构成的列表

提示：(1)在使用 Solve 求解方程或者方程组时，可能得到的解不是很完整，这时可以使用 Reduce 考虑更多情况来得到更完整的解的形式，其使用格式与 Solve 相同. 此外 Reduce 也可以用来求解不等式和不等式组.

(2)对于初值问题，DSolve、NDSolve 和 RSolve 第一个参数微分方程列表中包含定解条件. 以上命令的第一个参数中的 *eqn* 都是由双等号“ == ”构成的方程(等式).

(3)微分方程中的函数都应写成变量的函数形式，如 y[x]. 导数应该描述为导数形式，如 y′[x]，y″[x]等，是由 Mathematica 的求导命令 D 得到的描述形式. 对于低阶导数可以直接使用键盘 ′ 输入导数符号，高阶导数一般使用 D[y[x]，{x，n}]来描述.

(4)通解中包含的任意常数按照连续序号描述为 C[i]，$i=1,2,\cdots,n$，其显示方式可以通过参数 GeneratedParameters 来指定.

(5)对于以上求解微分方程的命令的第二个参数 y[x]用来表示 y 是变量 x 的函数，这样得到的结果直接为函数表达式，如果使用 y 则结果为“纯函数”描述形式. 如果希望得到相对直观的观察结果，一般使用 y[x]描述形式作为第二个参数. 但是如果需要对解进行操作，比如求解函数的导数、函数值等，则使用“纯函数”结果更加方便.

(6)DSolve 适合求解解函数具有显示描述形式 $y=y(x)$ 的微分方程，对于隐函数描述的解需要对微分方程进行变形，然后采取其他方式进行求解.

(7)对于无法求得解析表达式的差分方程，可以直接通过序列的初始值，通过递推关系求得序列的后续项，通过获得的序列特征分析差分方程性态.

(8)对于求导和求积分命令也可以使用“数学助手”符号面板相应的符号求导和符号积分

$$\mathrm{D}[\,expr\,,\ var\,],\ \partial_{var}\ expr\,,\int expr\,\mathbf{d}\,var\,,\ \int_{lower}^{upper} expr\,\mathbf{d}\,var$$

构成直观表达式来完成相关计算.

§8.2　常微分方程实验

下面我们借助于前面介绍的 Mathematica 操作方式来求解与分析常微分方程，内容包括求常微分方程的解析解，绘制积分曲线与线素场，求解常微分方程组，常微分方程的定性理论与常微分方程初值问题的数值解.

§8.2.1　求常微分方程的解析解

例 8.2.1　求微分方程 $x^2\mathrm{d}y+(2xy-x+1)\mathrm{d}x=0$ 的通解.

实验步骤：首先将微分方程变形，使之符合 DSolve 适合的描述形式. 有

$$\frac{\mathrm{d}y}{\mathrm{d}x}=-\frac{2xy-x+1}{x^2}$$

在笔记本实验区域单击鼠标左键，新建实验单元，输入表达式：

$$\text{DSolve}[y'[x]==-\frac{2xy[x]-x+1}{x^2},\ y[x],\ x]//\text{Simplify}$$

计算得到结果为:

$$\{\{y[x]\to\frac{1}{2}-\frac{1}{x}+\frac{C[1]}{x^2}\}\}$$

例 8.2.2　求解初值问题$(1+x^2)y''=2xy', y|_{x=0}=1, y'|_{x=0}=3$,并绘制对应的积分曲线.

实验步骤:在笔记本实验区域单击鼠标左键,新建实验单元,输入表达式:

```
Sol =
  DSolve[{(1+x^2)y''[x]==2x y'[x],y[0]==1,
     y'[0]==3},y[x],x]
Plot[y[x]/. Sol,{x, -2,2}]
```

计算得到的解如下,积分曲线图形如图 8.7 所示.

$$\{\{y[x]\to 1+3x+x^3\}\}$$

提示:对于常微分方程解的结果的引用,可以采取以上替换命令的方式得到表达式,用于绘制图形. 其实通过分析微分方程解的结构,也可以直接获取解的解析式,从而通过列表元素的提取得到解函数表达式. 如输入表达式:

TreeForm[Sol]

其中 Sol 为前面求解微分方程的初值问题获得的计算结果. 计算后得到结果如图 8.8 所示.

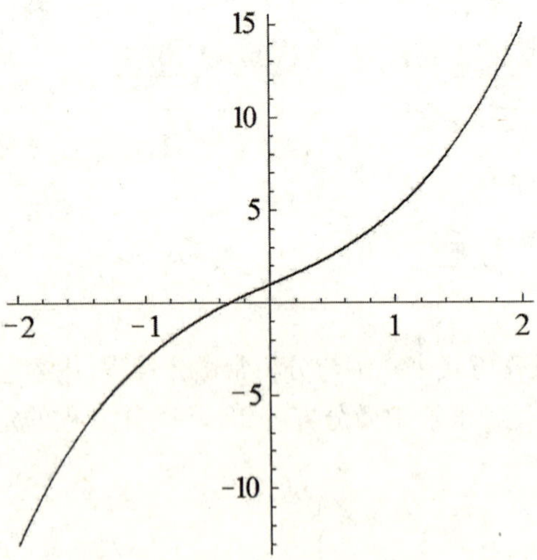

图 8.7　例 8.2.2 对应的积分曲线

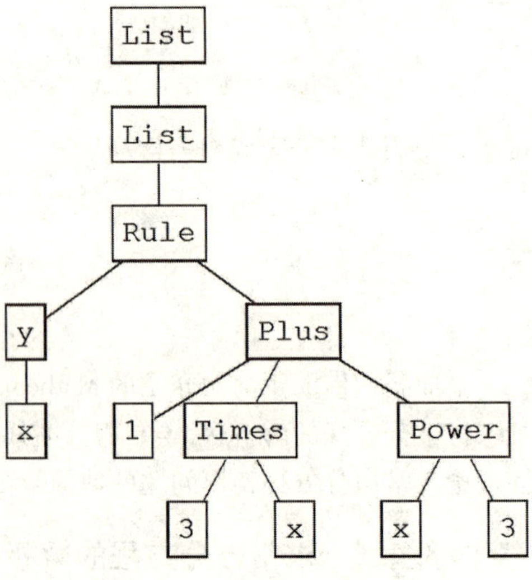

图 8.8　例 8.2.2 微分方程解的树形列表结构

分析图 8.8 的树形结构,可以知道初值问题的解函数应该位于最外层列表(List)的第一个列表元素(List)中的第一个元素(Rule)的第二位置,所以通过 Sol[[1,1,2]]可以获得解函数表达式. 输入如下表达式:

```
Sol[[1,1,2]]
Plot[Sol[[1,1,2]],{x, -2,2}]
```

计算后得到的结果为 x^3+3x+1 和图 8.8 中一样的图形. 如果只是需要获取解函数表达式进行操作,这种通过观察 Dsolve 求得的解的树形结构获取解函数表达式的方法也不失为一种方便、快捷的方式.

例 8.2.3　求四阶线性微分方程 $y^{(4)}+2y'''+4y''-2y'-5y=0$ 的通解.

实验步骤:在笔记本实验区域单击鼠标左键,新建实验单元,输入表达式:

```
DSolve[
  D[y[x],{x,4}]+2D[y[x],{x,3}]+4y''[x]-2y'[x]
    -5y[x]==0,y[x],x,GeneratedParameters→(C#&)]
```

计算得到结果为:

$$\{\{y[x]\to \mathrm{e}^{-x}\mathrm{Sin}[2x]C_1+\mathrm{e}^{-x}\mathrm{Cos}[2x]C_2+\mathrm{e}^{-x}C_3+\mathrm{e}^{x}C_4\}\}$$

提示:其中选项 GeneratedParameters 用来设置任意常数符号,其中“$(C_{\#}\&)$”用来设置序号,可以对“#”进行运算,如改成“# - 1”,则序号从 0 开始. “C”也可以换成其他字符.

例 8.2.4　求微分方程 $x^2y\mathrm{d}x=(1-y^2+x^2-x^2y^2)\mathrm{d}y$ 的通解.

实验步骤:首先将微分方程变形,使之符合 DSolve 适合的描述形式. 有

$$\frac{\mathrm{d}y}{\mathrm{d}x}=\frac{x^2y}{1-y^2+x^2-x^2y^2}$$

在笔记本实验区域单击鼠标左键,新建实验单元,输入表达式:

$$\mathrm{DSolve}\left[y'[x]==\frac{x^2y[x]}{1-y[x]^2+x^2-x^2y[x]^2},\ y[x],\ x\right]$$

计算得到结果为:

$$\{\{y[x]\to -\mathrm{i}\sqrt{\mathrm{ProductLog}[-\mathrm{e}^{2x-2\mathrm{ArcTan}[x]-2C[1]}]}\},$$
$$\{y[x]\to \mathrm{i}\sqrt{\mathrm{ProductLog}[-\mathrm{e}^{2x-2\mathrm{ArcTan}[x]-2C[1]}]}\}\}$$

同时会给出“信息”(Messages)窗口,提示这次计算结果为通过 Solve 求解方程得到的反函数,可能包含的解不够全面,可以使用 Reduce 来获得可能的完整解信息,如图 8.9 所示.

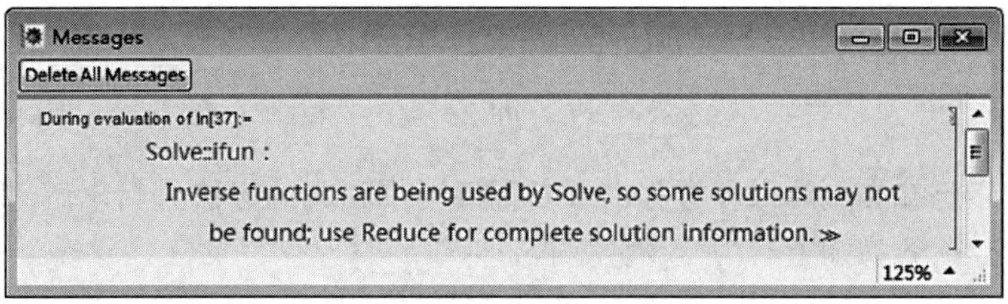

图 8.9　信息提示窗口

其实,该方程为可分离变量微分方程. 通过分离变量,有

$$\frac{1-y^2}{y}\mathrm{d}y=\frac{x^2}{1+x^2}\mathrm{d}x$$

新建实验单元,输入如下表达式,使用 Mathematica 分别关于各自变量求不定积分:

$$\int \frac{1-y^2}{y}\mathrm{d}y == \int \frac{x^2}{1+x^2}\mathrm{d}x$$

计算得到结果为:

$$-\frac{y^2}{2}+\mathrm{Log}[y]==x-\mathrm{ArcTan}[x]$$

可得该微分方程的通解为

$$-x-\frac{y^2}{2}+\arctan x+\ln y=C$$

通过 Solve 关于变量 y 求解该方程,即输入表达式

$$\mathrm{Solve}\left[-x-\frac{y^2}{2}+\mathrm{ArcTan}[x]+\mathrm{Log}[y]==C_1,y\right]$$

计算得到与直接使用 DSolve 求解微分方程相同的结果.

提示:由此可见,微分方程的通解为隐函数时,可能得不到解函数的显函数描述形式.对于这样的方程,需要对方程进行适当变形处理,再选择合适的方法计算求解.但是,对于有些微分方程隐函数解也可以对解进行处理得到直观的描述形式.

例 8.2.5 求微分方程$(x^2-y)\mathrm{d}x-(x-y)\mathrm{d}y=0$ 的通解.

实验步骤:首先将微分方程变形,使之符合 DSolve 适合的描述形式.有

$$\frac{\mathrm{d}y}{\mathrm{d}x}=\frac{x^2-y}{x-y}$$

在笔记本实验区域单击鼠标左键,新建实验单元,输入表达式:

$$\mathrm{DSolve}\left[y'[x]==\frac{x^2-y[x]}{x-y[x]},\ y[x],x\right]$$

计算得到结果为:

$$\left\{\left\{y[x]\to x-\mathrm{i}\sqrt{-x^2+\frac{2x^3}{3}-C[1]}\right\},\ \left\{y[x]\to x+\mathrm{i}\sqrt{-x^2+\frac{2x^3}{3}-C[1]}\right\}\right\}$$

由以上计算得到的两个结果,容易得到

$$y-x=-\mathrm{i}\sqrt{-x^2+\frac{2x^3}{3}-C_1},y-x=\mathrm{i}\sqrt{-x^2+\frac{2x^3}{3}-C_1}$$

将上述两式两端相乘,化简,并令 $3C_1=C$,可得原微分方程的通解为

$$\frac{2x^3}{3}-2xy+y^2=C_1,\text{即 } 2x^3-6xy+3y^2=C$$

提示:对于已知类型的微分方程也可以直接使用相关的方法进行求解.例如,对于该例题的微分方程,容易知道其为全微分方程,即

$$\frac{\partial(x^2-y)}{\partial y}=-1=\frac{\partial[-(x-y)]}{\partial x}$$

从而可以使用积分与路径无关,使用积分的方法进行求解.

新建实验单元,输入表达式:

$$\int_0^x x^2\mathrm{d}x+\int_0^y-(x-y)\mathrm{d}y$$

计算得到结果为:

$$\frac{x^3}{3}-xy+\frac{y^2}{2}$$

由此可得微分方程的通解为

$$\frac{x^3}{3}-xy+\frac{y^2}{2}=C_1,\ 即\ 2x^3-6xy+3y^2=C$$

例 8.2.6　求解初值问题 $y'=\dfrac{3x^2+4x+2}{2(y-1)}$, $y(0)=1$. 验证求得的解确实满足该初值问题中的两个等式,即为该初值问题的解,并求 $y(1)$.

实验步骤:在笔记本实验区域单击鼠标左键,新建实验单元,输入表达式:

$$\text{Sol = DSolve}\left[\left\{y'[x]==\frac{3x^2+4x+2}{2(y[x]-1)},\ y[0]==1\right\},\ y[x],x\right]$$

计算得到结果为:

$$\{\{y[x]\to 1-\sqrt{x(2+2x+x^2)}\},\{y[x]\to 1+\sqrt{x(2+2x+x^2)}\}\}$$

要验证求得的解确实满足该初值问题中的两个等式,如果直接使用替换命令替换 $y[x]$,则不能直接求导数或者不能直接求 $y(1)$,因此求解微分方程使用这种结果返回形式需要另外定义函数.

采取定义函数验证并求解解函数值的 Mathematica 表达式为:

$y[X\_]=y[x]/.\ \text{Sol};$

$$\left\{\left\{y'[x]==\frac{3x^2+4x+2}{2(y[x]-1)},\ y[0]==\{1,1\}\right\}//\text{Simplify},\ y[1]\right\}$$

计算得到结果为:

$$\{\{\text{True},\text{True}\},\ \{1-\sqrt{5},\ 1+\sqrt{5}\}\}$$

从结果可以看到,得到的两个解都是满足初值问题的解,并且求得 $x=1$ 时对应的解函数值. 由于第一行表达式定义的函数为一个由解的分支描述形式构成的列表,所以比较 $y[0]$ 的值为列表 $\{1,1\}$;同样得到的 $y(1)$ 有两个函数值.

其实不难理解,通过 DSolve 求该微分方程的通解,变换后可知该微分方程的通解为一个隐函数描述形式,即

$$x^3+2x^2+2x-y^2+2y=C$$

由此可得,满足 $y(0)=1$ 初始条件的特解. 因此,代入 $x=1$,可得两个函数值.

提示:如果直接使用替换命令替换表达式的 $y[x]$,则遇到 $y'[x]$, $y[1]$ 时不会发生替换,因此无法验证和求解函数值,所以只能借助替换命令定义函数的方式来完成,而且函数的定义必须使用"="来定义,即以先替换结果再赋值的方式来进行,而不能利用":="定义函数的方式.

以上过程相对来说比较麻烦. 如果以"纯函数"的方式描述微分方程的解,则相比较直接,可以使用替换命令直接将表达式中的 y 用得到的"纯函数"结果替换,从而可以完成计算. 实现这种过程的 Mathematica 表达式为:

Clear[x,y];

```
Sol = DSolve[{y'[x] == (3x^2 + 4x + 2)/(2(y[x] - 1)), y[0] == 1}, y, x]
{{y'[x] == (3x^2 + 4x + 2)/(2(y[x] - 1)), y[0] == 1}, y[1]}/. Sol // Simplify
```

计算得到的结果为：

$$\{\{y \to \text{Function}[\{x\}, 1 - \sqrt{x(2 + 2x + x^2)}]\},$$
$$\{y \to \text{Function}[\{x\}, 1 + \sqrt{x(2 + 2x + x^2)}]\}\}$$
$$\{\{\{\text{True}, \text{True}\}, 1 - \sqrt{5}\}, \{\{\text{True}, \text{Ture}\}, 1 + \sqrt{5}\}\}$$

第一行表达式用来清除对变量 x,y 可能的赋值与定义；第二行表达式得到微分方程解函数的"纯函数"描述形式；第三行表达式为借助于替换命令验证解函数满足初值问题，并求相应的解函数的函数值 $y[1]$. 与前面的过程相比较，显然这种问题处理方式更有效，所以后面在使用 DSolve 求解微分方程时，一般将第二参数设置为不带参数，使其结果返回为"纯函数"描述形式.

例 8.2.7　求微分方程

$$y'(x) = \begin{cases} \dfrac{1}{x-1}, x \leq 0, \\ \dfrac{1}{x+1}, x > 0 \end{cases}$$

满足 $y(1) = 1$ 的特解，并绘制相应的解曲线.

实验步骤：在笔记本实验区域单击鼠标左键，新建实验单元，输入表达式：

```
f[x_]: = If[x≤0,1/(x-1),1/(x+1)];
DSolve[{y'[x] ==f[x],y[1] ==1},y,x]
Plot[y[x]/. %,{x, -10,10}]
```

计算结果为：

$$\left\{\left\{y \to \text{Function}\left[\{x\}, \begin{cases} 1 - \mathrm{i}\,\pi - \text{Log}[2] + \text{Log}[-1 + x] & x \leq 0 \\ 1 - \text{Log}[2] + \text{Log}[1 + x] & \text{True} \end{cases}\right]\right\}\right\}$$

积分曲线图形如图 8.10 所示.

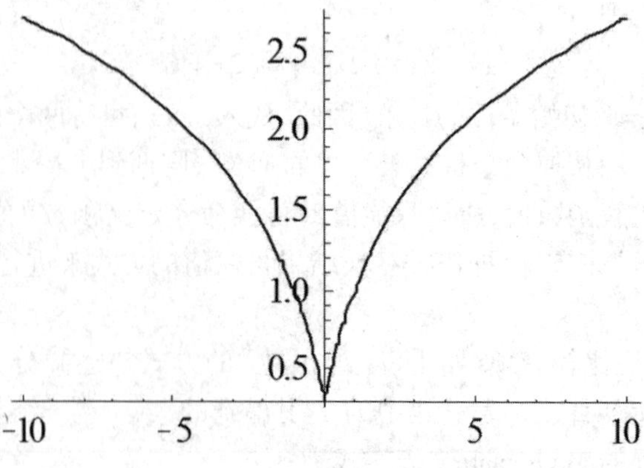

图 8.10　例 8.2.7 的解曲线

例 8.2.8　求解微分方程组

$$\begin{cases} x'(s) = \cos(t(s)) \\ y'(s) = \sin(t(s)) \\ t'(s) = s \end{cases}$$

并选择合适的任意常数绘制由$(x(s),y(s))$构成的一条解曲线.

实验步骤:在笔记本实验区域单击鼠标左键,新建实验单元,输入表达式:

```
Sol =
  DSolve[{x'[s] == Cos[t[s]], y'[s] == Sin[t[s]]
    t'[s] == s}, {x,y,t}, s]
ParametricPlot[({x[s],y[s]}/. Sol)/.
    {C[1]→0, C[2]→1, C[3]→1}, {s, -20,20}]
```

计算得到微分方程的解为:

$$\left\{\{t\to\text{Function}\left[\{s\},\frac{s^2}{2}+C[1]\right],\ x\to\text{Function}[\{s\},C[2]+\sqrt{\pi}\left(\text{Cos}[C[1]]\text{FresnelC}\left[\frac{s}{\sqrt{\pi}}\right]-\text{FresnelS}\left[\frac{s}{\sqrt{\pi}}\right]\text{Sin}[C[1]]\right)\right],$$

$$y\to\text{Function}\left[\{s\},C[3]+\sqrt{\pi}\left(\text{Cos}[C[1]]\text{FresnelS}\left[\frac{s}{\sqrt{\pi}}\right]+\text{FresnelC}\left[\frac{s}{\sqrt{\pi}}\right]\text{Sin}[C[1]]\right)\right]\}\right\}$$

为非初等函数描述形式. 绘制的图形效果如图 8. 11 所示.

如果同时绘制$(x(s),y(s),t(s))$所对应的曲线,则使用的 Mathematica 表达式为:

```
ParametricPlot3D[
  ({x[s],y[s],t[s]}/. Sol)/.
    {C[1]}→0, C[2]→1, C[3]→1}, {s, -20,20},
  BoxRatios→{1,1,1}]
```

计算后的结果如图 8. 12 所示.

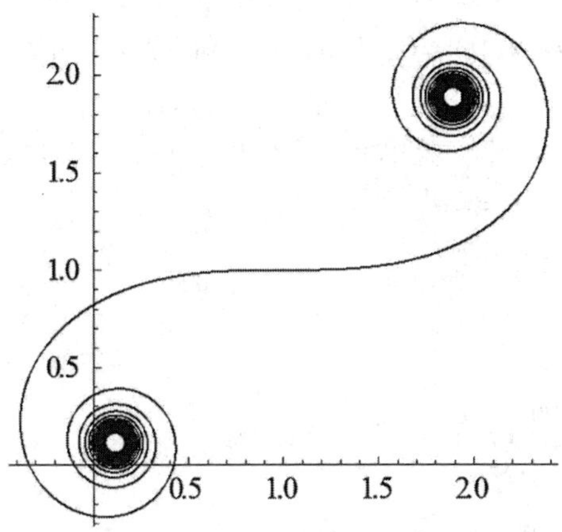

图 8. 11　科纽卷线

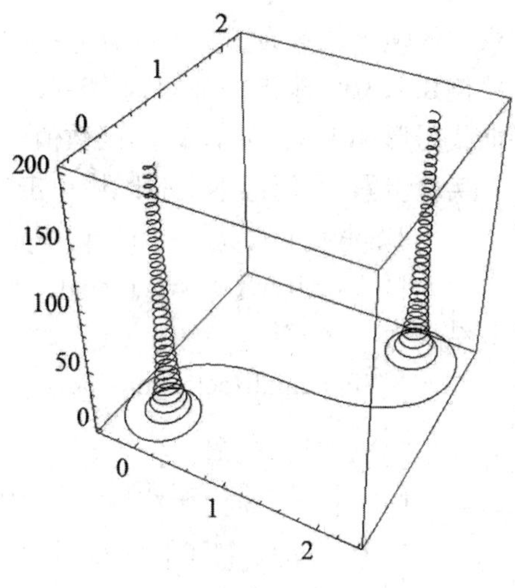

图 8. 12　三维曲线图形

提示:其中 BoxRatios 用来设置三维图形坐标系各坐标显示的比例,平面图形坐标系使用选项 AspectRatio 进行设置.

例 8.2.9 求微分方程$(y+x-1)y'-y+2x+3=0$的通解,并验证求得的解满足该微分方程.

实验步骤:在笔记本实验区域单击鼠标左键,新建实验单元,输入表达式:

```
DSolve[(y[x]+x-1)y'[x]-y[x]+2x+3==0,
  y[x],x]//Simplify
```

计算得到结果为:

$$\text{Solve}\left[2\sqrt{2}\text{ArcTan}\left[\frac{3+2x-y[x]}{\sqrt{2}(-1+x+y[x])}\right]==3C[1]+4\text{Log}[2+3x]+2\text{Log}\left[\frac{11+8x+6x^2-10y[x]+3y[x]^2}{(2+3x)^2}\right],\ y[x]\right]$$

由于该微分方程的解不具有显示描述形式,因此求得的解只能是如上的隐式表达式.下面通过隐函数求导对解进行验证.求隐函数方程的导数的 Mathematica 表达式为:

$$\text{Sol}=\text{Solve}\left[\text{D}\left[2\sqrt{2}\text{ArcTan}\left[\frac{3+2x-y[x]}{\sqrt{2}(-1+x+y[x])}\right],x\right]==\text{D}\left[3C[1]+4\text{Log}[2+3x]+2\text{Log}\left[\frac{11+8x+6x^2-10y[x]+3y[x]^2}{(2+3x)^2}\right],x\right],y'[x]\right]//\text{Simplify}$$

计算得到结果为:

$$\left\{\left\{y'[x]\to\frac{-3-2x+y[x]}{-1+x+y[x]}\right\}\right\}$$

验证解函数满足微分方程的表达式为:

```
(y[x]+x-1)y'[x]-y[x]+2x+3==0/.Sol
```

计算得到结果为:

{True}

即求得的隐函数解为满足该微分方程的通解.

例 8.2.10 求解初值问题$y'''-x^2y'-y=\cos x, y(0)=0, y'(0)=1, y''(0)=0$,并绘制解曲线图形和求$y(1)$,$y(2)$的函数值.

实验步骤:在笔记本实验区域单击鼠标左键,新建实验单元,输入表达式:

```
Sol=DSolve[{y'''[x]-x^2y'[x]-y[x]-Cos[x]==0,
    y[0]==0,y'[0]==1,y''[0]==0},y,x]
```

计算结果为

$$\{\{y\to\text{DifferentialRoot}[\text{Function}[\{\dot{y},\dot{x}\},\{-\dot{y}[\dot{x}+(-2-\dot{x}^2)\dot{y}^{(3)}[\dot{x}]+(-1-4\dot{x})\dot{y}''[\dot{x}]+(1-\dot{x}^2)\dot{y}^{(3)}[\dot{x}]+\dot{y}^{(5)}[\dot{x}]==0,\ \dot{y}[0]==0,\ \dot{y}'[0]==1,\ \dot{y}''[0]==0,\ \dot{y}^{(3)}[0]==1,\dot{y}^{(4)}[0]==1\}]]\}\}$$

这样得到的结果为一个 DifferentialRoot 对象,而不具有显示的解函数描述形式.对于该解

完全与显函数一样可以使用,如绘制解曲线与求函数值 $y(1)$,$y(2)$的表达式为:

```
Plot[y[x]/. Sol[[1]],{x,1,2}]
{y[1],y[2]}/. Sol[[1]]//N
```

绘制的曲线如图 8. 13 所示.

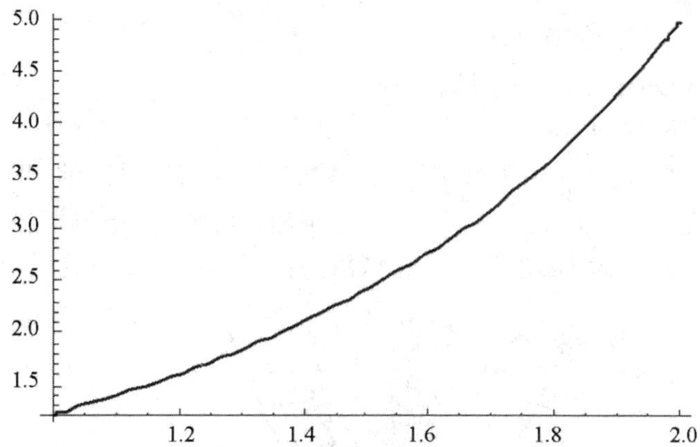

图 8. 13　例 8. 2. 10 的解曲线

计算得到的函数值为

$$\{1.22148,\ 4.96592\}$$

例 8. 2. 11　设 $\varphi(x)$是二阶齐次线性微分方程 $y''+p(x)y'+q(x)y=0$ 的一个非零解,则由刘维尔公式可得其另外一解为

$$y(x)\ =\varphi(x)\int\frac{e^{-\int p(x)\mathrm{d}x}}{\varphi^2(x)}\mathrm{d}x$$

试通过朗斯基行列式验证 $\varphi(x)$,$y(x)$线性无关.

实验步骤:在笔记本实验区域单击鼠标左键,新建实验单元,输入表达式:

$$y[x\_]:=\varphi[x]\int\frac{1}{\varphi[x]^2}E^{-\int p[x]\mathrm{d}x}\mathrm{d}x$$

$$\mathrm{Det}[\{\{\varphi[x],y[x]\},\{\varphi'[x],y'[x]\}\}]$$

计算结果为

$$\mathrm{e}^{-\int p[x]\mathrm{d}x}$$

因此,只要 $p(x)$不是常值零,则微分方程的两个解 $\varphi(x)$,$y(x)$的朗斯基行列式不等于零,所以两个解线性无关,从而可以构成微分方程的通解 $C_1\varphi(x)+C_2y(x)$.

§8. 2. 2　积分曲线与线素场

例 8. 2. 12　绘制微分方程 $y'=\frac{2}{x}y-1$ 在区域$[-4,4]\times[-4,4]$内的一组积分曲线,并粗体显示其中的一条积分曲线.

实验步骤:在笔记本实验区域单击鼠标左键,新建实验单元,输入表达式:

```
Sol = DSolve[y'[x] == 2/x y[x] - 1, y[x], x];
a = Plot[(y[x]/. Sol)/. {C[1]→1}, {x, -4,4},
    PlotStyle→{Thick,Red}];
b = Show[Table[Plot[(y[x]/. Sol)/. {C[1]→c},
    {x, -4,4}], {c, -20,20,1}]];
Show[a,b,PlotRange→{{-4,4},{-4,4}}]
```

计算得到结果如图 8.14 所示.

提示:表达式中的变量 a 用来绘制任意常数取 1 时对应的积分曲线,并显示为红色粗线条;b 变量中保存了任意常数从 -20 到 20 范围内,间隔为 1 增量取值所对应的积分曲线. 选项 PlotRange 用来设置图形显示的区域范围,PlotStyle 用来设置线条的样式.

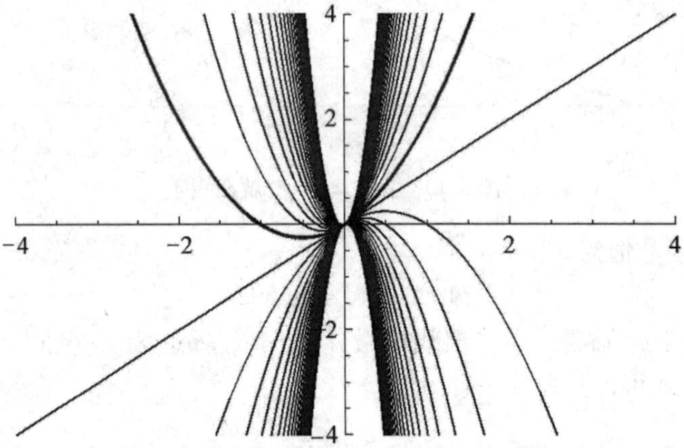

图 8.14 例 8.2.12 的积分曲线

例 8.2.13 求解微分方程 $x(y')^2-2yy'+9x=0$,并在区域$[-1,1]\times[-3,3]$内绘制其对应的积分曲线族.

实验步骤:在笔记本实验区域单击鼠标左键,新建实验单元,输入表达式:

```
DSolve[x(y'[x])^2 - 2y[x]y'[x] + 9x == 0, y[x], x]
```

计算得到结果为:

$$\{\{y[x]\to 3(x+2x\mathrm{Sinh}[\frac{1}{2}(C[1]-\mathrm{Log}[x])]^2)\},$$

$$\{y[x]\to 3(x+2x\mathrm{Sinh}[\frac{1}{2}(C[1]+\mathrm{Log}[x])]^2)\}\}$$

显然该结果不直观. 分析方程,可知该方程是一个隐式微分方程,可以引入变量 $p=y'(x)$,变换原方程,得

$$y=\frac{9x}{2p}+\frac{xp}{2} \tag{8.2.1}$$

两边关于 x 求导,可得

$$\left(\frac{1}{2}-\frac{9}{2p^2}\right)\left(p-x\frac{\mathrm{d}p}{\mathrm{d}x}\right)=0$$

因此,有

$$\frac{\mathrm{d}p}{\mathrm{d}x}=\frac{p}{x}, \text{即 } p=Cx \text{ 和 } p=\pm 3 \tag{8.2.2}$$

由(8.2.1)和(8.2.2)消去 p,可得原方程的解为 $y=\frac{9}{2C}+\frac{C}{2}x^2$ 和 $y=\pm 3x$.

绘制该微分方程对应的积分曲线族的 Mathematica 表达式为:

```
Show[Table[
  Plot[9/(2C) + C/2 x^2, {x, -3,3},
    PlotStyle→Blue], {C, -53,52,2}],
  Plot[{3x, -3x}, {x, -3,3}, PlotStyle→{Red,Thick}],
  PlotRange→{{-1,1}, {-3,3}}]
```

计算后的结果如图 8.15 所示.

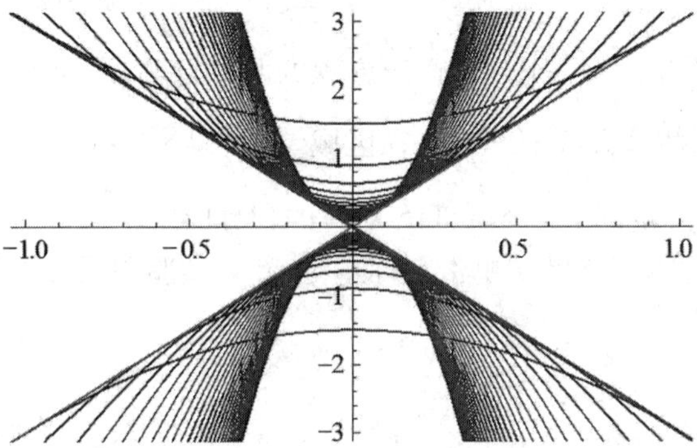

图 8.15　微分方程 $x(y')^2-2yy'+9x=0$ 对应的积分曲线族

观察图 8.15 发现,特解区间上除了原点外的每一点处都有通解中的某一个解在该点处与特解相切,这些点构成微分方程的奇解,即几何上对应的积分曲线族的包络曲线. 在使用 Mathematica 求解微分方程时,奇解一般不能直接给出,但是通过观察图形可以获得微分方程具有奇解的性态.

例 8.2.14　求解微分方程 $y^2+y'^2=1$,并在 $x\in[-3,3]$ 范围内绘制其对应的积分曲线族.

实验步骤:在笔记本实验区域单击鼠标左键,新建实验单元,输入表达式:

```
Sol = DSolve[y[x]^2 + y'[x]^2 == 1, y[x], x]
```

计算得到结果为:

```
{{y[x]→ -Sin[x - C[1]]}, {y[x]→Sin[x + C[1]]}}
```

通过分析两个解的特征,容易发现两个解具有一致性. 因此可以直接用 $y=\sin(x+C)$ 作为该微分方程的通解.

绘制该微分方程积分曲线族的 Mathematica 表达式为:

```
Show[Table[Plot[y[x]/. Sol[[1]]/. {C[1]→C},
```

{x, -3,3}],{C, -20,20,1}]]

计算得到结果如图 8.16 所示.

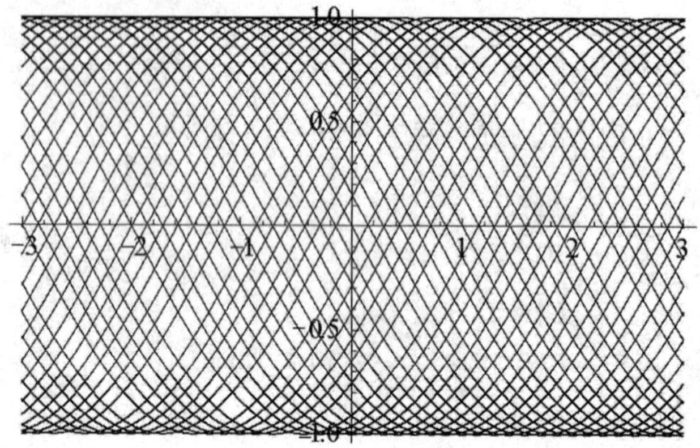

图 8.16　微分方程 $y^2+y'^2=1$ 对应的积分曲线族

从图 8.16 容易看出,$y=\pm1$ 是该微分方程的两个特解,即为该微分方程的奇解.

例 8.2.15　绘制微分方程 $y'=-\dfrac{x}{y}$ 在区域[-2,2] ×[-2,2]中的线素场,并在线素场中显示任意常数取确定的值 0.5,1,1.5 对应的积分曲线.

实验步骤:在笔记本实验区域单击鼠标左键,新建实验单元,输入表达式:

```
Sol = DSolve[y'[x] == - x/y[x], y[x], x]
Jcurve = Show[Table[Plot[(y[x]/. Sol)/. {C[1]→c}, {x, -2,2},
    PlotStyle→Thick], {c, {0.5,1,1.5}}]];
XSLine = VectorPlot[{1, -x/y}, {x, -2,2}, {y, -2,2},
    VectorScale→{0.02,0.01,None}, VectorPoints→30];
Show[Jcurve, XSLine, AspectRatio→Automatic,
  PlotRange→{{-2,2}, {-2,2}}]
```

计算得到结果如图 8.17 所示.

计算过程中,"Sol"的结果为:

$$\{\{y[x]\to-\sqrt{-x^2+2C[1]}\},\ \{y[x]\to\sqrt{-x^2+2C[1]}\}\}$$

为两个函数构成的分段描述形式.两端分别相乘后可得微分方程的通解为

$$x^2+y^2=C(C>0)$$

提示:变量"Jcurve"存放的三条不同的积分曲线,是由"Sol"确定的两个分段函数在任意常数取不同值的曲线图形.变量"XSLine"存放的是线素场图形,其中 VectorScale 用来设置线的长短比例,VectorPoints 用来设置绘制的线的多少.

对于使用 Mathematica 求解函数描述形式非常复杂,或者根本无法求解的常微分方程,有时候在研究的过程中也可能并不需要知道其解析解,只需要了解解曲线的相关性

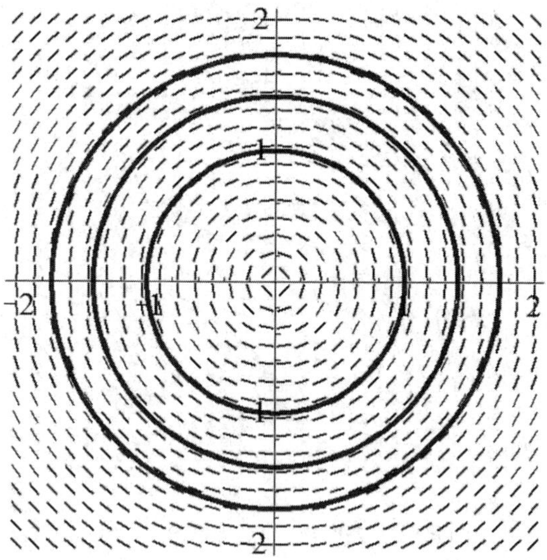

图 8.17　微分方程 $y' = -\frac{x}{y}$ 对应线素场

态，这个时候借助于线素场（方向场）就完全可以满足需求.

例 8.2.16　试分析微分方程 $\frac{dy}{dx} = x^2 + y^2$ 对应的向量场的变化特征，并使用 Mathematica 软件绘制其向量场和经过几个定点的积分曲线进行验证.

实验步骤：由于 $x^2 + y^2 \geq 0$，所以所有的方向都是向上的，并且关于原点对称. 积分曲线离原点越远，斜率越大，曲线越陡峭，而在原点附近趋于水平. 在曲线 $x^2 + y^2 = k$ 上各点的斜率相同，切线具有相同方向，这些曲线为方向场的等斜线.

同时由微分方程可得

$$\frac{d}{dx}\left(\frac{dy}{dx}\right) = 2x + 2y\frac{dy}{dx} = 2x + 2y(x^2 + y^2)$$

所以方向场以 $2x + 2y(x^2 + y^2) = 0$ 为分界线，在 $2x + 2y(x^2 + y^2) > 0$ 的区域内，积分曲线是凹的，在 $2x + 2y(x^2 + y^2) < 0$ 的区域内，积分曲线是凸的，$2x + 2y(x^2 + y^2) = 0$ 对应的曲线由积分曲线的拐点构成，所以也称之为拐点曲线.

绘制向量场，拐点曲线，一条等斜线 $x^2 + y^2 = 2$ 和经过 (0,0)，(−1.2,0)，(1.2,0) 的积分曲线的 Mathematica 表达式如下：

```
Show[ContourPlot[{2x+2y(x^2+y^2)==0,x^2+y^2==2},
    {x,-2,2},{y,-2,2},ContourStyle→Dashed],
  VectorPlot[{1,x^2+y^2},{x,-2,2},{y,-2,2},
    VectorScale→{0.02,0.01,None},VectorPoints→30,
    StreamPoints→{{0,0},{-1.2,0},{1.2,0}},
    StreamStyle→Arrowheads[0]],Axes→True,Frame→None]
```

其计算结果如图 8.18 所示.

提示：选项 StreamPoints 用来绘制通过指定点的积分曲线或者指定数量的积分曲线，

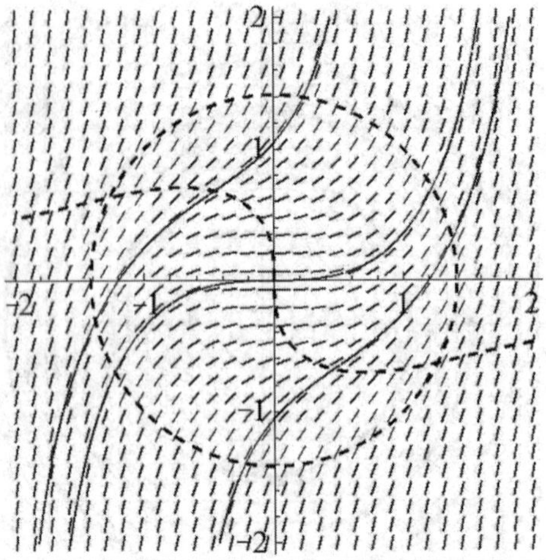

图 8.18　方向场,拐点曲线和积分曲线

ContourPlot 绘制的是拐点曲线和等斜线. 通过观察图 8.18,可以看到实验结果与分析结论一致. 通过向量场可以很好地了解积分曲线所具有的特征及相关性质.

例 8.2.17　在平面$(a,0)$和$(-a,0)$处分别放置两个正、负单位电荷,则它们在平面上产生磁场,描述磁场强度的微分方程为

$$\frac{dy}{dx}=\frac{Q(x,y)}{P(x,y)}$$

其中

$$P(x,y)=\frac{x+a}{[(x+a)^2+y^2]^{3/2}}-\frac{x-a}{[(x-a)^2+y^2]^{3/2}}$$

$$Q(x,y)=\frac{y}{[(x+a)^2+y^2]^{3/2}}-\frac{y}{[(x-a)^2+y^2]^{3/2}}$$

取 $a=1$,绘制该微分方程对应的线素场.

解　绘制线素场图形的 Mathematica 表达式为:

$a=1;$

$$P[x\_,y\_]:=\frac{x+a}{((x+a)^2+y^2)^{3/2}}-\frac{x-a}{((x-a)^2+y^2)^{3/2}}$$

$$Q[x\_,y\_]:=\frac{y}{((x+a)^2+y^2)^{3/2}}-\frac{y}{((x-a)^2+y^2)^{3/2}}$$

$$\text{XSLine}=\text{VectorPlot}\left[\left\{1,\frac{Q[x,y]}{P[x,y]}\right\},\{x,-2,2\},\right.$$

$\{y,-2,2\}$, VectorScale→{0.02,0.01,None},

VectorPoints→30, Axes→True, Frame→None,

StreamPoints→12]

计算得到结果如图 8.19 所示.

观察一个实际问题的线素场,可以看到其几何描述正好与实际情形相吻合.

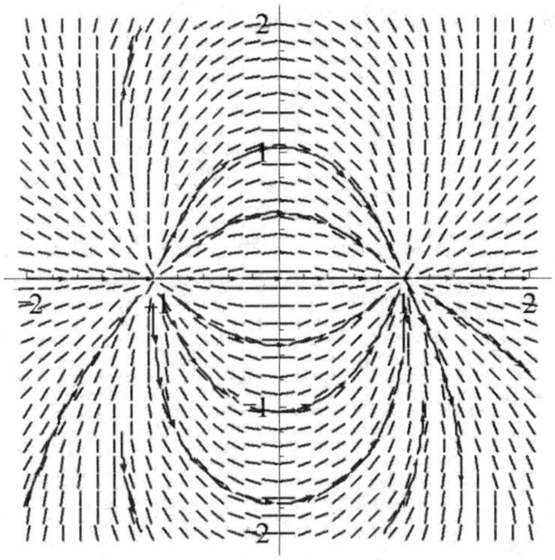

图 8.19　电荷磁场分布线素场

§8.2.3　线性常微分方程组

例 8.2.18　验证变系数线性常微分方程组

$$\begin{cases} y_1' = (\cos^2 x)y_1 + \left(\frac{1}{2}\sin 2x - 1\right)y_2 \\ y_2' = \left(\frac{1}{2}\sin 2x + 1\right)y_1 + (\sin^2 x)y_2 \end{cases}$$

的通解为

$$\begin{cases} y_1 = C_1 e^x \cos x - C_2 \sin x \\ y_2 = C_1 e^x \sin x + C_2 \cos x \end{cases}$$

实验步骤:在笔记本实验区域单击鼠标左键,新建实验单元,输入表达式:

$y_1 = C_1 E^x \mathrm{Cos}[x] - C_2 \mathrm{Sin}[x]$;

$y_2 = C_1 E^x \mathrm{Sin}[x] + C_2 \mathrm{Cos}[x]$;

$\{\mathrm{Det}[\{\{\partial_{c_1} y_1, \partial_{c_2} y_1\}, \{\partial_{c_1} y_2, \partial_{c_2} y_2\}\}]$,

$\quad \partial_x y_1 == (\mathrm{Cos}[x]^2) y_1 + \left(\frac{1}{2}\mathrm{Sin}[2x] - 1\right) y_2$,

$\quad \partial_x y_2 == \left(\frac{1}{2}\mathrm{Sin}[2x] + 1\right) y_1 + (\mathrm{Sin}[x]^2) y_2\}$ //Simplify

计算结果为:

$$\{e^x, \mathrm{True}, \mathrm{True}\}$$

结果的第一项为雅可比行列式,不为常数,即 C_1, C_2 为相互独立的任意常数;后面两个结果为验证两个函数满足微分方程,为微分方程的解.两者都成立,即为通解.

例 8.2.19 解非齐次常系数线性常微分方程组

$$\begin{cases}\dfrac{\mathrm{d}x}{\mathrm{d}t}=y-x+\sin 2t\\ \dfrac{\mathrm{d}y}{\mathrm{d}t}=x-y-\sin 2t\end{cases}$$

实验步骤:在笔记本实验区域单击鼠标左键,新建实验单元,输入表达式:

```
DSolve[{x'[t]==y[t]-x[t]+Sin[2t],
    y'[t]==x[t]-y[t]-Sin[2t]},{x[t],y[t]},
  t,GeneratedParameters→(C#&)]//Simplify
```

计算得到结果为:

$$\{\{x[t]\to\frac{1}{4}\mathrm{e}^{-2t}(\mathrm{e}^{2t}(-\mathrm{Cos}[2t]+\mathrm{Sin}[2t])+2(1+\mathrm{e}^{2t})C_1+2(-1+\mathrm{e}^{2t})C_2),$$

$$y[t]\to\frac{1}{4}\mathrm{e}^{-2t}(\mathrm{e}^{2t}(\mathrm{Cos}[2t]-\mathrm{Sin}[2t])+2(-1+\mathrm{e}^{2t})C_1+2(1+\mathrm{e}^{2t})C_2)\}\}$$

在上面得到的结果中,有

$$\mathrm{e}^{-2t}\mathrm{e}^{2t}=1,$$

$$\frac{1}{4}\mathrm{e}^{-2t}[2(1+\mathrm{e}^{2t})C_1+2(-1+\mathrm{e}^{2t})C_2]=\frac{1}{2}(C_1-C_2)\mathrm{e}^{-2t}+\frac{1}{2}(C_1+C_2)$$

$$\frac{1}{4}\mathrm{e}^{-2t}[2(-1+\mathrm{e}^{2t})C_1+2(1+\mathrm{e}^{2t})C_2]=-\frac{1}{2}(C_1-C_2)\mathrm{e}^{-2t}+\frac{1}{2}(C_1+C_2)$$

令$\frac{1}{2}(C_1+C_2)=C_3,\frac{1}{2}(C_1-C_2)=C_4$,原方程组的通解可以化简为

$$\begin{cases}x(t)=C_3+C_4\mathrm{e}^{-2t}+\dfrac{1}{4}(\sin 2t-\cos 2t)\\ y(t)=C_3-C_4\mathrm{e}^{-2t}+\dfrac{1}{4}(\cos 2t-\sin 2t)\end{cases}$$

例 8.2.20 求齐次常系数线性微分方程组

$$\frac{\mathrm{d}}{\mathrm{d}x}\begin{pmatrix}y_1\\y_2\\y_3\end{pmatrix}=\begin{pmatrix}3&-1&1\\-1&5&-1\\1&-1&3\end{pmatrix}\begin{pmatrix}y_1\\y_2\\y_3\end{pmatrix}$$

的通解,并进行验证.

实验步骤:在笔记本实验区域单击鼠标左键,新建实验单元,输入表达式:

```
y={y1[x],y2[x],y3[x]};
eqns=Thread[D[y,x]==
    {{3,-1,1},{-1,5,-1},{1,-1,3}}.y]
DSolve[eqns,{y1,y2,y3},x]//Simplify
eqns/.%//Simplify
```

第二个表达式用于构建微分方程组,结果为:

$\{y_1'[x]==3y_1[x]-y_2[x]+y_3[x],$
$y_2'[x]==-y_1[x]+5y_2[x]-y_3[x],$
$y_3'[x]==y_1[x]-y_2[x]+3y_3[x]\}$

第三个表达式用来求通解,结果为:

$$\{\{y_1\to\text{Function}[\{x\},\frac{1}{6}e^{2x}(3+2e^{x}+4e^{4x})C[1]-$$
$$\frac{1}{3}e^{3x}(-1+e^{3x})C[2]+\frac{1}{6}e^{2x}(-3+2e^{x}+e^{4x})C[3]],$$
$$y_2\to\text{Function}[\{x\},-\frac{1}{3}e^{3x}(-1+e^{3x}C[1]+$$
$$\frac{1}{3}e^{3x}(1+2e^{3x})C[2]-\frac{1}{3}e^{3x}(-1+e^{3x})C[3]],$$
$$y_3\to\text{Function}[\{x\},\frac{1}{6}e^{2x}(-3+2e^{x}+e^{4x})C[1]-$$
$$\frac{1}{3}e^{3x}(-1+e^{3x})C[2]+\frac{1}{6}e^{2x}(3+2e^{x}+e^{4x})C[3]]\}\}$$

这里为了显示的直观性和为了验证的方便,使用 Thread 显示出了方程组的传统形式,并使得求得的通解为“纯函数”描述形式.第四个表达式用来验证,结果为:

{{True,True,True}}

从这个结果知道通解满足微分方程组,为微分方程组的解.

提示:对于第二个构建微分方程组的语句可以省略,可以直接用微分方程组列表代替 DSolve 的第一个参数进行求解.只是对于使用这种描述方式相对来说更加直观与符合习惯.以上两个为常系数非齐次与齐次线性微分方程组,对于变系数线性微分方程组的求解方法也一样,只不过矩阵为自变量构成的矩阵.

§8.2.4　常微分方程的定性理论

例 8.2.21　求自治系统

$$\begin{cases}\dfrac{dx}{dt}=-y\\\dfrac{dy}{dt}=x\end{cases}$$

满足初始条件 $x(0)=1,y(0)=1$ 的解,并绘制其积分曲线和相应的轨线.

实验步骤:在笔记本实验区域单击鼠标左键,新建实验单元,输入表达式:

```
Sol = DSolve[{x'[t] == -y[t],y'[t] ==x[t],x[0] ==1,
    y[0] ==1},{x[t],y[t]},t]
```

计算得到的结果为:

{{x[t]→Cos[t] - Sin[t],y[t]→Cos[t] + Sin[t]}}

绘制积分曲线与轨线的 Mathematica 表达式为:

```
ParametricPlot3D[{x[t],y[t],t}/. Sol,{t,1,10},
```

```
    BoxRatios→{1,1,1},PlotStyle→Thick,
    AxesLabel→{x,y,t}]
  StreamPlot[{-y,x},{x,-2,2},{y,-2,2}
    StreamPoints→{{{{1,1},Thick},Automatic}}]
```

其中积分曲线如图 8.20 所示,指定轨线为图 8.21 所示的相图中的粗线条曲线.

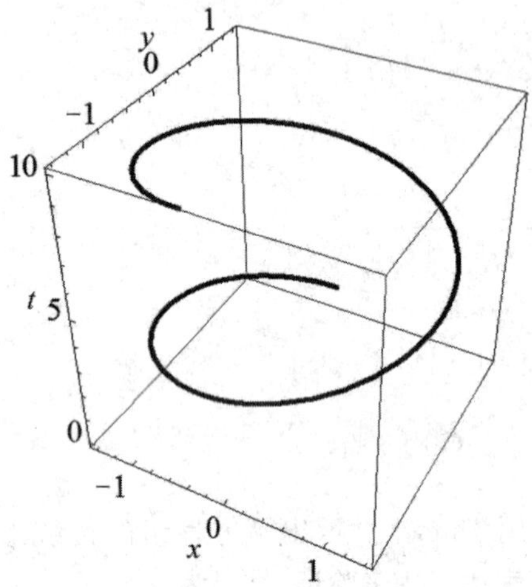

图 8.20 积分曲线

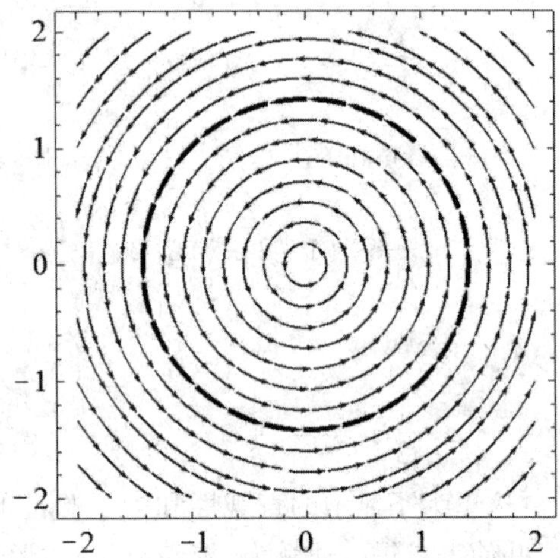

图 8.21 轨 线

提示:以上表达式中的 AxesLabel 选项用来标识坐标轴.

例 8.2.22 考察系统

$$\begin{cases}\dfrac{dx}{dt}=y\\ \dfrac{dy}{dt}=-x\end{cases}$$

零解的稳定性,其中 $t\geqslant 0, x(0)=a, y(0)=b, ab\neq 0$

实验步骤:求解方程组,计算并化简由解构成的表达式,$\sqrt{x^2(t)+y^2(t)}$的 Mathematica 表达式为:

```
DSolve[{x'[t]==y[t],y'[t]==-x[t],x[0]==a,
  y[0]==b},{x,y},t]
√(x[t]^2+y[t]^2)/.%//Simplify
```

计算结果为:

```
{{x→Function[{t},a Cos[t]+b Sin[t]],
  y→Function[{t}, b Cos[t]-a Sin[t]]}}
{√(a^2+b^2)}
```

因此,对于所有 $t\geqslant 0$,任给 $\varepsilon>0$,取 $\delta=\varepsilon$,则当 $\sqrt{a^2+b^2}<\delta$,有

$$\sqrt{x^2(t)+y^2(t)}=\sqrt{a^2+b^2}<\delta=\varepsilon$$

所以该系统的零解稳定；而

$$\lim_{t\to\infty}\sqrt{x^2(t)+y^2(t)}=\sqrt{a^2+b^2}\neq 0$$

所以该系统的零解不是渐近稳定的.

例 8.2.23　试通过轨线图讨论平面线性方程组

$$\frac{\mathrm{d}}{\mathrm{d}t}\begin{pmatrix}x\\y\end{pmatrix}=\begin{pmatrix}a & b\\c & d\end{pmatrix}\begin{pmatrix}x\\y\end{pmatrix}\tag{8.2.3}$$

奇点的稳定性问题.

实验步骤：显然，系统(8.2.3)只有一个奇点(0,0). 记系数矩阵为 A，对矩阵 A 总存在非奇异矩阵 T，使得

$$T^{-1}AT=\begin{pmatrix}\lambda & 0\\0 & \mu\end{pmatrix},T^{-1}AT=\begin{pmatrix}\lambda & 0\\1 & \lambda\end{pmatrix},T^{-1}AT=\begin{pmatrix}\alpha & \beta\\-\beta & \alpha\end{pmatrix}$$

其中第一种情形对应矩阵 A 有两个不同的特征值 λ,μ，第二种情形对应矩阵 A 有两个相同的特征值 λ，第三种情形对应矩阵 A 有一对共轭复数特征值 $\alpha\pm\beta i$. 由于非奇异线性变换 T 不改变奇点附近轨线的拓扑结构，因此，系统(8.2.3)奇点附近的轨线结构可以利用以上三个变换后矩阵构成的标准形式的微分方程组来研究.

对于第一种情形，绘制系统的轨线图的 Mathematica 表达式为：

```
A = {{a,b},{c,d}};evalue = Eigenvalues[A]
StreamPlot[{{evalue[[1]],0},{0,evalue[[2]]}}.{x,y},
  {x, -2,2},{y, -2,2}]
```

以下是取 A 为不同矩阵时对应的轨线图：

(1)取 $a=-4,b=-5,c=1,d=-10$ 时，$\lambda=-9\neq\mu=-5<0$. 当 $t\to+\infty$时，奇点附近的轨线趋于奇点(0,0)，即稳定结点，如图 8.22 所示.

(2)取 $a=8,b=3,c=1,d=6$ 时，$\lambda=9\neq\mu=5>0$. 当 $t\to+\infty$时，平衡点附近的轨线至少有一条轨线远离奇点(0,0)，即不稳定结点，如图 8.23 所示.

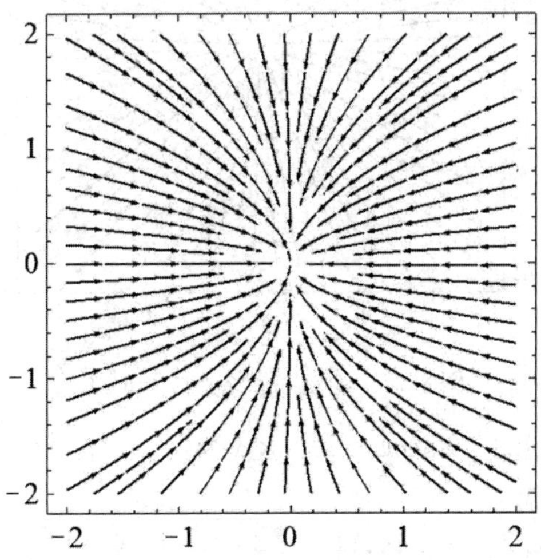

图 8.22　稳定结点

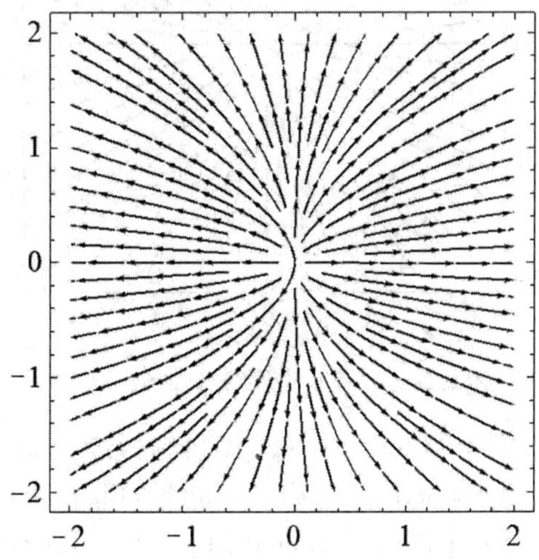

图 8.23　不稳定结点

(3)取 $a=3,b=-1,c=0,d=-4$ 时，$\lambda=-4<0$，$\mu=3>0$. 奇点附近的轨线分布如图 8.24 所示. 取 $a=1,b=-3,c=-3,d=1$ 时，$\lambda=4>0$，$\mu=-2<0$. 奇点附近的轨线分布如图 8.25 所示. 轨线沿着坐标轴远离奇点(0,0)，即奇点为鞍点.

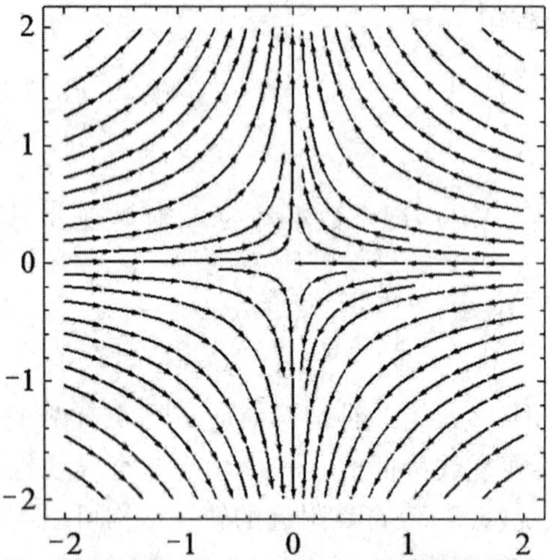

图 8.24　鞍点($\lambda<0$, $\mu>0$)

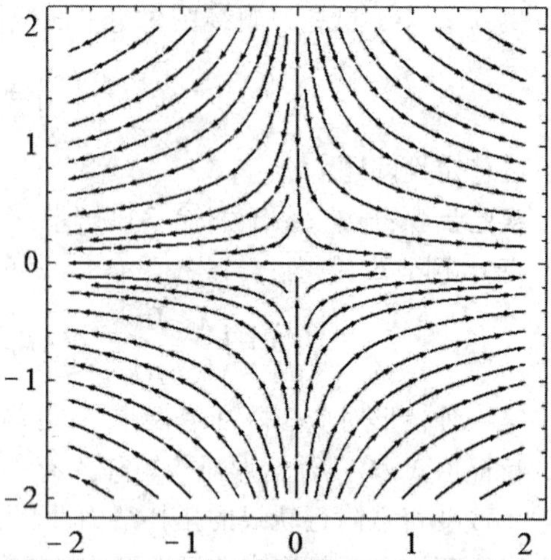

图 8.25　鞍点($\lambda>0$, $\mu<0$)

(4)取 $a=1,b=1,c=0,d=1$ 时，$\lambda=\mu=1>0$. 若当块是对角矩阵时，奇点是不稳定的，附近的轨线分布如图 8.26 所示. 取 $a=-1,b=1,c=0,d=-1$ 时，$\lambda=\mu=-1<0$. 若当块是对角矩阵时，奇点是渐进稳定的，附近的轨线分布如图 8.27 所示.

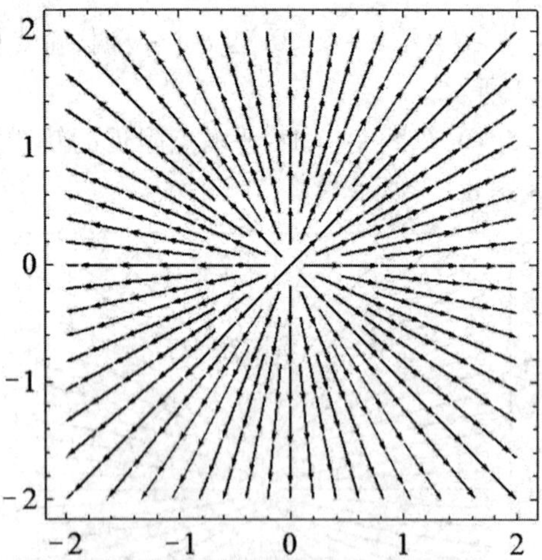

图 8.26　不稳定临界结点($\lambda=\mu>0$)

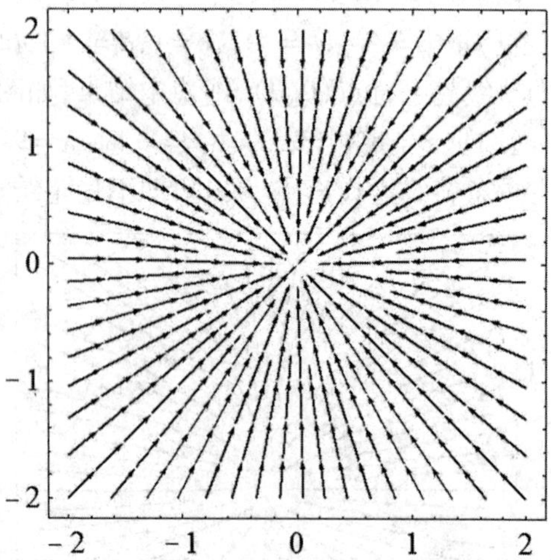

图 8.27　稳定临界结点($\lambda=\mu<0$)

对于若当块不是对角矩阵时，绘制系统轨线图 Mathematica 表达式为：

```
A = {{a,b},{c,d}};evalue = Eigenvalues[A]
StreamPlot[{{evalue[[1]],0},{1,evalue[[2]]}}.{x,y},
  {x,-2,2},{y,-2,2}]
```

取 $a=1, b=1, c=0, d=1$ 时，$\lambda=\mu=1>0$. 奇点是不稳定的，附近的轨线分布如图 8.28 所示. 取 $a=-1, b=1, c=0, d=-1$ 时，$\lambda=\mu=-1<0$. 奇点是稳定的，附近的轨线分布如图 8.29 所示.

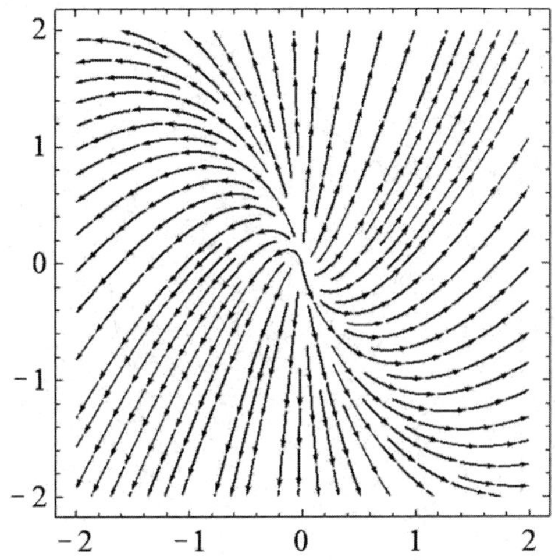

图 8.28　不稳定退化结点（$\lambda=\mu>0$）

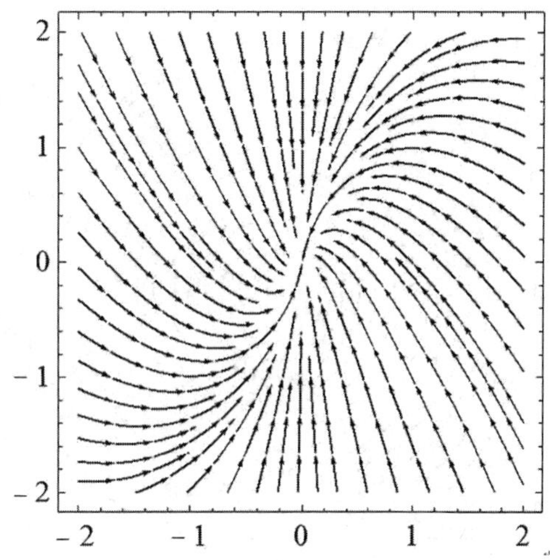

图 8.29　稳定退化结点（$\lambda=\mu<0$）

当特征值为一对共轭复数时，绘制系统轨线图的 Mathematica 表达式为：

```
A = {{a,b},{c,d}};
α = Re[Eigenvalues[A][[1]]]
β = Im[Eigenvalues[A][[1]]]
StreamPlot[{{α, β},{-β, α}}.{x,y},{x,-2,2},{y,-2,2}]
```

（5）当实部为零时，轨线为图形圆，奇点为中心.

取 $a=2, b=4, c=-1, d=2$ 时，$\lambda=2\pm 2i, \alpha>0$，奇点为不稳定焦点，附近的轨线分布如图 8.30 所示. 取 $a=-2, b=4, c=-1, d=-2$ 时，$\lambda=-2\pm 2i, \alpha<0$，奇点为稳定焦点，附近的轨线分布如图 8.31 所示.

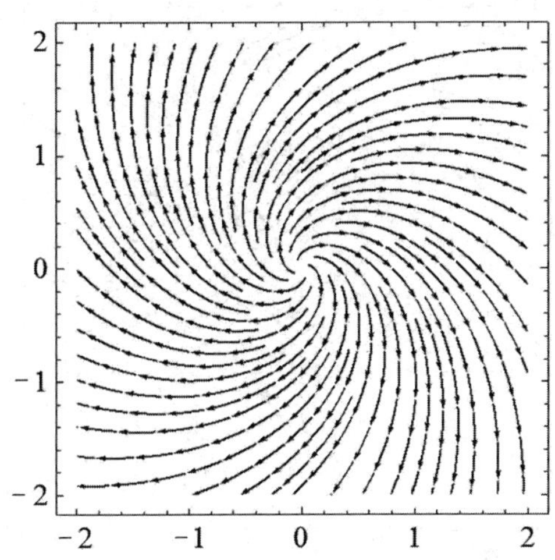

图 8.30　不稳定焦点（$\alpha>0$）

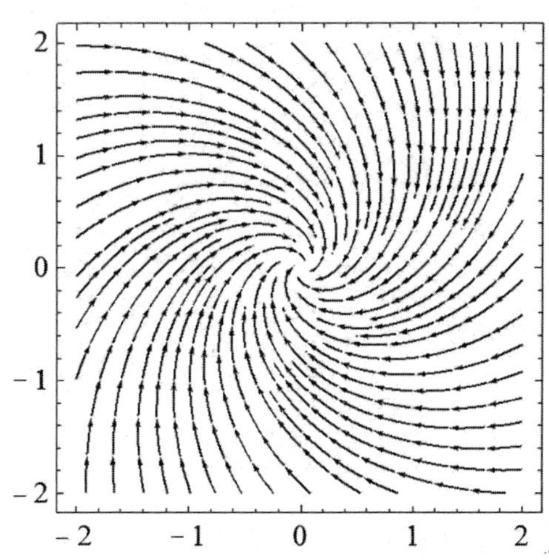

图 8.31　稳定焦点（$\alpha<0$）

虚部的符号确定轨线螺线是顺时针方向还是逆时针方向.

取 $a=0, b=1, c=-2, d=0$ 时, $\lambda=\pm\sqrt{2}i, \alpha=0$, 这时轨线为以坐标原点为圆心的圆族, 如图 8.32 所示. 交换矩阵中 β 的符号, 则对应的轨线图如图 8.33 所示.

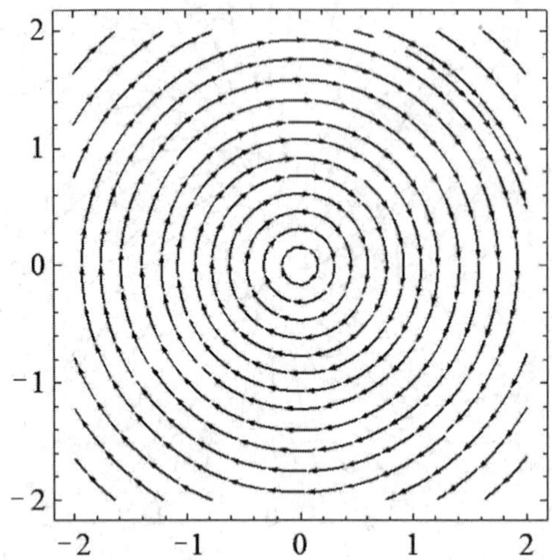

图 8.32 中心($\beta>0$)

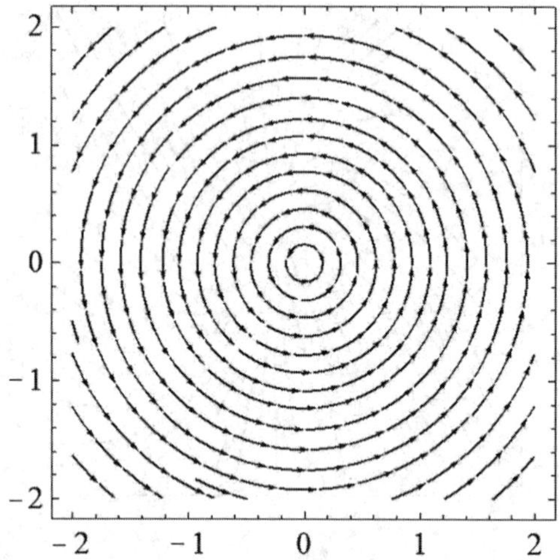

图 8.33 中心($\beta<0$)

如果不使用变换矩阵, 直接绘制轨线图, 这时的 Mathematica 语句为:

```
A = {{a,b},{c,d}};
StreamPlot[A.{x,y},{x, -2,2},{y, -2,2}]
```

如 $a=1, b=-3, c=-3, d=1$ 的轨线图如图 8.34 所示; $a=-2, b=4, c=-1, d=-2$ 的轨线图如图 8.35 所示.

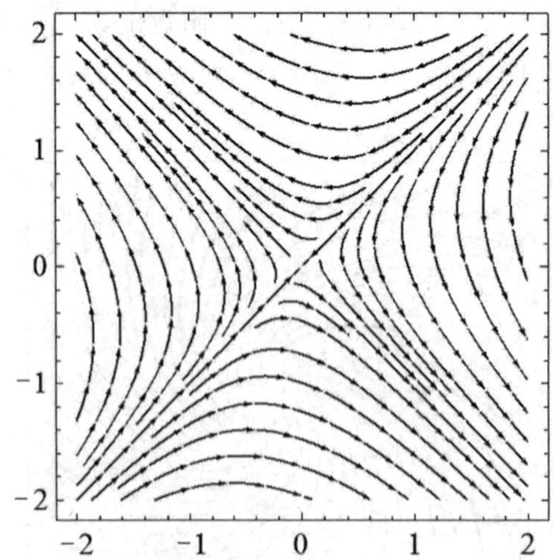

图 8.34 鞍点

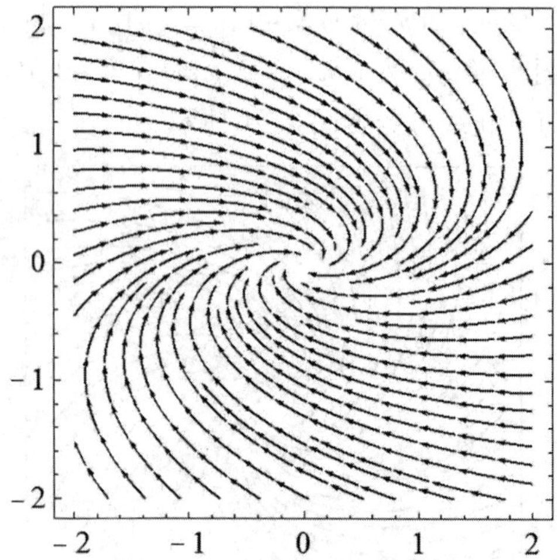

图 8.35 稳定焦点

(6) 当 $\lambda\neq0, \mu=0$, 则直线 $ax+by=0$ 上任意点为方程组的奇点, 该线为奇线. 奇线将区域分成两个部分, 两侧的轨线方向相反. 如取 $a=2, b=2, c=1, d=1$ 时, 绘制轨线及奇

线的 Mathematica 表达式为:

A = {{a,b},{c,d}};evalue = Eigenvalues[A]

Show[Plot[$\frac{-a}{b}x$,{x, -2,2}],StreamPlot[A. {x,y},

{x, -2,2},{y, -2,2}],AspectRatio→Automatic]

计算后获得 $\lambda=3,\mu=0$,轨线分布如图 8.36 所示. 取 $a=-2,b=-2,c=-1,d=-1$ 时,计算后获得 $\lambda=-3,\mu=0$,轨线分布如图 8.37 所示.

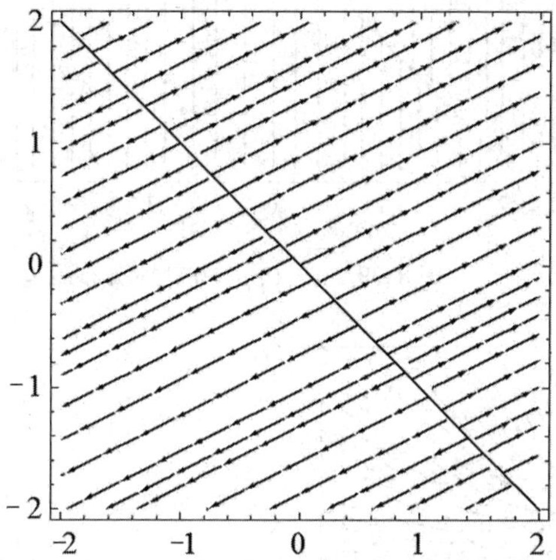

图 8.36　$\lambda=3,\mu=0$ 轨线分布

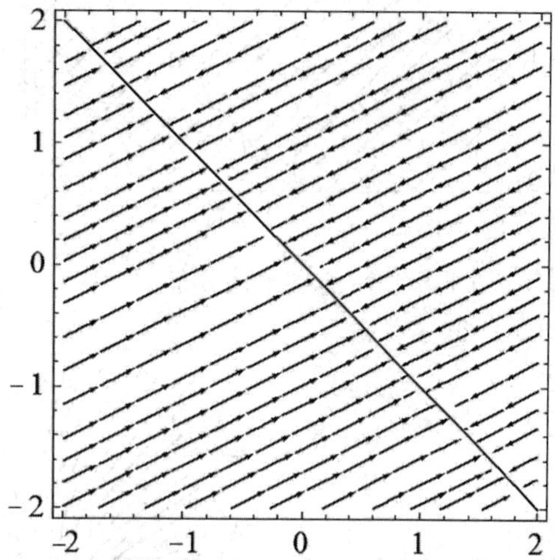

图 8.37　$\lambda=-3,\mu=0$ 轨线分布

从图 8.36,图 8.37 可以看到,当 $\lambda=3,\mu=0$ 时,轨线沿着相反的方向远离奇线上的点;当 $\lambda=-3,\mu=0$ 轨线沿着相反的方向趋于奇线上的点.

取 $a=-1,b=-1,c=1,d=1$ 时,计算后获得 $\lambda=\mu=0$,轨线分布如图 8.38 所示. 轨线与奇线平行,并且在奇线两侧方向相反.

取 $a=0,b=0,c=-1,d=1$ 时,计算后获得 $\lambda=1,\mu=0$,此时奇线为 $cx+dy=0$. 轨线分布如图 8.39 所示. $d>0$,轨线在奇线的两侧远离奇线.

例 8.2.24　试通过轨线分布图,观察非线性自治系统

$$\begin{cases}\dfrac{dx}{dt}=x-y-x^3-xy^2\\ \dfrac{dy}{dt}=x+y-x^2y-y^3\end{cases}$$

极限环的存在性.

实验步骤:在笔记本实验区域单击鼠标左键,新建实验单元,输入表达式:

StreamPlot[{$x-y-x^3-xy^2$,$x+y-x^2y-y^3$},

{x, -3,3},{y, -3,3},StreamPoints→Fine]

计算得到结果如图 8.40 所示.

从图 8.40 中容易看出有一条闭轨线 $C:x^2+y^2=1$,并且系统的轨线在闭轨线外侧螺旋式向内逼近闭轨线;在内侧螺旋式向外逼近闭轨线. 因此,直观上可以看出该闭轨线为

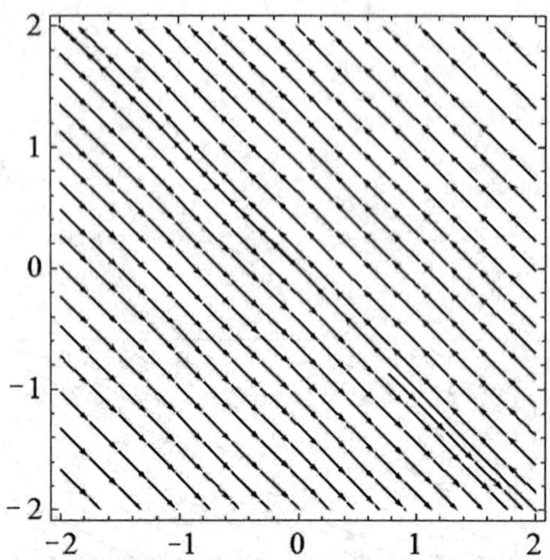

图 8.38 $\lambda=\mu=0$ 轨线分布

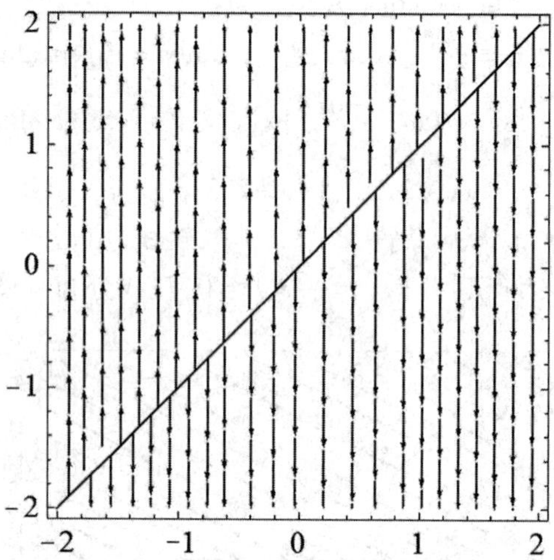

图 8.39 $\lambda=1,\mu=0$ 轨线分布

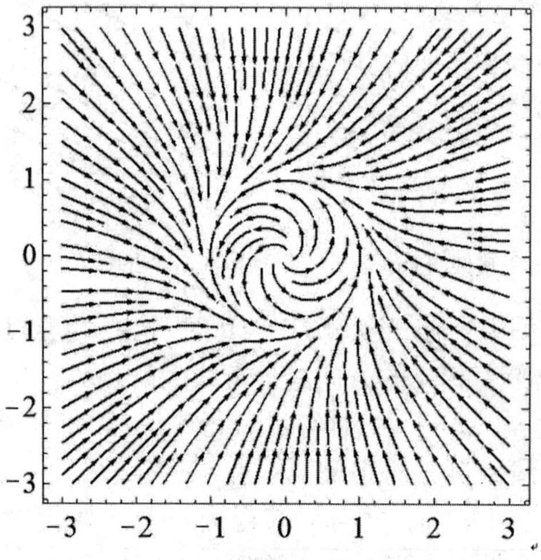

图 8.40 极限环

极限环,并且该极限环是稳定的极限环.

例 8.2.25 讨论非线性系统$\begin{cases}\dfrac{dx}{dt}=2x+8\sin y\\ \dfrac{dy}{dt}=2-e^x-3y-\cos y\end{cases}$的零解的稳定性.

实验步骤:计算微分方程组的线性近似系统的系数矩阵特征值实部,绘制系统对应的轨线分布图的 Mathematica 表达式为:

```
f1 = 2x + 8Sin[y]; f2 = 2 - E^x - 3y - Cos[y];
A = {{∂x f1, ∂y f1}, {∂x f2, ∂y f2}}/. {x→0, y→0}
Re[Eigenvalues[A]]
StreamPlot[{f1, f2}, {x, -1, 1}, {y, -1, 1}, StreamPoints→Fine]
```

第二个语句计算得到线性近似系统的系数矩阵为：

$$\{\{2,8\},\{-1,-3\}\}$$

由此可知与原方程组等价的方程组为：

$$\begin{cases}\dfrac{dx}{dt}=2x+8y+g_1(x,y)\\ \dfrac{dy}{dt}=-x-3y+g_2(x,y)\end{cases}$$

第三个表达式求得特征值的实部为：

$$\left\{-\frac{1}{2},\ -\frac{1}{2}\right\}$$

从计算结果可以看到，两个特征值实部都是负的，所以可知方程组的零解是渐进稳定的. 从绘制的轨线分布图可以看到零解的稳定性状态，如图 8. 41 所示.

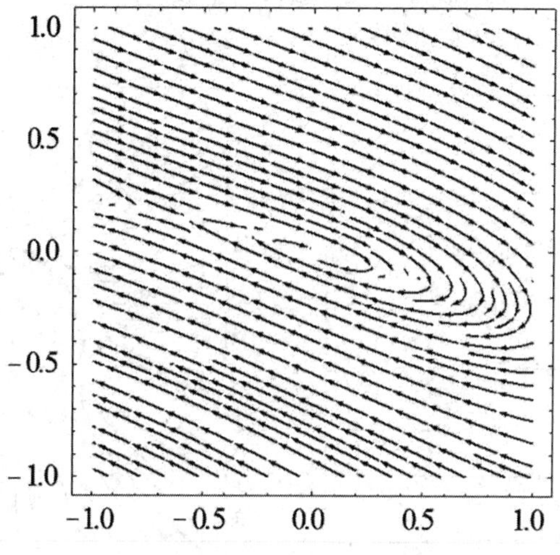

图 8. 41　非线性系统的轨线分布图

提示：如果求得的特征值实部不是显示的数值描述形式，或者不能直接从描述形式判断正负性，可以使用 N 命令先将其数值化获取明确数值结果. 如果是线性方程组，则直接利用系数矩阵的特征值进行判断.

例 8. 2. 26　绘制系统 $\begin{cases}\dfrac{dx}{dt}=2x-0.08xy\\ \dfrac{dy}{dt}=-y+0.01xy\end{cases}$ 的轨线分布图，考察其解的特征.

实验步骤：在笔记本实验区域单击鼠标左键，新建实验单元，输入表达式：

```
StreamPlot[{2x - 0.08xy, - y + 0.01xy},
  {x, - 10,200}, {y, - 10,60}, StreamPoints→Fine]
```

计算结果如图 8. 42 所示. 从该系统的轨线分布图中可以看到有很多封闭曲线，因此该系统有多个周期解.

例 8.2.27　绘制系统$\begin{cases}\dfrac{dx}{dt}=y-0.05x(x^2+y^2-1)(x^2+y^2-4)\\ \dfrac{dy}{dt}=-x-0.05y(x^2+y^2-1)(x^2+y^2-4)\end{cases}$的轨线分布图,考察其极限环的稳定性.

实验步骤:容易看出该系统有两个极限环,$x^2+y^2=1$ 和 $x^2+y^2=4$. 绘制该系统轨线分布图的 Mathematica 表达式为:

```
StreamPlot[{y-0.05x(x^2+y^2-1)(x^2+y^2-4),
  -x-0.05y(x^2+y^2-1)(x^2+y^2-4)},{x,-5,5},
  {y,-5,5},StreamPoints→
  {{{{0,1},Thick},{{0,-2},Thick},Automatic}}]
```

计算结果如图 8.43 所示. 从该系统的轨线分布图中容易看到,极限环 $x^2+y^2=1$ 内外侧的轨线远离极限环,因此该极限环是不稳定的;极限环 $x^2+y^2=4$ 内外侧的轨线趋于极限环,因此该极限环为稳定极限环.

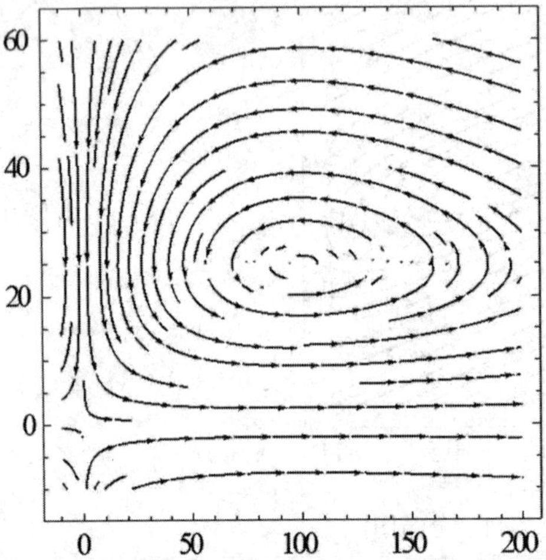

图 8.42　周期解

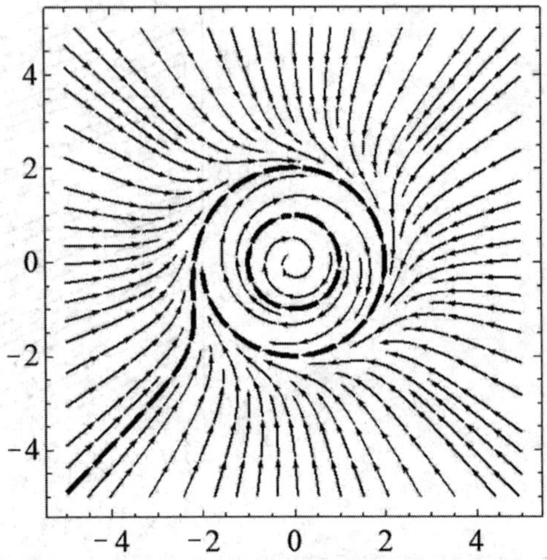

图 8.43　极限环

例 8.2.28　试通过轨线图观察系统$\begin{cases}\dfrac{dx}{dt}=y\\ \dfrac{dy}{dt}=-x-y-x^2-y^2\end{cases}$的奇点稳定性特征,并通过其线性近似方程的系数阵的特征值验证结果的正确性.

实验步骤:求系统的奇点和绘制系统的轨线图的 Mathematica 表达式为

```
Solve[{y==0,-x-y-x^2-y^2==0},{x,y}]
StreamPlot[{y,-x-y-x^2-y^2},{x,-2,1},{y,-1,1},
 StreamPoints→{{{{0,1},Thick},{{0,-2},Thick},Automatic}}]
```

计算得到的奇点为

$$\{\{x\to-1,y\to0\},\{x\to0,y\to0\}\}$$

绘制的轨线图如图 8.44 所示.

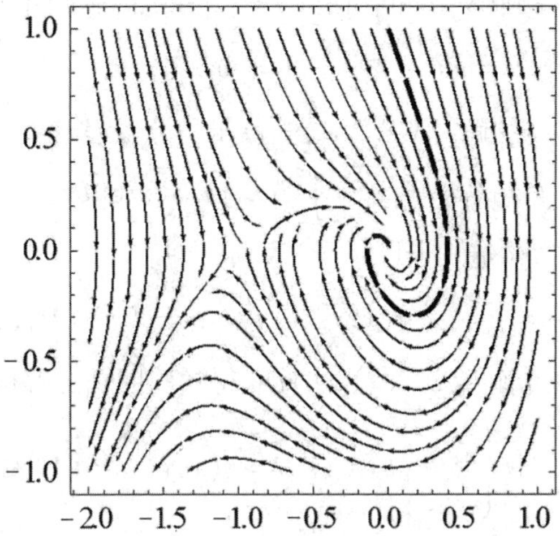

图 8.44　周期解

由图 8.44 中容易看出,(0,0)点为稳定焦点,而(-1,0)为鞍点. 下面通过求两奇点对应的线性近似方程的系数阵特征值研究观察的结论,求相应的特征值 Mathematica 表达式为:

```
P = y;Q = -x - y - x^2 - y^2;
Eigenvalues[{{D[P,x],D[P,y]},{D[Q,x],D[Q,y]}}]/.
  {{x→0,y→0},{x→-1,y→0}}
```

计算得到结果为

$$\left\{\left\{\frac{1}{2}(-1-\mathrm{i}\sqrt{3}),\frac{1}{2}(-1+\mathrm{i}\sqrt{3})\right\},\left\{\frac{1}{2}(-1-\sqrt{5}),\frac{1}{2}(-1+\sqrt{5})\right\}\right\}$$

从上面的结果可以看到,对于奇点(0,0),其对应的两个特征值的实部全部为负,所以(0,0)是稳定奇点,即稳定的焦点. 对于奇点(-1,0),一个特征根为负,一个特征根为正,可知其为不稳定的奇点,并为图 8.44 中的鞍点.

§8.2.5　常微分方程初值问题的数值求解

Mathematica 内部 DSolve 命令一般只能求解线性常微分方程(组)的解析解. 通常情况下,对于常微分方程的定解问题很难求得其解析解,因此一般通过探求其数值解来研究、探讨相应的问题. 下面给出一阶常微分方程的皮卡(Picard)迭代序列方法和基本的欧拉(Euler)与龙格-库塔(Runge-Kutta)数值计算单步法实验,对于高阶与方程组的数值计算方法实验,直接使用 Mathematica 的内部微分方程数值求解命令 NDSolve 实现.

对一阶常微分方程初值问题

$$\begin{cases}\dfrac{\mathrm{d}y}{\mathrm{d}x}=f(x,y)\\ y(x_0)=y_0\end{cases}\tag{8.2.4}$$

如果 $f(x,y)$ 在矩形区域 $D=\{(x,y)\,|\,|x-x_0|\leqslant a,\ |y-y_0|\leqslant b\}$ 连续,关于变量 y 满足

李普希兹(Lipschitz)条件,则(8.2.4)在区间 $I=[x_0-h,x_0+h]$ 中有且仅有一个解,其中

$$h=\min\left\{a,\frac{b}{M}\right\},\ M=\max_{(x,y)\in D}|f(x,y)|$$

设 $y=y(x)$ 是(8.2.4)的解,则(8.2.4)等价于积分方程

$$y(x)=y_0+\int_{x_0}^{x}f(x,y)\mathrm{d}x,x\in I \tag{8.2.5}$$

由(8.2.5),令 $y_0(x)=y_0$,构造皮卡(Picard)序列

$$y_{n+1}(x)=y_0+\int_{x_0}^{x}f(x,y_n(x))\mathrm{d}x,x\in I,n=0,1,2,\cdots$$

该序列 $\{y_n(x)\}$ 一致收敛于解函数 $y(x)$,由此获得初值问题的解析近似解表达式.

例 8.2.29 求初值问题 $\begin{cases}\dfrac{\mathrm{d}y}{\mathrm{d}x}=x^2-y^2\\ y(-1)=0\end{cases}$ 在 $D=\{(x,y)\mid |x+1|\leqslant 1,|y|\leqslant 1\}$ 内的近似解析解.

实验步骤:直接利用 DSolve 求解初值问题和利用逐次迭代构造皮卡序列近似解析解,绘制图形对比求解曲线的 Mathematica 表达式为:

```
Clear[y,n];
Sol = DSolve[{y'[x] == x^2 - y[x]^2, y[-1] == 0}, y, x];
y = 0; n = 5;
For[i = 1, i ≤ n, i ++, y = Integrate[x^2 - y^2, {x, -1, x}]]
Show[Plot[y[x]/. First[Sol], {x, -2, 0},
  PlotStyle→Dashed], Plot[y, {x, -2, 0}]]
```

迭代两次,$n=2$,计算输出 y 得到的近似解析解结果为

$$\frac{11}{42}-\frac{x}{9}+\frac{x^3}{3}-\frac{x^4}{18}-\frac{x^7}{63}$$

图形对比效果如图 8.45 所示,其中虚线为 DSolve 求得的解曲线,实线为近似解析解曲线. 迭代 5 次,$n=5$,图形对比效果如图 8.46 所示.

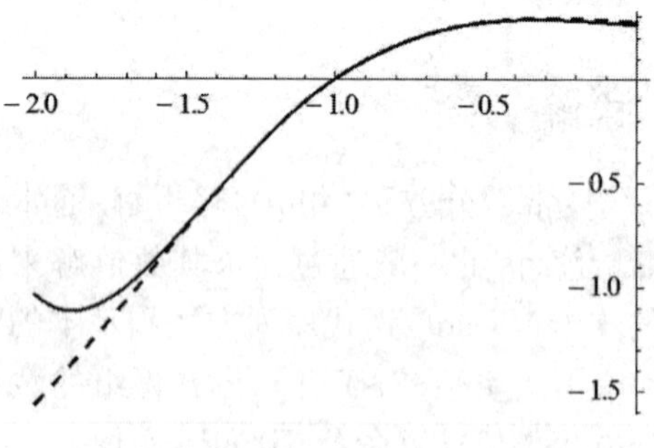

图 8.45 解曲线对比图($n=2$)

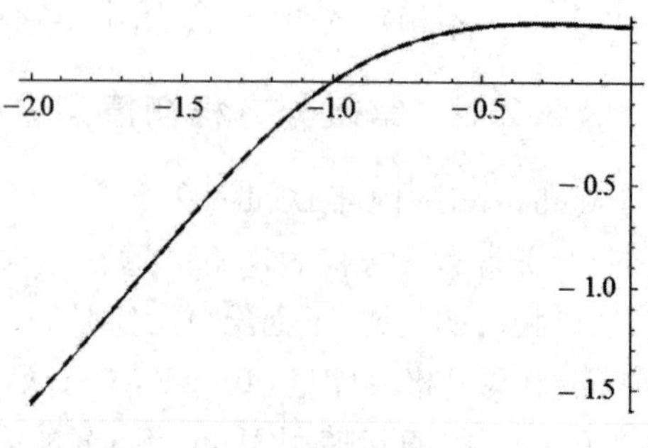

图 8.46 解曲线对比图($n=5$)

其中虚线为 DSolve 求得的解析解曲线,实线为皮卡序列构造的近似解析解曲线. 通过图形对比发现,随着迭代次数的增加,近似解析解对真实解具有很好的逼近效果.

欧拉方法的目标是构造区间 $a<x<b$ 上初值问题(8.2.4)的一个近似解. 设 $y(x)$ 是(8.2.4)的一个解,则由一阶泰勒公式,有

$$y(x+h)=y(x)+hy'(x)+O(h^2)\approx y(x)+hy'(x)$$

根据上式解出的 $y'(x)$ 的近似计算式和(8.2.4)的微分方程,有近似计算式

$$y(x+h)=y(x)+hf(x,y)$$

由此构造迭代序列

$$y_{n+1}=y_n+hf(x_n,y_n),x_n=x_0+nh \tag{8.2.6}$$

按照公式(8.2.6)逐步计算初值问题(8.2.4)的近似值 $y(x_n)\approx y_n$. 欧拉方法求得的近似解的局部截断误差为 $O(h^2)$.

如果(8.2.4)的解取积分形式(8.2.5),使用积分的梯形公式和公式(8.2.6),可以得到欧拉方法的改进形式:

$$y_{n+1}=y_n+\frac{h}{2}(f(x_n,y_n)+f(x_{n+1},y_n+hf(x_n,y_n))) \tag{8.2.7}$$

改进的欧拉方法求得的近似解的局部截断误差为 $O(h^3)$. 相对于欧拉方法提高了精度.

例 8.2.30　利用欧拉方法和改进的欧拉方法求初值问题 $\begin{cases}\dfrac{dy}{dx}=\sin x+y\\ y(0)=1\end{cases}$ 的数值近似解.

实验步骤:用欧拉方法求解初值问题的 Mathematica 表达式为:

```
Euler[fun_,x0_,y0_,h_,n_]:=
  Module[{result,x,y},x=x0;y=y0;result={{x,y}};
    For[i=0,i<n,i++,y=y+h fun[x,y];x=x+h;
      result=Append[result,{x,y}]];result]
```

用改进的欧拉方法求解初值问题的 Mathematica 语句为:

```
Euler1[fun_,x0_,y0_,h_,n_]:=
  Module[{result,x,y},x=x0;y=y0;result={{x,y}};
    For[i=0,i<n,i++,
    y=y+h/2(fun[x,y]+fun[x+h,y+h fun[x,y]]);
    x=x+h;result=Append[result,{x,y}]];result]
```

以上定义的 Euler 函数用欧拉方法求一阶常微分方程的数值解,Euler1 函数用改进欧拉方法求一阶常微分方程的数值解. 取步长 $h=0.1$,获得的 10 个数值解的 Mathematica 语句为:

```
fun[x_,y_]:=Sin[x]+y;
data=Euler[fun,0,1,0.1,10]
data1=Euler1[fun,0,1,0.1,10]
Sol=DSolve[{y'[x]==Sin[x]+y[x],y[0]==1},y,x];
Show[ListPlot[data],Plot[y[x]/.Sol[[1]],{x,0,1}],
  PlotRange→All]
Show[ListPlot[data1],Plot[y[x]/.Sol[[1]],{x,0,1}],
  PlotRange→All]
```

计算结果如图 8.47 ~ 图 8.48 所示.

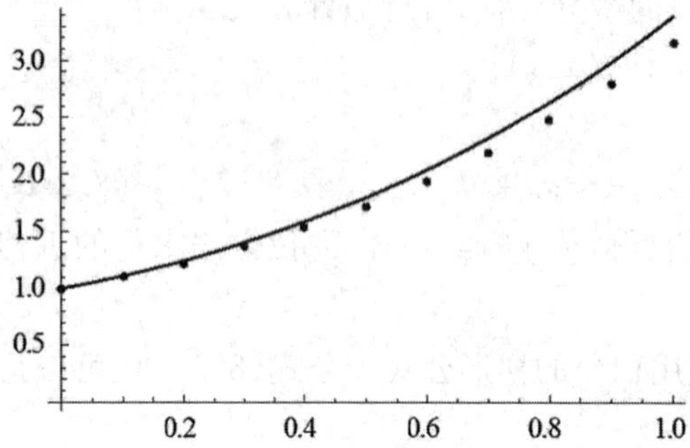

图 8.47　欧拉方法数值解

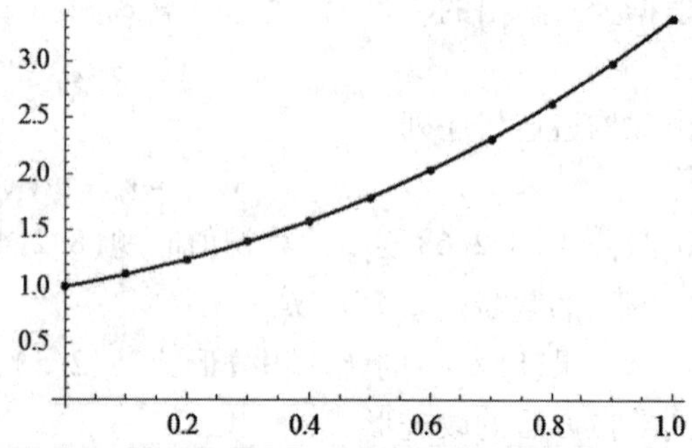

图 8.48　改进欧拉方法数值解

从图形对比可以看到,改进的欧拉法相对于欧拉法近似程度要高.

以下是两个公式求解微分方程数值解的数据与局部误差对比,并定义数据对比表格生成函数的 Mathematica 语句:

```
Tablegrid[data_,ydata_,data1_,opts_]:=
  Grid[Prepend[Transpose[
    {data[[All,1]],ydata,data[[All,2]],
    Abs[ydata-data[[All,2]]],data1[[All,2]],
    Abs[ydata-data1[[All,2]]]}],opts],Frame→All]
ydata=Table[y[0.1n]/.Sol[[1]],{n,0,10}];
Tablegrid[data,ydata,data1,
  {"x"n,"yn","Euleryn","|Euleryn-yn|","Eulery1n",
  "|Eulery1n-yn|"}]
```

其中函数定义参数 opts 用来设置表头. 计算结果如表 8.7 所示.

表 8.7　欧拉法与改进欧拉法数值近似解比较

x_n	y_n	$Eulery_n$	$\lvert Eulery_n - y_n \rvert$	$Eulery1_n$	$\lvert Eulery1_n - y_n \rvert$
0	1.	1	0.	1	0.
0.1	1.11034	1.1	0.0103376	1.10999	0.000345915
0.2	1.24274	1.21998	0.0227528	1.24197	0.000771082
0.3	1.39936	1.36185	0.0375113	1.39807	0.0012856
0.4	1.5825	1.52759	0.0549119	1.5806	0.00190079
0.5	1.79458	1.71929	0.075292	1.79195	0.00262934
0.6	2.03819	1.93916	0.0990321	2.0347	0.00348552
0.7	2.3161	2.18954	0.126562	2.31161	0.00448539
0.8	2.63128	2.47291	0.158368	2.62563	0.00564704
0.9	2.98694	2.79194	0.194997	2.97995	0.00699088
1.	3.38654	3.14947	0.23707	3.378	0.00853996

从表 8.7 的数值与误差比较，可以看到使用改进的欧拉方法比欧拉方法的精确程度要高得多.

虽然改进的欧拉方法比欧拉法要好，但是对于严格的数值计算来说，精度仍然显得不够. 龙格 - 库塔方法是基于函数的高阶泰勒公式的一种相对简单，但又充分精确的方法. N - 阶龙格 - 库塔法的一般公式为

$$\begin{aligned} y_{n+1} &= y_n + h\sum_{i=1}^{N} c_i K_i \\ K_1 &= f(x_n, y_n) \\ K_i &= f\left(x_n + a_i h, y_n + h\sum_{j=1}^{i-1} b_{ij}K_j\right), i = 2, \cdots, N. \end{aligned} \tag{8.8}$$

将 K_i 在 (x_n, y_n) 处做泰勒展开，并使得局部误差的阶尽可能高，从而可以确定出待定系数 c_i, a_i, b_{ij} 的值. 如通过选取一组系数，可以构造的 4 阶龙格 - 库塔公式为

$$\begin{aligned} &K_1 = f(x_n, y_n),\ K_2 = f\left(x_n + \frac{h}{2}, y_n + \frac{h}{2}K_1\right) \\ &K_3 = f\left(x_n + \frac{h}{2}, y_n + \frac{h}{2}K_2\right), K_4 = f(x_n + h, y_n + hK_3) \\ &y_{n+1} = y_n + \frac{h}{6}(K_1 + 2K_2 + 2K_3 + K_4) \end{aligned} \tag{8.2.9}$$

该公式的局部误差达到了 $O(h^5)$.

例 8.2.31　利用 4 阶龙格 - 库塔公式求初值问题 $\begin{cases} \dfrac{\mathrm{d}y}{\mathrm{d}x} = y(1 - y^2) \\ y(0) = 2 \end{cases}$ 的数值近似解.

实验步骤：用 4 阶龙格 - 库塔公式求解初值问题的 Mathematica 表达式为：

```
RungeK4[fun_,x0_,y0_,h_,n_]:=
  Module[{result,x,y},x=x0;y=y0;result={{x,y}};
    For[i=0,i<n,i++,K1=fun[x,y];
      K2=fun[x+h/2,y+h/2 K1];K3=fun[x+h/2,y+h/2 K2];
      K4=fun[x+h,y+h K3];y=y+h/6(K1+2K2+2K3+K4);
      x=x+h;result=Append[result,{x,y}]];result]
```

取步长 $h = 0.1$. 借助于前面例题中定义的改进欧拉数值求解函数和数据对比表格生成函数，对比 4 阶龙格 - 库塔方法与改进欧拉法数值解的 Mathematica 表达式为：

```
fun[x_,y_]:=y(1-y^2);
data=Euler1[fun,0,2,0.1,10];
data1=RungeK4[fun,0,2,0.1,10];
Sol=DSolve[{y'[x]==y[x](1-y[x]^2),y[0]==2},y,x];
```

```
ydata = Table[Evaluate[y[0.1n]/. Sol[[1]]], {n,0,10}];
Tablegrid[data, ydata, data1,
    {"x_n", "y_n", "Euler1y_n", "|Eulery1_n - y_n|", "RungeKy_n",
  "|RungeKy_n - y_n|"}]
```

在计算过程中，DSolve 求解会出现警告信息，提示得到的解可能不全面. 计算得到的结果如表 8.8 所示.

表 8.8 改进欧拉法与龙格 - 库塔方法数值近似解比较

x_n	y_n	Euler1y_n	$\lvert$Euler1$_n - y_n\rvert$	RungeKy_n	$\lvert$RungeK$y_n - y_n\rvert$
0	2.	2	0.	2	0.
0.1	1.60966	1.6328	0.0231428	1.60934	0.000322163
0.2	1.4181	1.43884	0.0207323	1.41795	0.000155836
0.3	1.30367	1.32003	0.0163627	1.30358	0.0000872811
0.4	1.22812	1.24088	0.0127585	1.22807	0.0000543625
0.5	1.17518	1.1852	0.0100245	1.17514	0.0000362519
0.6	1.13658	1.14454	0.00796087	1.13656	0.0000252999
0.7	1.10766	1.11405	0.00638505	1.10764	0.0000182233
0.8	1.08556	1.09073	0.00516412	1.08555	0.0000134269
0.9	1.06842	1.07262	0.00420518	1.06841	0.0000100591
1.	1.05497	1.05842	0.003440307	1.05497	7.63064×10^{-6}

从表 8.8 可以看出，4 阶龙格 - 库塔方法比改进欧拉法具有更好的近似结果.

在 Mathematica 中，用 NDSolve 来获取无法求得解析解的常微分方程的近似解.

例 8.2.32 使用 Mathematica 内部 NDSolve 命令求解例 8.2.31 中初值问题，并与 4 阶龙格 - 库塔公式求得的数值进行对比.

实验步骤：借助前面定义的 RungeK4 函数，使用 NDSolve 命令对初值问题数值求解并与 4 阶龙格 - 库塔公式数值求解的结果对比，Mathematica 表达式为：

```
fun[x_,y_]:=y(1-y^2);
Sol = DSolve[{y'[x] == y[x](1-y[x]^2), y[0] == 2}, y, x];
ydata = Table[Evaluate[y[0.1n]/. Sol[[1]]], {n,0,10}];
data = RungeK4[fun,0,2,0.1,10];
Sol = NDSolve[{y'[x] == y[x](1-y[x]^2), y[0] == 2},
    y, {x,0,1}];
data1 = Table[{0.1n, Evaluate[y[0.1n]/. Sol[[1]]]},
    {n,0,10}];
Tablegrid[data, ydata, data1,
```

{"x_n","y_n","RungeKy_n","|RungeKy_n-y_n|","NDSolvey_n",
"|NDSolvey_n-y_n|"}]

计算结果如表 8.9 所示.

表 8.9　改进欧拉法与龙格－库塔方法数值近似解比较

x_n	y_n	RungeKy_n	|RungeKy_n-y_n|	NDSolvey_n	|NDSolvey_n-y_n|
0	2.	2	0.	2	0.
0.1	1.60966	1.60934	0.000322163	1.60966	9.70141×10^{-9}
0.2	1.4181	1.41795	0.000155836	1.4181	3.99405×10^{-8}
0.3	1.30367	1.30358	0.000872811	1.30367	5.19874×10^{-8}
0.4	1.22812	1.22807	0.000543625	1.22812	3.06046×10^{-8}
0.5	1.17518	1.17514	0.000396219	1.17518	2.61814×10^{-8}
0.6	1.13658	1.13656	0.000252999	1.3658	4.6880×10^{-8}
0.7	1.10766	1.10764	0.000182266	1.10766	4.79096×10^{-8}
0.8	1.08556	1.08555	0.000134269	1.08556	2.82185×10^{-8}
0.9	1.06842	1.06841	0.000100591	1.06842	2.50911×10^{-8}
1.	1.05497	1.05497	7.63064×10^{-6}	1.05497	1.91308×10^{-8}

从表 8.9 可以看出,使用 Mathematica 内部的 NDSolve 命令求常微分方程初值问题的数值解具有比 4 阶龙格－库塔方法更好的近似结果,从局部误差来看,是一种十分有效的计算方法.

例 8.2.33　求解初值问题 $y'=y^{\sin(x-y)}-\ln(yx)$,$y(0.1)=1$,并绘制其解曲线与导函数曲线图形.

实验步骤:求解初值问题并绘制曲线图形的 Mathematica 表达式为:

```
Sol = NDSolve[{y'[x] == y[x]^Sin[x-y[x]] - Log[y[x]x],
    y[0.1] ==1},y,{x,0.1,4}]
Plot[{y[x]/. First[Sol],y'[x]/. First[Sol]},
  {x,0.1,4},AxesOrigin→{0.1,0},
  PlotStyle→{{ },Dashed},PlotRange→All]
```

计算得到的结果如下:

{{y→InterpolatingFunction[{{0.1,4.}}, < >]}}

绘制的图形效果如图 8.49 所示,实线为 $y(x)$ 对应的曲线,虚线为 $y'(x)$ 对应的曲线.

例 8.2.34　求解初值问题 $y''+2xy'+y=f(x)$,$f(x)=\begin{cases}x, x<1,\\ 2x, 1\leqslant x<2,\\ 4, 2\leqslant x<5,\\ 0, x>5,\end{cases}$ $y(0)=0$,$y'(0)$

=0,并绘制其解曲线与一阶、二阶导函数曲线图形.

实验步骤:求解初值问题并绘制曲线图形的 Mathematica 表达式为:

```
f[x_]:=Which[x<1,x,1≤x<2,2x,2≤x<5,4,x>5,0];
Sol=NDSolve[{y''[x]+2x y'[x]+y[x]==f[x],y[0]==0,
    y'[0]==0},y,{x,0,6}]
Plot[{y[x]/.First[Sol],y'[x]/.First[Sol],
    y''[x]/.First[Sol]},{x,0,6},
  PlotStyle→{Black,{Black,Dashed},{Black,DotDashed}}]
```

计算得到的结果如下:

```
{{y→InterpolatingFunction[{{0.,6.}},<>]}}
```

绘制的图形效果如图 8.50 所示.

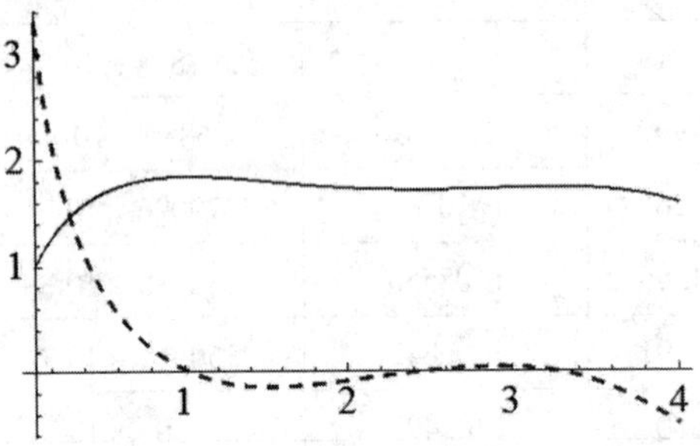

图 8.49 y,y'曲线图形

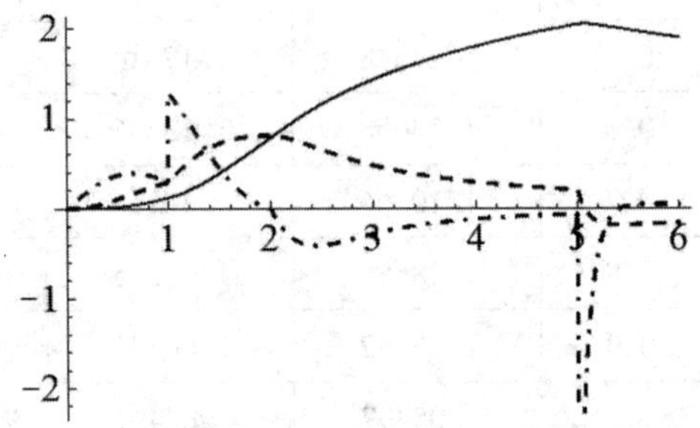

图 8.50 y,y',y''曲线图形

例 8.2.35 使用 NDSolve 命令求解初值问题$\begin{cases} x'(t)=-y-x^2, \\ y'(t)=2x-y, \\ x(0)=y(0)=1 \end{cases}$,并分别绘制 $x(t)$,$y(t)$的曲线图形和由$(x(t),y(t))$构成的参数曲线图形.

实验步骤:使用 NDSolve 命令求解该题的初值问题,绘制曲线图形的 Mathematica 表达式为:

```
Sol=NDSolve[{x'[t]==-y[t]-x[t]^2,y'[t]==2x[t]-y[t],
    x[0]==y[0]==1},{x,y},{t,0,10}]
Plot[Evaluate[{x[t],y[t]}/.Sol],{t,0,10},
   PlotStyle→{Black,Dashed}]
ParametricPlot[Evaluate[{x[t],y[t]}/.Sol],
   {t,0,10},PlotRange→All]
```

计算得到的数值解如下:

```
{{x→InterpolatingFunction[{{0.,10.}},<>],
   y→InterpolatingFunction[{{0.,10.}},<>]}}
```

$x(t)$,$y(t)$的曲线图形如图 8.51 所示,其中实线是 $x(t)$对应的曲线,虚线是 $y(t)$对应的曲线图形;由$(x(t),y(t))$构成的参数曲线图形如图 8.52 所示.

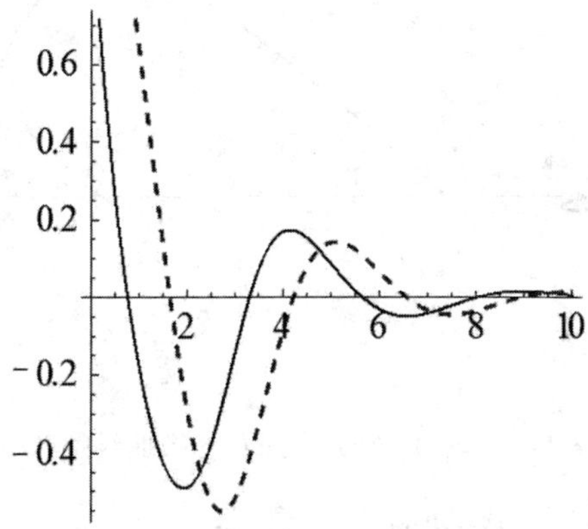

图 8.51　$x(t), y(t)$ 的曲线图形

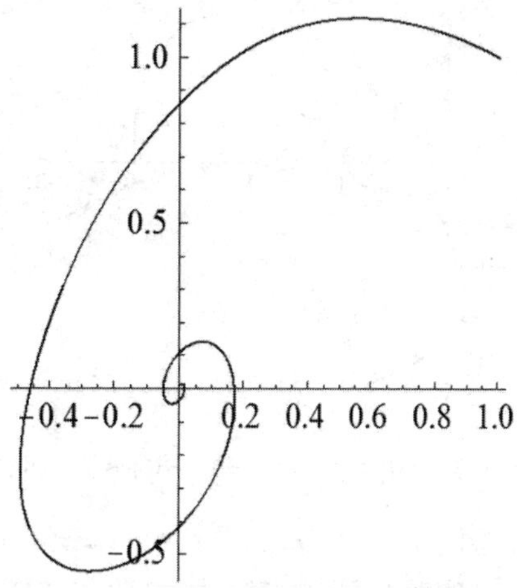

图 8.52　$(x(t), y(t))$ 构成的参数曲线图形

例 8.2.36　使用 NDSolve 命令求解微分方程$\begin{cases} x'(t) = \cos(x - \sin(t - y) + y') - \sin\left(\dfrac{2t}{x} + y\right), \\ y'(t) = -2ty + x + \sin(t - x')x \end{cases}$

满足 $x(0) = 1, y(0) = -1$ 的初值问题,并分别绘制由 $(x(t), y(t))$ 构成的参数曲线图形.

实验步骤:使用 NDSolve 命令求解该题的初值问题,绘制曲线图形的 Mathematica 表达式为:

```
Sol =
 NDSolve[
 {x'[t] == Cos[x[t] - Sin[t + y[t]] + y'[t]] - Sin[2t/x[t] + y[t]],
  y'[t] == -2t y[t] + x[t] + Sin[t - x'[t]]x[t], x[0] == 1,
  y[0] == -1}, {x, y}, {t, -4, 4}]
```

计算得到的数值解如下:

```
{{x→InterpolatingFunction[{{-4., 4.}}, < >],
  y→InterpolatingFunction[{{-4., 4.}}, < >]}}
```

在求解过程中会出现警告提示信息,表示 NDSolve 在计算过程中,通过微分方程不能获得导数的明确公式,因此将其看成微分代数方程形式获得结果.

由 $(x(t), y(t))$ 构成的参数曲线图形如图 8.53 所示,图 8.54 对应着初值为 $x(0) = 0.2, y(0) = -0.5$ 的参数曲线图形.

例 8.2.37　使用 NDSolve 命令求解洛仑兹(Lorenz)方程

$$\begin{cases} x'(t) = \sigma(y - x) \\ y'(t) = rx - y - xz \\ z'(t) = xy - bz \end{cases}$$

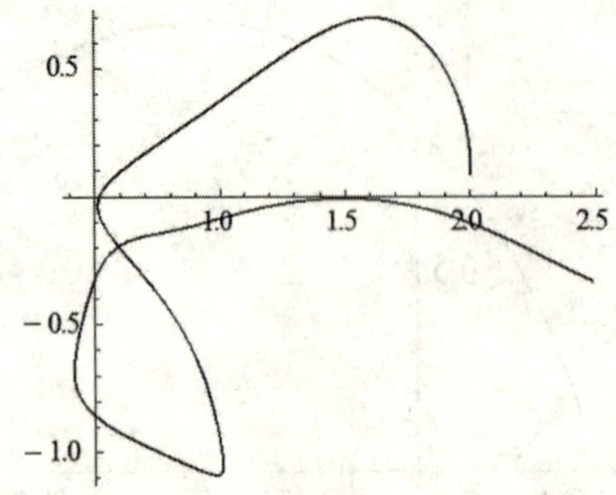

图 8.53 初值为 $x(0)=1, y(0)=-1$ 的曲线

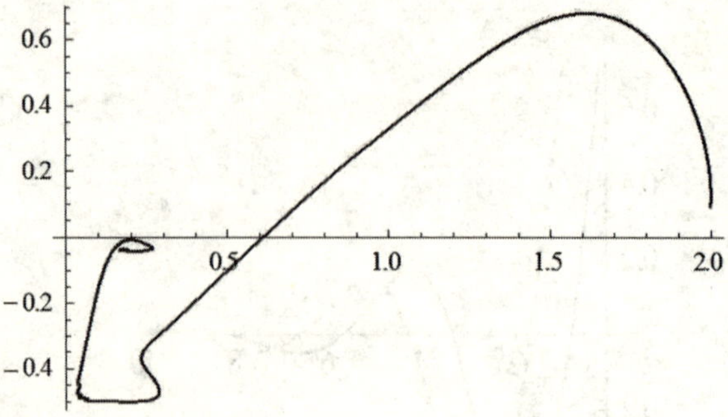

图 8.54 $(x(t), y(t))$ 构成的参数曲线图形

并绘制由 $x=x(t), y=y(t), z=z(t)(0\leqslant t\leqslant 100)$ 构成的空间曲线图形.

实验步骤:构建不同参数和初值求解洛仑兹方程初值问题的 Mathematica 表达式为:

```
Loren[σ_,r_,b_,x0_,y0_,z0_,tmax_]:=
  Module[{Sol},Sol = NDSolve[{x'[t] == σ(x[t] - y[t]),
      y'[t] == r x[t] - y[t] - x[t]z[t],
      z'[t] == x[t]y[t] - b z[t],x[0] == x0,y[0] == y0,
      z[0] == z0},{x,y,z},{t,0,tmax},
    MaxSteps→Infinity];
  ParametricPlot3D[
    Evaluate[{x[t],y[t],z[t]}/. Sol[[1]]],{t,0,tmax},
    PlotPoints→1000,PlotRange→All,Axes→None]]
```

取不同参数绘制洛仑兹曲线的 Mathematica 表达式为:

```
P1 = Loren[-4.3,20,1,0,15,10,100]
P2 = Loren[-3,30,1,0,1,0,100]
P3 = Loren[-2,30,1,10,1,0,100]
```

计算后得到的曲线如图 8.55 所示,从左到右依次对应着 $P1$, $P2$ 和 $P3$.

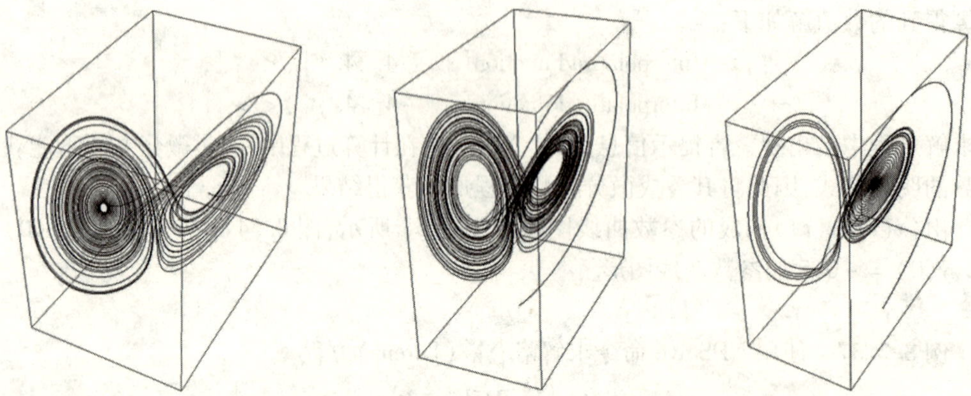

图 8.55 不同参数与初值对应的洛仑兹曲线图形

提示:这里利用 NDSolve 求解初值问题时,添加了参数 MaxSteps,在 t 大概小于 117 时,使用默认的最大步数 10000 不能得到正确的结果,只有设置最大步数为无穷大 Infinity 时,才能得到正确的数值结果.

§8.3　差分方程与分数阶微积分实验

差分方程其实描述的就是一种递推关系,它是通过递推的方式定义一个序列的方程式,所以也称差分方程为递推关系式,或者就称为递推数列. 差分方程是微分方程的离散化,是含有未知函数及其差分,但不含有导数的方程. 它为不能求出精确解的微分方程提供了一种近似求解的方式. 因此,借助于差分方程可以分析微分方程的特征. 而分数阶微分或积分,是指微分的阶数和积分的次数不是整数,它可以是任意实数,乃至于复数. 当前,分数阶微积分已经成为国际上的一个热点研究课题,并在许多领域得到了广泛的应用. 本节对于差分方程的实验主要借助于 Mathematica 的内部命令来实现,而分数阶微积分的实验将主要在 Mathematica 内部函数的基础上,通过自主编程的方式进行分析与讨论.

§8.3.1　差分方程求解

例 8.3.1　通过定义求 $y(n)=n^2$ 的一阶、二阶差分 $\Delta y,\Delta^2 y$.

实验步骤:求解一阶、二阶差分并绘制点列图的 Mathematica 表达式为:

```
y[n_]:=n^2
Δy[n_]=y[n+1]-y[n]//Simplify
Δ2y[n_]=Δy[n+1]-Δy[n]//Simplify
ListPlot[{Table[Δy[n],{n,0,10}],Table[Δ2y[n],{n,0,10}]},
  PlotLegends→{"Δy_n","Δ^2y_n"},Joined→True,
  PlotMarkers→Automatic]
```

计算得到的结果为:$1+2n$ 和 2. 绘制的图形效果如图 8.56 所示.

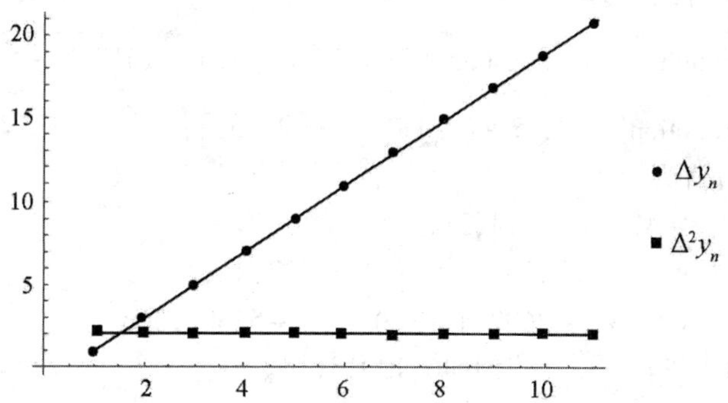

图 8.56　一阶、二阶差分点列图

例 8.3.2　已知$\{a_n\}$由 $a_{n+2}-5y_{n+1}-6y_n=2$ 确定,试求通项公式 a_n,并求 $a_0=1,a_1=$

2 的通项公式.

实验步骤:求数列通项公式的 Mathematica 表达式为:

```
RSolve[y[n+2]-5y[n+1]-6y[n]==2,y[n],n]
RSolve[{y[n+2]-5y[n+1]-6y[n]==2,y[0]==1,y[1]==2},
  y[n],n]//Simplify
```

计算得到的结果为:

$$\{\{y[n]\to -\frac{1}{5}+(-1)^n C[1]+6^n C[2]\}\}$$

$$\{\{y[n]\to \frac{1}{35}(-7+25(-1)^n+17\times 6^n)\}\}$$

例 8.3.3 求差分方程 $x_{n+1}=kx_n-cx_nx_{n+1}, x(0)=x_0$ 的解.

实验步骤:求差分方程解的 Mathematica 表达式为:

```
RSolve[{x[n+1]==k x[n]-c x[n]x[n+1],x[0]==x0},
  x[n],n]//Simplify
```

计算得到结果为:

$$\{\{x[n]\to \frac{(-1+k)x0}{(-1+k)(\frac{1}{k})^n+(-1+(\frac{1}{k})^n)x0}\}\}$$

例 8.3.4 求差分方程组 $\begin{cases} x_{n+1}+x_n+2y_n=24 \\ y_{n+1}+2x_n-2y_n=9 \\ x(0)=10, y(0)=9 \end{cases}$ 的特解,并计算两个数列 0 ~ 10 项的值.

实验步骤:求解差分方程及 0 ~ 10 项的值的 Mathematica 表达式为:

```
Sol=RSolve[{x[n+1]+x[n]+2y[n]==24,
      y[n+1]+2x[n]-2y[n]==9,x[0]==10,y[0]==9},
    {x,y},n]//Simplify
Table[{x[n],y[n]}/.Sol,{n,0,10}]
```

计算得到的特解结果为:

$$\{\{x\to \text{Function}[\{n\},\frac{1}{5}(35+3(-1)^n 2^{2+n}+(-1)^n 2^{3+n}-5\times 3^n)],$$

$$y\to \text{Function}[\{n\}, 5+(-1)^n 2^{1+n}+2\times 3^n]\}\}$$

数列 0 ~ 10 项的数值为:

```
{{{10,9}},{{-4,7}},{{14,31}},
  {{-52,43}},{{-10,199}},{{-364,427}},
  {{-466,1591}},{{-2692,4123))},{{-5530,13639}},
  {{-21724,38347}},{{-54946,120151}}}
```

例 8.3.5 求差分方程组 $y_{n+1}=\dfrac{3y_n}{1+y_n+z_n}, z_{n+1}=\dfrac{z_n}{1+y_n+z_n}$ 的通解,并绘制满足初始条件 $y_1=1, z_1=2$,的特解对应的点列图.

实验步骤:求解差分方程组通解的 Mathematica 表达式为:

$\text{RSolve}[\{y[n+1]==\frac{3y[n]}{1+y[n]+z[n]},\ z[n+1]==\frac{z[n]}{1+y[n]+z[n]}\},$

$\{y[n],z[n]\},n]$

计算得到的通解为:

$\{\{y[n]\to\frac{2\times 3^n C[1]}{2-C[1]+3^n C[1]+2nC[2]},$

$z[n]\to\frac{2C[2]}{2-C[1]+3^n C[1]+2nC[2]}\}\}$

求特解与绘制对应点列图的 Mathematica 表达式为:

$\text{Sol}=\text{RSolve}[\{y[n+1]==\frac{3y[n]}{1+y[n]+z[n]},$

$z[n+1]==\frac{z[n]}{1+y[n]+z[n]},y[1]==1,z[1]==2\},\{y,z\},n];$

```
ListPlot[{Table[y[n]/. First[Sol],{n,1,20}],
    Table[z[n]]/. First[Sol],{n,1,20}]},
    PlotLegends→{"y[n]","z[n]"},Joined→True,
    PlotMarkers→Automatic]
```

计算得到的点列图如图 8.57 所示.

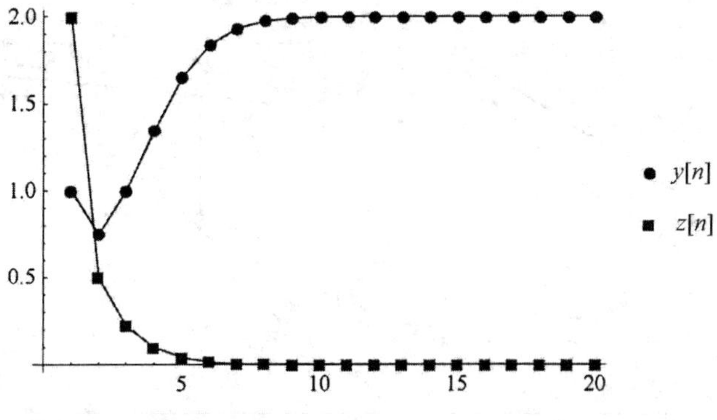

图 8.57　两个点列对应的点列图

§8.3.2　差分方程的定性分析

例 8.3.6　考虑差分方程 $x_{n+1}=\frac{1}{2}(x_n^3+x_n)$. (1)求它的全部不动点;(2)利用相图法判断这些不动点的吸引性或排斥性,对吸引点求出相应的稳定集;(3)判断这些不动点是否是双曲的.

实验步骤:(1)求全部不动点的 Mathematica 表达式为:

$$\text{Solve}\left[x==\frac{1}{2}(x^3+x),x\right]$$

计算得到结果为:

$$\{\{x\to-1\},\{x\to 0\},\{x\to 1\}\}$$

即 $x=0,1,-1$ 均为映射 $f(x)=\frac{1}{2}(x^3+x)$ 的不动点.

(2)绘制映射 $f(x)$ 的图形及相图的 Mathematica 表达式为:

$x[0]=0.6;x\min=0;x\max=1;n=5;$

$x[n\_]:=\frac{1}{2}(x[n-1]^3+x[n-1]);$

$\text{xlist}=\text{Flatten}[\text{Table}[\{\{x[i],x[i]\},\{x[i],x[i+1]\}\},$
$\{i,0,n\}],1];$

$\text{Show}\left[\text{Plot}\left[\left\{x,\frac{1}{2}(x^3+x)\right\},\{x,x\min,x\max\}\right],\right.$
$\text{Graphics}[\{\text{Point}[\text{xlist}],\text{Arrowheads}[\text{Small}],$
$\text{Table}[\text{Arrow}[\{\text{xlist}[[i]],\text{xlist}[[i+1]]\}],$
$\left.\{i,1,2n+1\}]\}]\right]$

Mathematica 语句中的 $x[0]$ 用来设置初始值,xlist 用来存放迭代值,n 设置迭代次数 $(2(n+1))$,$x\min$,$x\max$ 设置坐标系 x 的取值范围.

取 $x[0]=0.6,x\min=0,x\max=1,n=5$ 时,计算得到的结果如图 8.58 所示.

取 $x[0]=-1.1,x\min=-3,x\max=-0.5,n=5$ 时,计算得到的结果如图 8.59 所示.

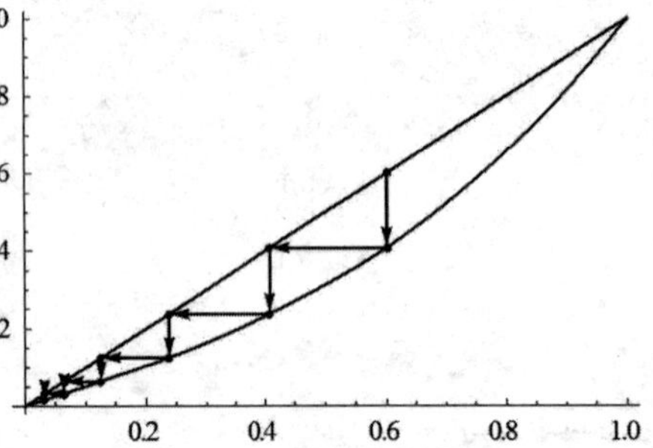

图 8.58 相图($x_0=0.6$)

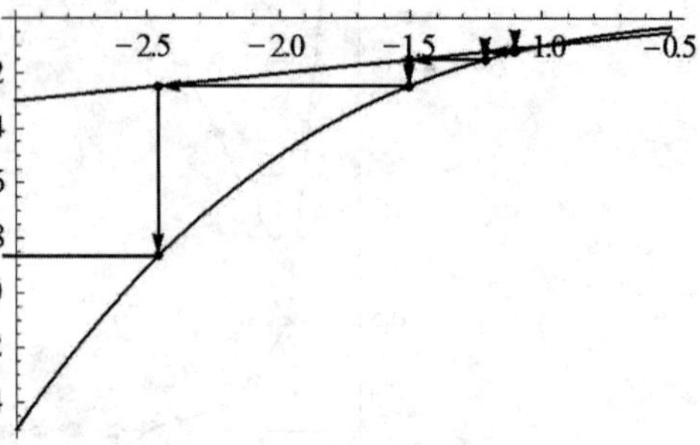

图 8.59 相图($x_0=-1.1$)

取 $x[0]=-0.9,x\min=-1,x\max=0,n=7$ 时,计算得到的结果如图 8.60 所示.

取 $x[0]=1.2,x\min=0.8,x\max=3,n=3$ 时,计算得到的结果如图 8.61 所示.

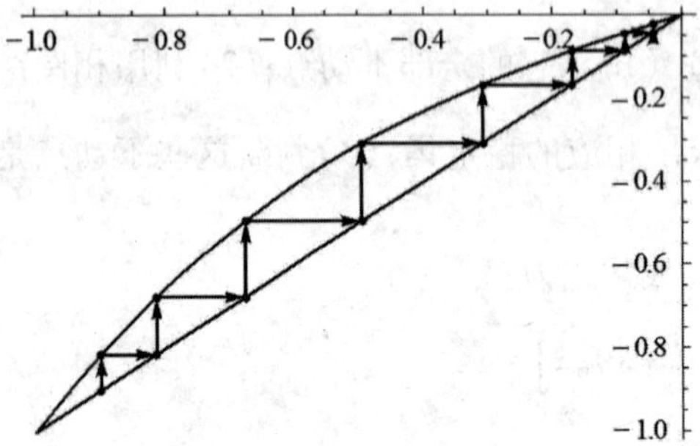

图 8.60 相图($x_0=-0.9$)

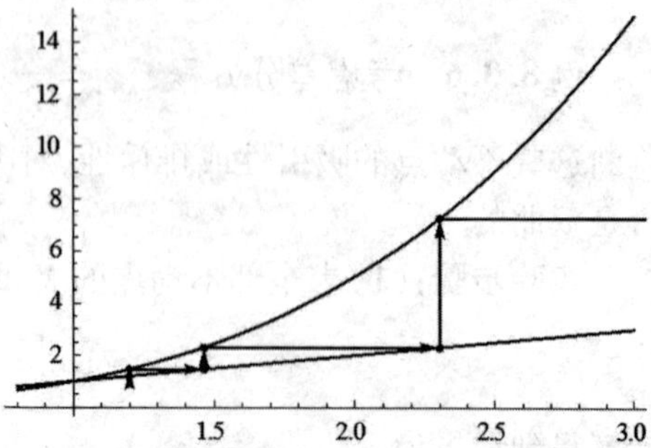

图 8.61 相图($x_0=1.2$)

从图 8.58 ~ 图 8.61 可以看到，当初始状态在$(-1,1)$中时，多次迭代后趋于 0，即不动点 0 是吸引的，$(-1,1)$是不动点的稳定集. 对 ± 1 以外的其他点的初始状态，迭代值远离不动点 ± 1，即不动点 ± 1 是排斥的.

(3) 计算 $x=0,1,-1$ 的 $f'(x)$ 的 Mathematica 表达式为：

$$f[x\_]=\frac{1}{2}(x^3+x);\{f'[-1],f'[0],f'[1]\}$$

计算得到结果为：

$$\{2,\frac{1}{2},2\}$$

所以三个不动点都是双曲的. 并且可以看到，$|f'(0)|=\frac{1}{2}<1$，所以平衡点 $x^*=0$ 稳定；由于 $|f'(-1)|=|f'(1)|=2>1$，即平衡点 $x^*=\pm 1$ 不稳定.

例 8.3.7　考虑差分方程$\begin{cases} y_n=18-\frac{2}{5}x_n \\ x_{n+1}=16+\frac{3}{2}y_n \end{cases}$　$(n=1,2,3,\cdots)$的稳定性，并设置初值为 $x_1=30, y_1=6$ 绘制蛛网图观察其收敛性.

实验步骤：求解差分方程并判断其稳定性的 Mathematica 表达式为：

$$\text{Sol}=\text{RSolve}[\{y[n]==18-\frac{2}{5}x[n],$$

$$x[n+1]==16+\frac{3}{2}y[n]\},\{x[n],y[n]\},n]//\text{Simplify}$$

Limit[{x[n],y[n]}/. Sol[[1]],n→Infinity]//N

计算得到结果为：

$$\{\{x[n]\to\frac{1}{64}5^{1-n}(-344((-3)^n-5^n)+5(-3)^nC[1]),$$

$$y[n]\to\frac{1}{32}5^{-n}(344(-3)^n+232\times5^n-5(-3)^nC[1])\}\}$$

{26.875, 7.25}

从结果可以看出，不管初始状态如何，有 $\lim\limits_{n\to\infty}x_n=26.875$，$\lim\limits_{n\to\infty}y_n=7.25$. 如果用 x_n 表示某种产品的产量，y_n 表示产品的价格，则若干年以后的产量与价格都会趋于稳定，其稳定的产量为 26.875，稳定的价格为 7.25.

蛛网图使用与前面不同的图形绘制方法，借助于 GraphPlot 来实现. Mathematica 表达式为：

$$\text{num}=8;\text{Sol}=\text{RSolve}[\{y[n]==18-\frac{2}{5}x[n],$$

$$x[n+1]==16+\frac{3}{2}y[n],x[1]==30,y[1]==6\},\{x,y\},n];$$

data = Flatten[Table[{{x[n],y[n]},
　　{x[n+1],y[n]}}/. Sol[[1]],{n,1,num}],1];

```
Show[Plot[{18 - 2/5 x, 2/3 (x - 16)}, {x,24,30}],
  Graphplot[Table[n→n + 1, {n,1,2num - 1}],
    DirectedEdges→True, VertexCoordinateRules→
      Table[n→data[[n]], {n,1,2num}]],
  Graphics[{Dashed, Line[{{26.875,0}, {26.875,7.25}}],
      Line[{{24,7.25}, {26.875,7.25}}]}]]
```

计算得到的图形效果如图 8.62 所示.

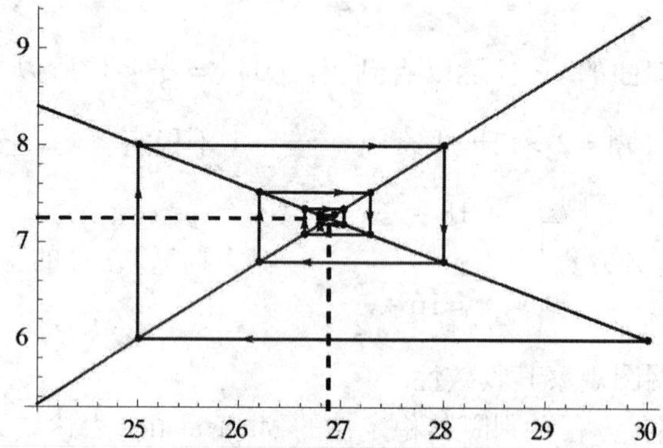

图 8.62　蛛网图($x_0 = 1.2$)

通过观察图形,容易看到图形具有与上面分析的数值结果一致的结论.

例 8.3.8　试选取不同的初始值观察差分方程 $x_{n+1} = \alpha + \dfrac{x_{n-1}}{x_n}, n = 2,3,\cdots$,对不同的 α 和初始值可能的周期性、不变区间和全局稳定性.

实验步骤:容易知道,对于给定的 α 和 x_1, x_2 的值,差分方程有唯一解,并且有唯一的平衡点或不动点 $x^* = \alpha + 1$. 取不同参数值和初始值构造差分序列,并绘制相应点列图的 Mathematica 表达式为:

```
xn = {x1, x2};
For[i = 1, i≤150, i + +,
  x3 = α + x1/x2; xn = Append[xn, x3]; x1 = x2; x2 = x3;]
ListPlot[xn, Joined→True, PlotRange→All]
```

取 $\alpha = -2.1, x_2 = -1, x_1 = -5$ 计算结果如图 8.63 所示,从图可以看出对于指定的参数值与初始值,差分方程的解不稳定,并且不具有周期性.

取 $\alpha = 0.9, x_2 = 2, x_1 = -1$ 计算结果如图 8.64 所示,从图可以看出对于指定的参数值与初始值,差分方程的解不稳定,并且不具有周期性.

取 $\alpha = 1.2, x_2 = 2, x_1 = -1$ 计算结果如图 8.65 所示,从图可以看出对于指定的参数值与初始值,差分方程的平衡点 $x^* = \alpha + 1 = 2.2$ 是稳定点.

取 $\alpha = -2.75, x_2 = -1, x_1 = 1.1$ 计算结果如图 8.66 所示,从图可以看出对于指定的

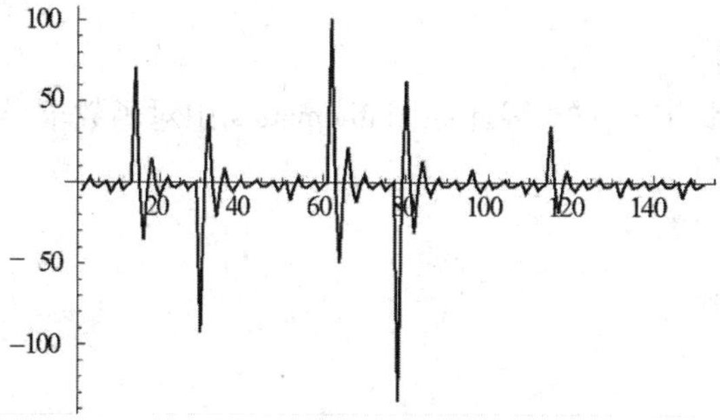

图 8.63　不稳定

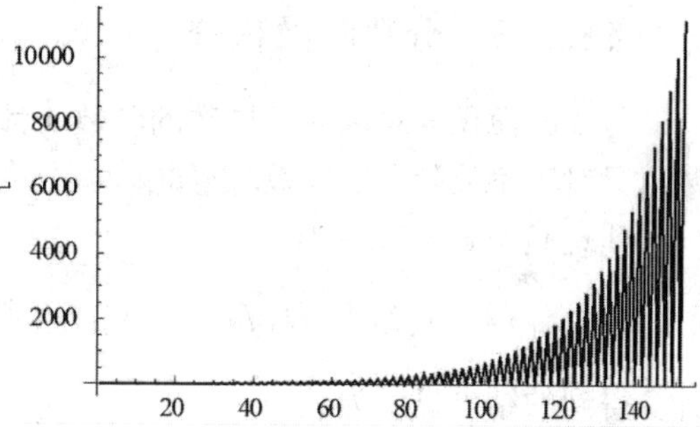

图 8.64　不稳定

参数值与初始值，差分方程的平衡点 $x^* = \alpha + 1 = -1.75$ 是稳定点.

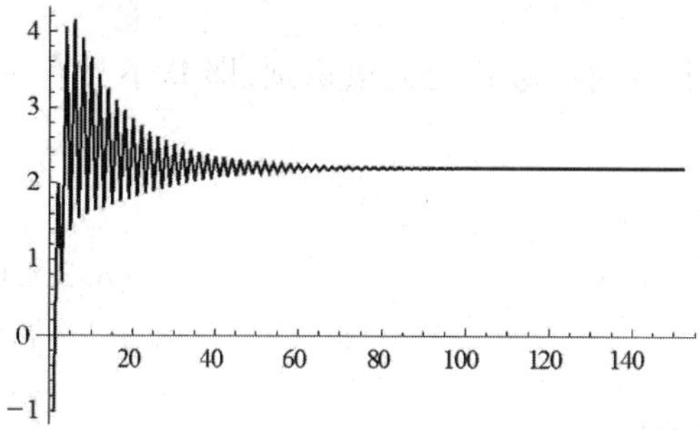

图 8.65　稳定

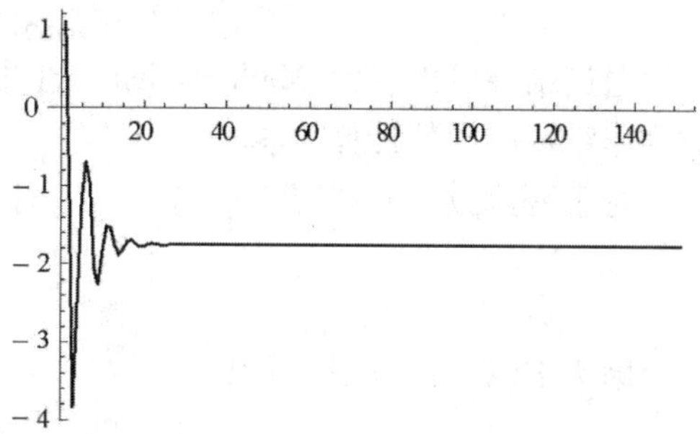

图 8.66　稳定

取 $\alpha = -1, x_2 = -1, x_1 = 2$ 计算结果如图 8.67 所示，从图可以看出对于指定的参数值与初始值，差分方程的平衡点 $x^* = \alpha + 1 = 1.1$ 是不稳定点.

取 $\alpha = 1, x_2 = -1, x_1 = 2$ 计算结果如图 8.68 所示，从图可以看出对于指定的参数值与初始值，差分方程的平衡点 $x^* = \alpha + 1 = -1.75$ 是不稳定点，具有周期性.

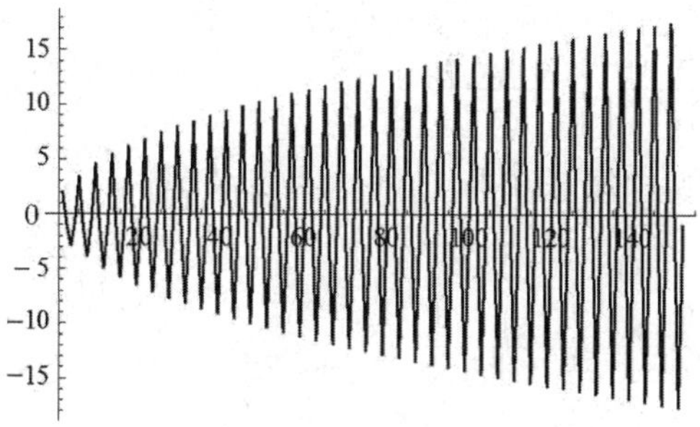

图 8.67　不稳定

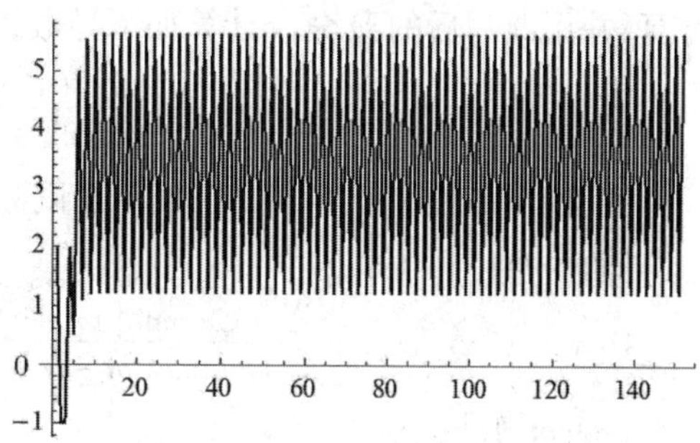

图 8.68　不稳定

提示：以上是通过实验得出的结果，至于该差分方程的参数 α，初始值 x_1, x_2 对其稳定性、周期性以及不变区间有什么联系，以上实验结果是否正确的验证，其理论讨论请读者自己参考相关文献完成讨论.

§8.3.3 分数阶微积分

传统的微积分对函数求导数的阶数 n 都为正整数,因此在 Mathematica 中对函数求导数也只对正整数阶导数有效. 例如输入

$f[x\_]:=x^3+3x^2-2x;$

$\{D[f[x],\{x,2\}], D[f[x],\{x,\frac{1}{2}\}]\}$

计算得到的结果显示为:

D::dvar:

多重微分$\{x,\frac{1}{2}\}$不具有如下格式$\{variable,n\}$,其中 n 是一个非负机器整数. >>

$$\{6+6x,\partial_{\{x,1/2\}}(-2x+3x^2+x^3)\}$$

通过结果可以看到,Mathematica 对于非正整数阶导数系统无法识别,即 D 不具有阶数为非整数的导数计算功能.

对于幂函数 $x^m(m\in\mathbb{Z}^+)$,当 $n\in\mathbb{Z}^+$时,有

$$\frac{\mathrm{d}^n(x^m)}{\mathrm{d}x^n}=\frac{m!}{(m-n)!}x^{m-n} \tag{8.3.1}$$

因为 $\Gamma(n+1)=n!$,所以

$$\frac{\mathrm{d}^n(x^m)}{\mathrm{d}x^n}=\frac{\Gamma(m+1)}{\Gamma(m-n+1)}x^{m-n} \tag{8.3.2}$$

成立. 根据(8.3.2),如果将阶数 n 换成为任意的实数甚至复数 α,则可以定义

$$\frac{\mathrm{d}^\alpha(x^m)}{\mathrm{d}x^\alpha}=\frac{\Gamma(m+1)}{\Gamma(m-\alpha+1)}x^{m-\alpha} \tag{8.3.3}$$

为函数 $x^m(m\in\mathbb{Z}^+)$的任意阶 α 导数形式. 当 $\alpha\in\mathbb{Z}^+$,(8.3.3)即为传统导数计算公式.

例 8.3.9 试通过改写 Mathematica 的内部求导命令 D,使其适用于(8.3.3)的导数计算. 并用改写后的 D 命令计算如下导数,

$$\frac{\mathrm{d}^{-1}(x)}{\mathrm{d}x^{-1}},\frac{\mathrm{d}^{1/2}(x^2)}{\mathrm{d}x^{1/2}},\frac{\mathrm{d}^{2.1-\mathrm{i}}(x^3)}{\mathrm{d}x^{2.1-\mathrm{i}}},\frac{\mathrm{d}^3(x^4)}{\mathrm{d}x^3}$$

实验步骤:在笔记本实验区域单击鼠标左键,新建实验单元,输入表达式:

Unprotect[D];

$D[x\_^{m\_},\{x\_,\alpha\_\}]:=\frac{\text{Gamma}[m+1]}{\text{Gamma}[m-\alpha+1]}x^{m-\alpha};$

Protect[D];

$\{D[x,\{x,-1\}],D[x^2,\{x,\frac{1}{2}\}],D[x^3,\{x,2.1-I\}],$

$D[x^4,\{x,3\}]\}$

计算得到结果为

$$\left\{\frac{x^2}{2},\frac{8x^{3/2}}{3\sqrt{\pi}},(7.84801-3.54785\,\mathbb{i})x^{0.9+1.\mathbb{i}},24x\right\}$$

提示:Unprotect 用来解除内部函数或命令保护,使得可以对它们进行修改,修改完成后通过 Protect 恢复被保护属性. 修改后的 D 命令可以计算正整数次的幂函数 x^m 的任意 α 阶导数.

根据定义,有

$$\cdots,\frac{\mathrm{d}^{-2}f(x)}{\mathrm{d}x^{-2}}=\int_a^x\left(\int_0^t f(s)\,\mathrm{d}s\right)\mathrm{d}t,\frac{\mathrm{d}^{-1}f(x)}{\mathrm{d}x^{-1}}=\int_a^x f(t)\,\mathrm{d}t,\ f(x),\ f'(x),\ f''(x),\ \cdots$$

从而 RL(Riemann-Liouville)型分数阶积分为

$$I_{a+}^{\alpha}f(x)=\frac{1}{\Gamma(\alpha)}\int_a^x(x-\tau)^{\alpha-1}f(\tau)\,\mathrm{d}\tau(x>a,\alpha>0) \tag{8.3.4}$$

例 8.3.10　试验证 RL 型分数阶积分(8.3.4)当 $a=0$, $f(x)=x^2,x^{-0.1}$,$\sin x$ 时收敛,当 $f(x)=x^{-1},x^{-2.1}$ 时不收敛.

实验步骤:在笔记本实验区域单击鼠标左键,新建实验单元,输入表达式:

$$\text{RLIL}[f\_,\alpha\_]:=\frac{1}{\text{Gamma}[\alpha]}\int_0^x(x-\tau)^{\alpha-1}(f/.\ x\to\tau)\,\mathrm{d}\tau$$

Assuming[$x>0$,{RLIL[x^2,0.1],RLIL[$x^{-0.1}$,1],
　RLIL[Sin[x],1], RLIL[x^{-1},0.1], RLIL[$x^{-2.1}$,1]}]

计算得到结果为

Integrate::idiv:$\dfrac{1}{(x-\tau)^{0.9}\tau}$的积分在{0,$x$}上不收敛. > >

Integrate::idiv:$\dfrac{1}{\tau^{2.1}}$的积分在{0,x}上不收敛. > >

{0.910075$x^{2.1}$, 1.11111$x^{0.9}$, 1 − Cos[x],

$0.105114\int_0^x\frac{1}{(x-\tau)^{0.9}\tau}\mathrm{d}\tau,\ \int_0^x\frac{1}{\tau^{1.2}}\mathrm{d}\tau$}

提示:由(8.3.4)容易看出 Riemann-Liouville 型分数阶积分收敛的一个充分条件是 $f\left(\frac{1}{x}\right)=O(x^{1-\varepsilon})(\varepsilon>0)$. 显然 $x^{\mu}(\mu>-1)$ 和 $\sin x$ 都满足条件,所以收敛. 不同的分数阶积分只是积分下限不同.

例 8.3.11　设正整数次幂函数 $f(x)=x^{10}$,$a=0$,取 $\alpha=2$,验证 Riemann-Liouville 型分数阶积分(8.3.4)与(8.3.3)及迭代定积分求得的积分结果一致.

实验步骤:利用前面改写的 D 命令和定义的 RLIL 函数,在笔记本实验区域单击鼠标左键,新建实验单元,输入表达式:

{D[x^{10}, {x, −2}], RLIL[x^{10}, 2],
Nest[Integrate[#,{x,0,x}]&,x^{10},2]}

计算得到的结果为

$$\left\{\frac{x^{12}}{132},\frac{x^{12}}{132},\frac{x^{12}}{132}\right\}$$

提示:值得注意的是,对于定义的 D 求导,应该取阶数为 $-\alpha$.

$\alpha>0$ 阶分数阶导数可以统一记为

$$ {}_a^{RL}D_x^{\alpha} f(x) = \frac{\mathrm{d}^n}{\mathrm{d}x^n} I_{a+}^{n-\alpha} f(x) \, (\alpha > 0, n = \lceil s \rceil) \tag{8.3.5} $$

这个 RL 分数阶导数定义与积分的下界 a 有关,但是,如果将讨论限制为 $a=0$,则不存在相关性了.

例 8.3.12 试使用 $f(x)=x^2, g(x)=x, b_1=2, b_2=3$,取 $a=0, \alpha=\frac{1}{2}, \beta=\frac{1}{3}$ 验证(8.3.5)具有如下的线性运算与复合运算性质:

$$ {}_a^{RL}D_x^{\alpha}[b_1 f(x) + b_2 g(x)] = b_1 \, {}_a^{RL}D_x^{\alpha} f(x) + b_2 \, {}_a^{RL}D_x^{\alpha} g(x) $$

$$ {}_a^{RL}D_x^{\alpha}[{}_a^{RL}D_x^{\beta} f(x)] = {}_a^{RL}D_x^{\alpha+\beta} f(x) $$

实验步骤:在笔记本实验区域单击鼠标左键,新建实验单元,输入如下表达式定义求导函数:

```
RL[f_, {x_, α_, a_:0}] :=
  D[1/Gamma[Ceiling[α] - α]
    Integrate[(x - t)^(Ceiling[α] - α - 1) * (f/. x→t), {t, a, x},
      Assumptions→x > a], {x, Ceiling[α]}]
```

计算定义函数后,输入如下表达式用于验证运算符合线性运算律:

```
RL[2x^2 + 3x, {x, 1/2}] -
  (2RL[x^2, {x, 1/2}] + 3RL[x, {x, 1/2}])//Simplify
```

输入如下表达式用于验证符合复合运算律:

```
RL[RL[2x^2 + 3x, {x, 1/2}], {x, 1/3}] -
  RL[2x^2 + 3x, {x, 1/2 + 1/3}]//FullSimplify
```

以上两个表达式经过计算后,得到的结果都为 0,即求导运算符合线性运算律和复合运算律.

例 8.3.13 取 $f(x)=2x^2+3x, a=0, \alpha=\frac{1}{2}$,验证 RL 微分与 Caputo$\alpha$ 微分相等.

实验步骤:借助于前面定义的 RL 求导函数,在笔记本实验区域单击鼠标左键,新建实验单元,输入如下表达式:

```
CapD[f_, {x_, α_, a_:0}] :=
  1/Gamma[Ceiling[α] - α]
  Integrate[(x - t)^(Ceiling[α] - α - 1)
    (D[f, {x, Ceiling[α]}]/. x→t), {t, a, x},
  Assumptions→x > a];
```

$\{RL[2x^2+3x, \{x, \frac{1}{2}\}], CapD[2x^2+3x, \{x, \frac{1}{2}\}]\}//Simplify$

计算后的结果为：

$$\left\{\frac{2\sqrt{x}(9+8x)}{3\sqrt{\pi}}, \frac{2\sqrt{x}(9+8x)}{3\sqrt{\pi}}\right\}$$

即两个微分得到的结果是相等的.

例 8.3.14　试通过 $f(x)=e^{-2x}$，验证 Weyl 积分符合复合律 $W^{-\mu}[W^{-\nu}f(x)]=W^{-(\mu+\nu)}f(x)$，取 $\mu=\frac{3}{2}, \nu=\frac{1}{3}$.

实验步骤：Weyl 积分为

$$W^{-\mu}f(x)=\frac{1}{\Gamma(\mu)}\int_x^{\infty}(\tau-x)^{\mu-1}f(\tau)\mathrm{d}\tau(\mu>0)$$

实质上就是右侧的 RL 积分 $I_{\infty}^{\mu}f(x)$. 在笔记本实验区域单击鼠标左键，新建实验单元，输入如下表达式：

$$WLI[f\_, \mu\_]:=\frac{1}{Gamma[\mu]}\int_x^{\infty}(\tau-x)^{\mu-1}(f/.\,x\to\tau)\mathrm{d}\tau$$

$$f=E^{-2x};\ \left\{WLI\left[WLI\left[f, \frac{3}{2}\right], \frac{1}{3}\right], WLI\left[f, \frac{3}{2}+\frac{1}{3}\right]\right\}$$

计算结果为

$$\left\{\frac{e^{-2x}}{2\times 2^{5/6}}, \frac{e^{-2x}}{2\times 2^{5/6}}\right\}$$

从结果可以看出，Weyl 积分符合复合运算律.

例 8.3.15　试求 $f(x)=e^{-3x}$ 的 $\frac{4}{3}$ 阶 Weyl 导数.

实验步骤：Weyl 导数为

$$W^{\mu}f(x)=\frac{\mathrm{d}^n}{\mathrm{d}x}[W^{-(n-\mu)}f(x)]=\frac{\mathrm{d}^n}{\mathrm{d}x}\left[\frac{1}{\Gamma(n-\mu)}\int_x^{\infty}(\tau-x)^{n-\mu-1}f(\tau)\mathrm{d}\tau\right]$$

其中 $\mu>0, n=\lceil\mu\rceil$. 在笔记本实验区域单击鼠标左键，新建实验单元，输入如下表达式：

$$WLD[f\_, \mu\_]:=D\left[\frac{1}{Gamma[Ceiling[\mu]-\mu]}\right.$$

$$\int_x^{\infty}(\tau-x)^{Ceiling[\mu]-\mu-1}(f/.\,x\to\tau)\mathrm{d}\tau,$$

$$\left.\{x, Ceiling[\mu]\}\right];$$

$$WLD\left[E^{-3x}, \frac{4}{3}\right]$$

计算得到结果为

$$3\times 3^{1/3}e^{-3x}$$

例 8.3.16　计算 $f(x)=x, q=-\frac{3}{2}, a=0$ 时的 Grünwald-Letnikov 分数阶导数.

实验步骤：当 $q<0$ 时，Grünwald-Letnikov 导数为

$$ {}_{a}^{G}D_{x}^{q}f(x) = \sum_{k=0}^{n} \frac{f^{(k)}(a)(x-a)^{k-q}}{\Gamma(k+1-q)} + \frac{1}{\Gamma(n+1-q)} \int_{a}^{x} (x-s)^{n-q} f^{(n+1)}(s)\,\mathrm{d}s $$

其中 $n = \lceil -q \rceil$. 在笔记本实验区域单击鼠标左键,新建实验单元,输入如下表达式:

```
GLD[f_,q_,a_:0]:=
  Sum[(D[f,{x,k}]/.x→a)(x-a)^(k-q) / Gamma[k+1-q], {k,0,Floor[-q]}] +
  1 / Gamma[Floor[-q]+1-q]
  Integrate[(x-t)^(Floor[-q]-q)
    (D[f,{x,Floor[-q]+1}]/.x→t),{t,0,x},
  Assumptions→x>a]
GLD[x,-3/2]
```

计算结果为

$$ \frac{8x^{5/2}}{15\sqrt{\pi}} $$

习题参考答案

习题 1. 1

1. (1)三阶线性;(2)一阶线性;(3)一阶非线性;(4)二阶非线性.

5. $y''-2xy'-2y-1=0$.

6. $\frac{\mathrm{d}x}{\mathrm{d}t}=-kx, x|_{t=0}=x_0, t=\frac{T}{\ln 2}\ln\left|\frac{x'(0)}{x'(t)}\right|$.

7. $\frac{\mathrm{d}x}{\mathrm{d}t}=\frac{(b-y)v_1}{\sqrt{(a+v_2t-x)^2+(b-y)^2}}, \frac{\mathrm{d}y}{\mathrm{d}t}=\frac{a+v_0t-xv_1}{\sqrt{(a+v_2t-x)^2+(b-y)^2}}$.

8. $\frac{\mathrm{d}x}{\mathrm{d}t}=ax-bxy, \frac{\mathrm{d}y}{\mathrm{d}t}=-cy+\delta xy$.

习题 1. 2

1. (1) 三阶;(2) 二阶;(3)四阶 . 3. 一年后 1.07×100, n 年后 $(1.07)^n\times100$.

5. $\Delta p(n)=(b-d)p(n)$.

6. 总额 90 240 元,每月存 194. 47 元.

习题 2. 1

1. (1)$y-x+3=C(x+y+1)^3$,特解 $x+y+1=0$;(2) $x^3y+3x^2+y^3=C$;

(3)$(Ce^{x^2}+x^2+1)y^2=1, y=0$;(4)$y=\frac{2x}{1+2Cx^2}$.

2. $y=\sqrt{\frac{1}{2}x+\frac{1}{2}x^3}$;

3. $x^2\sin y+x^3y+\frac{1}{3}y^3=C$;

4. $f(x)=e^x(x+\frac{1}{2})$, $e^x(x+\frac{1}{2})y=C$;

5. $(y-\frac{1}{x})(\frac{C}{x^2}-\frac{1}{3}x)=1$;

6. $y=C\sin x+x^2\sin x$;

7. (1) $-\frac{1}{y-1}=C_1x+C_2$; (2) $y=C_2e^{C_1x}$.

8. $x=\frac{k}{a}(\frac{h}{2}-\frac{y}{3})y^2$;

9. $(1-x)y''=\frac{1}{5}\sqrt{1+y'^2}, y(0)=0, y'(0)=0$;

10. $I(t)=[\frac{\lambda}{\lambda-\mu}+(\frac{1}{I_0}-\frac{\lambda}{\lambda-\mu})e^{-(\lambda-\mu)t}]^{-1}, \lim\limits_{t\to+\infty}I(t)=0$.

习题 2.3

1. (1) 满足;(2) 不满足.

2. $y_0(x)=0, y_1(x)=\frac{1}{2}x^2, y_2(x)=\frac{1}{2}x^2-\frac{1}{20}x^5$,

$y_3(x)=\frac{1}{2}x^2-\frac{1}{20}x^5+\frac{1}{160}x^8-\frac{1}{4400}x^{11}$;

3. $y_0(x)=1, y_1(x)=1+2(x-1)$;

$y_2(x)=1+2(x-1)+3(x-1)^2+4(x-1)^3+2(x-1)^4$;

4. $G=\{(x,y)\mid |y|<1, x\in\mathbf{R}\}$;

5. $[-1/2, 1/2]$.

习题 2.4

1. $(-\infty, +\infty)$;

2. $(-\infty, 0)\cup(0, +\infty)$;

习题 2.5

1. (1) $y=\sqrt{1-x^2}$;(2) $y=0$;

2. (1) $x^4+4y=0$; (2) $y^2=4(x+1)$;

3. $y=x-\frac{4}{27}$;

4. 无奇解;

5. $xy=a$.

习题 3.1

1. $y=C_1x+C_2e^x$;

2. $y=C_1x+C_2\ln x$;

4. (1) $y=C_1\cos x+C_2\sin x+x\sin x+\cos x\ln|\cos x|$;

(2) $y=C_1e^x+C_2e^{-x}+(e^x-e^{-x})\ln|e^x-1|-xe^x-1$.

5. (1) $y=C_1e^{2x}+C_2e^{-3x}$,

(2) $y=C_1e^{(-1+\sqrt{13})x/6}+C_2e^{(-1-\sqrt{13})x/6}$,

(3) $y=C_1e^{(-3x)/2}+C_2xe^{(-3x)/2}$,

(4) $y=e^{3x}(C_1\cos 2x+C_2\sin 2x)$

6. $\frac{d^2x}{dt^2}=-\frac{GMx}{(x^2+y^2)^{3/2}}, \frac{d^2y}{dt^2}=-\frac{GMy}{(x^2+y^2)^{3/2}}$;

$\left.\frac{dx}{dt}\right|_{t=0}=v_0\cos\alpha, \left.\frac{dx}{dt}\right|_{t=0}=v_0\sin\alpha$

7. $q'' + 20q' + 2600q = 1000\sin 60t$,

$q(t) = \frac{6}{61}e^{-10t}(6\sin 50t + 5\cos 50t) - \frac{5}{61}(5\sin 60t + 6\cos 60t)$

习题 3.2

1. (1) $y(x) = C_1\begin{pmatrix}-1\\4\\1\end{pmatrix}e^{x} + C_2\begin{pmatrix}1\\2\\1\end{pmatrix}e^{3x} + C_3\begin{pmatrix}-1\\1\\1\end{pmatrix}e^{-2x}$;

(2) $y(x) = C_1\begin{pmatrix}0\\1\\-1\end{pmatrix}e^{2x} + C_2e^{2x}\left[\begin{pmatrix}5\\-2\\5\end{pmatrix}\cos x + \begin{pmatrix}0\\1\\0\end{pmatrix}\sin x\right]$

$+ C_3e^{2x}\left[\begin{pmatrix}0\\-1\\0\end{pmatrix}\cos x + \begin{pmatrix}5\\-2\\5\end{pmatrix}\sin x\right]$;

2. (1) $y(x) = C_1\begin{pmatrix}1\\-2\\4\end{pmatrix}e^{-2x} + C_2\begin{pmatrix}1\\-1\\1\end{pmatrix}e^{-x} + C_3\begin{pmatrix}x\\1-x\\-2+x\end{pmatrix}e^{-x}$;

(2) $y(x) = C_1\begin{pmatrix}1\\1\\1\end{pmatrix}e^{2x} + C_2\begin{pmatrix}0\\1\\-1\end{pmatrix} + C_3\begin{pmatrix}1\\0\\-1\end{pmatrix}e^{-x}$;

3. $y(x) = \begin{pmatrix}1+x\\1\\1+x\end{pmatrix}e^{2x}$;

4. $x(t) = 200e^{5t} + 1800e^{t}, y(t) = -200e^{5t} + 1800e^{t}$;

习题 3.3

1. $\begin{pmatrix}e^{x} & xe^{x}\\0 & e^{x}\end{pmatrix}$

2. (1) $e^{xA} = \begin{pmatrix}e^{-4x} & 0 & 0\\0 & e^{3x} & 0\\0 & 0 & e^{5x}\end{pmatrix}$;

(2) $e^{xA} = \begin{pmatrix}e^{2x} & xe^{2x} & \frac{x^2}{2!}e^{2x}\\0 & e^{2x} & xe^{2x}\\0 & 0 & e^{2x}\end{pmatrix}$.

3. (1) $e^{xA}=\begin{pmatrix}\frac{1}{5}e^{-2x}+e^{2x}-\frac{1}{5}e^{3x} & e^{2x}-e^{3x} & \frac{1}{5}e^{-2x}-\frac{1}{5}e^{3x}\\ -\frac{1}{5}e^{-2x}+\frac{1}{5}e^{3x} & e^{3x} & -\frac{1}{5}e^{-2x}+\frac{1}{5}e^{3x}\\ \frac{4}{5}e^{-2x}-e^{2x}+\frac{1}{5}e^{3x} & -e^{2x}+e^{3x} & \frac{4}{5}e^{-2x}+\frac{1}{5}e^{3x}\end{pmatrix}$;

(2) $e^{xA}=\begin{pmatrix}0 & 3e^{-x} & 9xe^{-x}\\ 0 & 0 & 9e^{-x}\\ e^{-4x} & e^{-x} & (-1+3x)e^{-x}\end{pmatrix}$.

习题 3.4

4. $x(t)=C_1t^2+C_2t^2(1-\ln t)+\frac{t^2}{2}\ln t-\frac{t^2}{2}\ln^2 t+\frac{t^4}{4}-\frac{t^2}{4}$,

$y(t)=-C_1t+C_2t\ln t)+\frac{t}{2}\ln t-\frac{3t^2}{4}+\frac{3t}{4}+\frac{t}{2}\ln^2 t$.

习题 4.1

1. (1)中心;(2)不稳定结点;(3)不稳定焦点;(4)鞍点.
3. (1)(0,5)稳定焦点, (2)(−5/2,0)稳定焦点.
4. (1) 鞍点 (2)稳定结点.

习题 4.2

1. 用 Dulac 定理判断不存在;
2. $r=1$ 是不稳定的极限环,$r=2$ 是稳定的极限环;
3. 提示:化成方程组后,用 Dulac 定理证明.

习题 4.3

1. (1)稳定;(2)不稳定.
2. (1)稳定;(2)不稳定;(3)稳定;(4)不稳定.
3. 渐近稳定.
4. 不稳定.

习题 5.1

1. (1)$u(t)=\frac{C}{t}$,C 为任意常数;(2)$u(t)=\frac{C}{(3t+1)(3t+4)}$,$C$ 为任意常数.
2. (1)线性相关;线性无关;(2)线性无关;(3)线性相关.
4. 二阶
5. (2)通解为 $u(t)=2^tC+3^tD$,其中 C,D 为任意常数;(3)$u(t)=2^t+3^t$.

习题 5.2

2. $y(t)=\frac{2}{t(t-1)+C}$(提示:令 $u(t)=\frac{1}{y(t)}$);
3. $y(t)=\pm\left(\frac{t+C}{t}\right)^{\frac{1}{2}}$;

4. (1) $y(t)=3^tC-4$; (2) $y(t)=5^t(\frac{t}{5}+C)$; (3) $y(t)=C(5)^t+\frac{5}{12}(t-\frac{1}{6})$;

(4) $y(t)=C+\frac{2}{3}t^3-t^2+\frac{1}{3}t$; (5) $y(t)=C5^t+\frac{3}{4}$; (6) $y(t)=C+2^t(t-2)$;

(7) $y(t)=C(-4)^t+\frac{2}{5}t^2+\frac{t}{25}-\frac{36}{125}$; (8) $y(t)=C(-1)^t+\frac{2^t}{3}$.

5. (1) 通解 $y(t)=C2^t-e^t$，特解 $y(t)=2^{t+1}-e^t$；

(2) 通解 $y(t)=Ca^t+\frac{b^t}{1-a}$，特解 $y(t)=(c-\frac{1}{1-a})a^t+\frac{b^t}{1-a}$；

(3) 通解 $y(t)=C(-4)^t+2^t$，特解 $y(t)=(-4)^t+2^t$.

6. (1) 通解 $y(t)=C-2\cos(\frac{\pi t}{3})+2\sqrt{3}\sin(\frac{\pi t}{3})$（提示：可设一特解为 $y(t)=a\cos(\frac{\pi t}{3})+b\sin(\frac{\pi t}{3})$）；(2) $y(t)=C\left(\frac{2}{3}\right)^t-\frac{4}{11}\left(-\frac{1}{4}\right)^t+3t^2-18t+45$

7. $y(t+1)=1.2y(t)+2$；

8. $y(t)=(y_0-\frac{\beta}{1-\alpha})\alpha^t+\frac{\beta}{1-\alpha}$,

$c(t)=\alpha(y_0-\frac{\beta}{1-\alpha})\alpha^t+\frac{\beta}{1-\alpha}$;

$i(t)=(1-\alpha)(y_0-\frac{\beta}{1-\alpha})\alpha^t$

习题 5.3

1. (1) $y(t)=C(-2)^t+D5^t$; (2) $y(t)=C2^t+Dt2^t$;
   (3) $y(t)=C\cos\theta t+D\sin\theta t$; (4) $y(t)=C+2^t(t-2)$;

2. (1) 收敛；极限为 $\left(\frac{a}{b}\right)^{\frac{1}{\alpha-2}}a^{\alpha-1}$；(2) 发散.

3. (1) $\det M(n)\triangleq D(n)$，可得递推关系 $D(n)=(1-a)D(n-1)+aD(n-2)$，解二阶差分方程可得 $D(n)=\frac{1-(-a)^{n+1}}{1+a}=\sum_{i=0}^{n}(-a)^i$；

(2) $\det M(n)\triangleq D(n)$，i) $z=y$, $D(n)=[x+(n-1)y](x-y)^{n-1}$；ii) $z\neq y$, $D(n)=\frac{y(x-z)^n-z(x-y)^n}{y-z}$.

习题 6.2

1. (1) $u(t)=\begin{pmatrix} b_12^t+b_2t2^t \\ b_12^t+b_22^t+b_2t2^t \end{pmatrix}$, (2) $u(t)=\begin{pmatrix} b_12^t+b_2(-3)^t \\ b_12^t+\frac{7}{2}b_2(-3)^t \end{pmatrix}$,

(3) $u(t)=\begin{pmatrix} b_1-\frac{1}{5}(2b_1+b_2)t \\ b_2+\frac{2}{5}(2b_1+b_2)t \end{pmatrix}5^t$,

$$(4)\,u(t)=\begin{pmatrix}b_1\\b_2\\b_3\end{pmatrix}+\begin{pmatrix}-b_1+b_2\\-b_2+b_3\\b_1-3b_2+2b_3\end{pmatrix}t+\frac{1}{2}\begin{pmatrix}b_1-2b_2+b_3\\b_1-2b_2+b_3\\b_1-2b_2+b_3\end{pmatrix}t(t-1),(t\geqslant 1),$$

$$(5)\,u(t)=b_1\begin{pmatrix}2\\1\\2\end{pmatrix}(-3)^t+b_2\begin{pmatrix}1\\2\\0\end{pmatrix}(-2)^t+b_3\begin{pmatrix}0\\-2\\1\end{pmatrix}(-2)^t.$$

2. (1)提示:有形如 $u(t)=\begin{pmatrix}a5^t\\b5^t\end{pmatrix}$ 的特解,$a=10,b=7$.

$$(2)\,u(t)=\begin{pmatrix}b_1 2^t+b_2(-3)^t-\dfrac{3}{2}\\ b_1 2^t+\dfrac{7}{2}b_2(-3)^t-\dfrac{5}{4}\end{pmatrix}.$$

习题 6.3

1. (1)渐近稳定;(2)不稳定;(3)渐近稳定;(4)渐近稳定.

3. (1)都是不稳定的;

(2)i) $|a|<1$ 时零解渐近稳定;$|a|\geqslant 1$ 时零解不稳定;

ii) $|a|\leqslant 1$ 或 $|a|\geqslant 3$ 时常数解 $u=a-1$ 不稳定;

$1<a<3$ 或 $-3<a<-1$ 时常数解 $u=a-1$ 渐近稳定.

(3) 渐近稳定(提示:$V(x,y)=x^2+y^2,\Delta_t V=\left[\dfrac{b^2}{(1+y^2)^2}-1\right]x^2+\left[\dfrac{a^2}{(1+x^2)^2}-1\right)y^2\right]$

5. (1)$\beta>b,\lim\limits_{t\to\infty}p(t)=p_e\triangleq\dfrac{a+\varepsilon}{b+\beta}$;

(2)$\beta=b$ 时,价格 $p(t)$ 振动;

(3)$\beta<b,\lim\limits_{t\to\infty}p(t)=\infty$.

6. 条件:$y(n)=(y_0-\dfrac{S}{r})(1+r)^n+\dfrac{S}{r}>0$(方程 $y(t+1)=(1+r)y(t)-S$).

参考文献

[1] 丁同仁,李承治.常微分方程教程(第二版)[M].北京:高等教育出版社, 2004.

[2] 蔡燧林,盛骤.常微分方程组与稳定性理论[M].北京:高等教育出版社,1986.

[3] 周义仓,靳祯,秦军林.常微分方程及其应用——方法、理论、建模、计算机[M].北京:科学出版社,2003.

[4] 朱健民,李建平.高等数学[M].北京:高等教育出版社,2007.

[5] 张芷芬,丁同仁,黄文灶,董镇喜.微分方程定性理论[M].北京:科学出版社,1985.

[6] 马知恩,周义仓.常微分方程的定性和稳定性理论[M].北京:科学出版社,2001.

[7] 黄立宏,戴斌祥.大学数学[M].北京:高等教育出版社,2002.

[8] Hirsch M W,Smale S,Devaney R L.微分方程、动力系统与混沌导论(第二版).甘少波译[M].北京:人民邮电出版社,2008.

[9] Giordano F R, Weir M D, Fox W P.数学建模.叶其孝,姜启源,等译[M].北京:机械工业出版社,2005.

[10] 孙清华,李金兰,孙昊,等.常微分方程——内容、方法与技巧[M].武汉:华中科技大学出版社,2006.

[11] 东北师大数学系.常微分方程(第二版)[M].北京:高等教育出版社,2005.

[12] Kelley W G,Peterson A C. Difference Equations:An Introduction with Applications[M]. Academic Press Inc. ,Boston,1991.

[13] 湖北财经学院,湖南财经学院.经济数学[M].长沙:湖南科学技术出版社,1984.

[14] 胡显佑,龚德恩.线性经济模型及其数学方法[M].北京:中国人民大学出版社,1995.

[15] 谭永基,朱晓明,丁颂康,等.经济管理数学模型案例教程[M].北京:高等教育出版社,2006.

[16] 阮炯.差分方程和常微分方程[M].上海:复旦大学出版社,2002.

[17] 余长安.考研数学精编综合教程,武汉大学出版社,2007.

[18] 黄建华,王晓.工科微分方程教程[M].长沙:国防科技大学出版社,2009.

[19] 王鸿业.常微分方程及 Maple 应用[M].北京:科学出版社,2011.

[20] 郭玉翠.常微分方程:理论、建模与发展[M].北京:清华大学出版社,2010.

[21] 李瑞遐,何志庆.微分方程数值方法[M].上海:华东理工大学出版社,2005.

[22] Abbas S, Benchohra M,Guerekata G M N. Topics in fractional differential equations in developments in mathematics[M]. Springer New York, 2012.

[23] Kilbas A A, Srivastava H M, Trujillo J J. Theory and applications of fractional differential equations[M]. Amsterdam, Netherlands: Elsevier, 2006.

[24] Bloch F. Nuclear induction[J]. Phys. Rev. ,1946,70:460 -474.